DIE TIERE DER WELT

MEERESSÄUGETIERE

DIE TIERE DER WELT

MEERESSÄUGETIERE

ORBIS VERLAG

Verantwortlicher Redakteur:
Graham Bateman
Redakteure:
Peter Forbes, Bill Mac Keith,
Robert Peberdy
Layout: Jerry Burman
Bilddokumentation:
Alison Renney, Linda Proud
Herstellung: Clive Sparling
Zeichnungen: Chris Munday

Ein Andromeda-Buch

Planung und Herstellung:
Andromeda Oxford Ltd,
11-15 The Vineyard,
Abingdon, Oxfordshire
OX 14 3PX, England

Deutsche Ausgabe:

Einführung: Dr. Rüdiger Wandrey
Übersetzung: Angela Klein
Fachberater: Dr. Rüdiger Wandrey,
Direktor des »Zoos am Meer«
und des Nordsee-Aquariums,
Bremerhaven.
Redaktion: Herwart Stehr
Herstellung: Georg Füller

Lizenzausgabe mit Genehmigung
von Andromeda Ltd, Oxford

Sonderausgabe 1992
Orbis Verlag für Publizistik GmbH, München

Druck und Bindung:
Mohndruck Graphische Betriebe GmbH,
Gütersloh
Fotosatz:
Typoservice Strothoff GmbH, Rietberg

Printed in Germany
ISBN 3-572-00545-0

INHALT

VORWORT

Der Band Meeressäugetiere stellt alle die Säugetiere vor, die an ein Leben im Wasser angepaßt sind. Wichtiger noch: Dieses Buch möchte eine Brücke schlagen zwischen den Tieren der vertrauten, heimischen Umwelt und den Bewohnern der fernen, fremden Welt der Meere und polaren Eiszonen, einer Welt, die mit ihren weiten Entfernungen, öden Landschaften und eigenartigen Lebewesen in ihrer Abgeschiedenheit für die meisten Menschen geradezu unvorstellbar erscheint. Aus der Ferne betrachtet, verschleiert die einheitliche, torpedoförmige Gestalt der Meeressäugetiere die kennzeichnenden Merkmale der einzelnen Tierarten. So könnte der Eindruck entstehen, die Meeressäuger seien nicht so einzigartig wie die vertrauteren landlebenden Säugetiere. Aber in diesem Buch werden Wal und Schweinswal, Robbe und Walroß in ihrer Einzigartigkeit, hervorgerufen durch verschiedenartige Anpassungen an Natur und Umwelt, deutlich vor Augen geführt. Die neuesten Erkenntnisse der modernen Biologie gewähren Einsicht in das Leben der Tiere mit ihrem fein angepaßten Verhalten, so daß die Wirklichkeit oft unsere Vorstellungskraft bei weitem übertrifft.

Bei der Planung dieses Werkes haben wir unser Ziel sehr hochgesteckt. In jüngster Zeit entdeckten Zoologen immer wieder Fakten über Verhalten und Umwelt wildlebender Säugetiere und entwickelten neue und faszinierende Ideen, um ihre Beobachtungen zu erklären. Die Informationen sind jedoch noch so ungeordnet, daß vieles davon nicht einmal den Fach-Zoologen erreicht und viel weniger noch bis zu der allgemein an Tieren interessierten Leserschaft dringt. Unser Ziel war es, die neuesten Informationen und Ideen zusammenzutragen und sie verständlich und unterhaltsam darzustellen. Wenn uns das gelungen ist, werden diese Seiten dem Wissenschaftler wie dem Laien viele neue Erkenntnisse vermitteln, und vorhandenes Detailwissen stellt sich in neuen oder veränderten Zusammenhängen dar. Niemand kann die große Freude des Entdeckens so vermitteln, wie die Entdecker selber. Daher sind diese Bände über die Säugetiere einzig in ihrer Art, da sie Erfahrungen aus erster Hand und internationale Sachkenntnis bündeln.

Es gibt keine einheitliche, »korrekte« Klassifikation des Tierreichs, so daß wir aus der Sicht verschiedener Systematiker auswählen mußten. Im allgemeinen folgen wir Corbet und Hill (siehe Literatur). Es gibt eine Sichtweise, nach der die Ordnung der Raubtiere in zwei große Unterordnungen geteilt ist, und zwar in die der Meeresraubtiere (Robben), die man als *Pinnipedia* bezeichnet, und die der auf dem Land lebenden Raubtiere, deren Vertreter zusammenfassend *Fissipedia* genannt werden. Zweifellos gibt es Verwandtschaften zwischen den Wasser- und Landraubtieren (die Bluteiweiße der Robben entsprechen z. B. denen der Bären), aber die Verbindungsglieder sind alt und unklar. Also sind wir der anderen Schule gefolgt, haben beide Abteilungen zu Ordnungen erhoben und behandeln in diesem Band die Ordnung *Pinnipedia* und in einem anderen die Ordnung *Carnivora.*

In diesem Buch betrachten wir die Mitglieder von drei sehr unterschiedlichen Ordnungen, deren einzige Gemeinsamkeit ihre Anpassung an ein Leben im Meer ist. Zunächst umfaßt die Ordnung der Robben oder Ruderfüßer drei Familien, die Ohrenrobben, Hundsrobben und Walrosse. Die Ordnung der Wale ist in zwei große Gruppen unterteilt, Zahnwale und Bartenwale. Die dritte Ordnung bilden die Seekühe mit zwei Familien, den Manatis und Dugongs. Jede Ordnung wird in einem allgemeinen Kapitel vorgestellt, das die Gemeinsamkeiten der Tiere hervorhebt. Darin werden mehrere Themenbereiche behandelt und die Besonderheiten bestimmter Ordnungen hervorgehoben. Sie enthalten stets Verbreitungskarten, eine zusammenfassende Darstellung der Arten, Beschreibung der Anatomie sowie meistens auch farbige Illustrationen, die die Ausführungen durch die Darstellung typischer Arten bei kennzeichnenden Tätigkeiten ergänzen.

Der Hauptteil des vorliegenden Bandes ist einzelnen Arten oder Gruppen nahe verwandter Arten gewidmet. Die Beschreibungen umfassen Details über ihre körperlichen Merkmale, Verbreitung, Entwicklungsgeschichte, Ernährung, Fortpflanzung, gesellschaftliche Dynamik und räumliche Organisationen, Klassifizierung, Erhaltung und ihr Verhältnis zum Menschen.

Der Besprechung jeder Art oder Gruppe von Arten ist eine Übersicht vorangestellt. Sie erleichtert den Zugang zu den Hauptmerkmalen wie Verbreitung, Lebensraum, Größe, Fell, Tragzeit und Lebensdauer und enthält eine Karte mit der natürlichen Verbreitung — ohne die Einführung in andere Gebiete durch den Menschen zu berücksichtigen — und eine Maßstabsskizze, die die Größe der jeweiligen Art zeigt, verglichen mit einem etwa 1,80 m großen Menschen. Sind Umrisse zweier Tiere abgebildet, zeigen sie den größten und den kleinsten Vertreter der Gruppe. Enthält die Übersicht eine umfangreiche Artengruppe, sind die aufgeführten Arten auch im Begleittext erwähnt. Zusätzlich sind detaillierte Beschreibungen in einer besonders gestalteten Übersicht aufgeführt.

Wenn nichts anderes angegeben ist, beziehen sich alle Maßangaben auf Männchen und Weibchen. Sind die Tiere verschiedenen Geschlechts auch unterschiedlich groß, zeigt die Illustration ein Männchen. Gelegentlich taucht eine wirklich bemerkenswerte Studie zu einer Art auf. Damit die Autoren ihre Forschungen deutlich darlegen konnten, wurden dafür manchmal zwei Buchseiten verwendet. Die Themen dieser »besonderen Gesichtspunkte« geben Einblick in aktuelle Entwicklungsprozesse bei den Säugetieren und umspannen Gesellschaftsorganisation, Verhalten bei der Nahrungssuche, Paarungsbiologie und Erhaltung der Art. Ähnliche Themen werden manchmal auch in kürzeren geschlossenen Kapiteln neben den Haupttexten dargestellt.

Die meisten Leser werden viele der erwähnten Tiere noch nie gesehen haben. Das bedeutet aber nicht notwendigerweise, daß sie unseren Gedanken fremd oder unwirklich bleiben müssen. Diese Tiere werden uns schnell vertraut, indem sie uns durch Fotos, Farbillustrationen und Strichzeichnungen nahe gebracht werden. Alle Illustrationen sind detailreich und dynamisch, d. h. jedes Tier ist mit irgendetwas beschäftigt; die Bilder zeigen die Tiere stets in einer kennzeichnenden Haltung. Soweit nichts anderes vermerkt ist, sind alle Tiere einer Übersicht maßstabsgetreu gezeichnet; die wirklichen Maße sind im Text angegeben. Einfachere Strichzeichnungen veranschaulichen besondere Eigenheiten des Verhaltens oder anatomische Unterschiede zwischen ansonsten sehr ähnlichen Arten. Die Fotos sind mehr als reine Zooporträts. Sie zeigen das Tier in seinem Lebensraum und heben typische Verhaltensweisen hervor. Sie sind mit ausführlichen Bildunterschriften versehen, die den Haupttext ergänzen.

Der Leser kann über die Entwicklungsgeschichte der natürlichen Auslese und Anpassung sowie über die Schönheit und Vielfalt der Lebewesen staunen, aber er sollte auch Ehrfurcht vor ihnen haben. Immer wieder weisen die Verfasser mit Nachdruck auf die Notwendigkeit hin, die Tiere in ihrem Lebensraum zu erhalten, und sie vor Ausrottung oder falscher Behandlung zu schützen.

Etwa zwei Drittel der auf diesen Seiten beschriebenen Arten (einschließlich der Wale) sind in den Anhängen I und II des »Übereinkommens über internationalen Handel mit gefährdeten Arten freilebender Tiere und Pflanzen« (»Washingtoner Artenschutzübereinkommen« = WA) aufgelistet. Die »Rote Liste« der »Internationalen Union zur Erhaltung der Natur und der Bodenschätze« (»International Union for the Conservation of Nature and Natural Resources« = IUCN) zählt 19 gefährdete Meeressäugetier-Arten auf. Dieses Buch verwendet folgende Symbole, die von der IUCN den Arten zur Zeit der Drucklegung zugeordnet waren: [B] = bedroht: vom Aussterben bedroht, wenn nicht die verursachenden Faktoren beseitigt werden (dazu zählen auch Zerstörung des Lebensraums und direkte Vernichtung durch den

▲ Kegelrobben-Junges

Menschen). [S] = stark gefährdet: wahrscheinlich in naher Zukunft von der Ausrottung bedroht. [Se] = selten, aber weder bedroht noch zur Zeit stark gefährdet. [P] = potentiell gefährdet: unzureichende Informationen verfügbar, aber mindestens gebietsweise zu einer der oben genannten Kategorien gehörend. [?] (in Kombination mit einem der obigen Zeichen) = vermutlich, aber nicht sicher in eine der genannten Kategorien fallend. Das Symbol [*] bezeichnet ganze Arten, Gattungen oder Familien außer denen, die die »Rote Liste« aufzählt, die vom WA aufgelistet werden. Einige Arten oder Unterarten mit [Ex] und mit [Ex?] wurden vermutlich in den letzten 100 Jahren ausgerottet.

Der Erfolg eines Werkes wie dieses hängt von den gemeinsamen Bemühungen vieler Mitarbeiter ab. Ich danke allen Autoren für ihre unermüdliche Zusammenarbeit, Priscilla Barrett für ihre sorgfältige Detailarbeit bei den Illustrationen, und den unzähligen anderen, die geholfen haben, diese Bände zu gestalten. Ich danke auch meiner Frau Jenny für ihre Toleranz gegenüber den Manuskriptmengen, die zwei Jahre lang unser ganzes Haus bedeckt haben. Besonders dankbar bin ich Dr. Graham Bateman, verantwortlicher Schriftleiter für Naturgeschichte im Hause Equinox, für seine gutgelaunte Steuermannskunst, als wir mit unserem Redaktionsboot hierhin und dorthin gepaddelt sind, immer in der Angst, an die Felsen plumper Sensationslust geworfen zu werden, oder in den stehenden Gewässern verbohrter Detailsuche steckenzubleiben. Hoffentlich findet auch der Leser, daß wir einen Kurs eingeschlagen haben, bei dem die Strömung belebt und das Wasser ungetrübt ist.

David W. Macdonald
Department of Zoology Oxford

EINFÜHRUNG

von Dr. Rüdiger Wandrey

Wenn, für den Fachmann etwas ungewöhnlich, in diesem Band alle Großsäuger der Weltmeere zusammengefaßt werden, dann muß es doch eine ganze Reihe von guten Gründen geben, von der üblichen »Schulsystematik« abzuweichen. Einer dieser Gründe, und sicherlich der in seiner Bedeutung für diese Tiere nicht unwesentlichste, ist das gemeinsame Schicksal, das diese zum Teil in der Entwicklung sehr hoch stehenden Säugetiere miteinander verbindet. Alle in diesem Band beschriebenen Arten, ob Robben, Wale oder Seekühe, leben in einer Umwelt, die um ein Vielfaches empfindlicher auf Störungen durch den Menschen oder durch Veränderungen im ökologischen Gefüge reagiert als die Umwelt auf dem festen Land. Die Nahrungsketten, die große und kleine Lebewesen durch ein Gefüge fein abgestimmter Lebensvorgänge miteinander verbindet, werden im Meer viel leichter unterbrochen, Umweltbelastungen werden viel langsamer, wenn überhaupt, abgebaut. So ist es auch nicht verwunderlich, daß wir unter den hier beschriebenen Gattungen und Familien sehr viele Arten als bereits ausgestorben registrieren müssen. Tierarten sterben in jeder Erdepoche aus und neue kommen dazu. Das wäre eigentlich nichts Ungewöhnliches. Was uns erschrecken sollte, ist die Tatsache, daß sehr viele der zu beklagenden Tierarten während der letzten zwei bis drei Menschengenerationen von dieser Erde verschwanden. Hier fällt natürlich in erster Linie unser Blick auf die Wale, bei denen der Prozeß des Aussterbens zum Glück noch lange nicht beendet ist. Viele der heute noch in den Weltmeeren existenten »Giganten der Ozeane« sind aber zum jetzigen Zeitpunkt biologisch bereits ausgestorben. Ihre Individuenzahl reicht gar nicht mehr aus, auf längere Zeit das Erbgut der Art zu erhalten. Wenn wir bedenken, und für diesen Denkanstoß kann das hier vorliegende Buch eine sehr wertvolle Hilfe sein, daß wir von den meisten in den letzten Jahren und Jahrzehnten ausgestorbenen Tierarten nur äußerst wenig Exaktes wußten und wissen, so muß sich der Mensch, die »Krone der Schöpfung«, eigentlich schnellstens darauf besinnen, wie sehr seine eigene Existenz mit dem Schicksal der Tiere verwoben ist.

◄ **Australische Seelöwen**

WALE

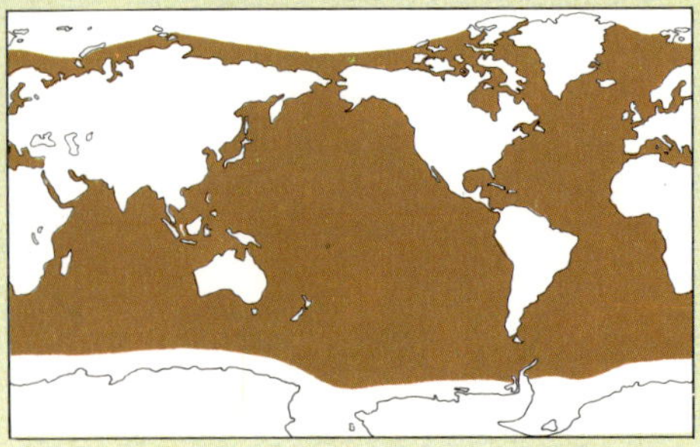

ORDNUNG: *CETACEA* [*]
9 Familien; 38 Gattungen; 76 Arten.

Zahnwale
Unterordnung: *Odontoceti*

Flußdelphinartige
Familie: *Platanistidae*
5 Arten in 4 Gattungen;
z. B.: La-Plata-Delphin (*Pontoporia blainvillei*).

Delphine
Familie: *Delphinidae* (im weiteren Sinne)
32 Arten in 17 Gattungen;
z. B.: Delphin (*Delphinus delphis*), Schlankdelphin (*Stenella attennuata*), Schwertwal (*Orcinus orca*), Grindwal (*Globicephala melaena*), Rundkopfdelphin (*Grampus griseus*), Weißschnauzendelphin (*Lagenorhynchus albirostris*).

Schweinswale
Familie: *Phocaenidae*
6 Arten in 3 Gattungen;
z. B.: Schweinswal, Kleiner Tümmler (*Phocaena phocaena*).

Gründelwale
Familie: *Monodontidae*
2 Arten in 2 Gattungen;
z. B.: Narwal (*Monodon monoceros*).

Pottwale
Familie: *Physeteridae*
3 Arten in 2 Gattungen;
z. B.: Pottwal (*Physeter catodon*).

Schnabelwale
Familie: *Ziphiidae*
18 Arten in 5 Gattungen;
z. B.: Nördlicher Entenwal (*Hyperoodon ampullatus*).

Viele Menschen stellen sich unter einem Wal ein großes, geheimnisvolles, fischähnliches Lebewesen mit Flossen vor, das man, weil es in den graugrünen Tiefen des Meeres lebt, selten oder nie zu sehen bekommt. Bis 1758, als der berühmte schwedische Biologe Carl von Linné erkannte, daß Wale Säugetiere sind, galten sie als Fische, und über ihre Lebensweise war und ist bis heute wenig bekannt. Erst in den letzten 50 Jahren haben wir ein wenig mehr über diese höchstspezialisierten Säugetiere erfahren — keinen Augenblick zu früh, da viele Arten von der Ausrottung bedroht sind.

Obwohl der Wal, oberflächlich betrachtet, einigen großen Haiarten ähnelt, besitzt er doch einige kennzeichnende Merkmale eines Säugetiers: Er ist Warmblütler, atmet durch Lungen und bringt lebende Junge zur Welt, die mit Milch aus den Milchdrüsen der Mutter ernährt werden. Im Gegensatz zu den meisten Landsäugetieren haben Wale jedoch nach der Geburt kein Fell als Wärmespeicher. Denn ein Haarkleid würde viele Vorteile, die der stromlinienförmige Körper beim Gleiten durch das Wasser mit sich bringt, wieder einschränken. Von den Ordnungen der Meeressäugetiere, Wale, Robben (siehe S. 86) und Seekühe (siehe S. 140) sind Wale und Delphine am besten auf ein Leben im Wasser spezialisiert. Robben müssen zur Fortpflanzung und zum Haarwechsel an Land gehen; sie und die Seekühe sonnen sich auch gern an Land.

Die meisten großen Wale gehören zur Unterordnung der Bartenwale (*Mysticeti*; siehe S. 62), die anstelle von Zähnen Hornplatten, sogenannte Barten, haben, mit denen sie Plankton-Organismen, größere Wirbellose und Schwärme kleiner Fische aus dem Meerwasser herausfiltern können. Aber der absolut größte Teil aller Cetaceen (66 von 76 Arten) gehört zur Unterordnung der Zahnwale (*Odontoceti;* siehe S. 24). Zu diesen Zahnwalen rechnen wir auch die Delphine und Schweinswale. Sie ernähren sich hauptsäch-

Bartenwale
Unterordnung: *Mystacoceti [Mysticeti]*

Grauwale
Familie: *Eschrichtiidae*
1 Art;
Grauwal (*Eschrichtius gibbosus*).

Furchenwale
Familie: *Balaenopteridae*
6 Arten in 2 Gattungen;
z. B.: Blauwal (*Balaenoptera musculus*), Finnwal (*Balaenoptera physalus*), Buckelwal (*Megaptera novaeangliae*), Seiwal (*Balaenoptera borealis*).

Glattwale
Familie: *Balaenidae*
3 Arten in 2 Gattungen;
z. B.: Grönlandwal (*Balaena mysticetus*).

⊡ Alle Wale sind im Washingtoner Artenschutzübereinkommen (WA) aufgeführt.

► **Antriebskraft.** Der vordere Abschnitt des Schwanzes liefert die Muskelkraft für die Schwanzfluke, das einzige Fortbewegungsorgan der großen Wale. Der Buckelwal erzeugt manchmal — wie andere Großwale — ein lautes Geräusch, indem er mit der Fluke auf die Wasseroberfläche klatscht. So kann er anderen Buckelwalen ein Signal geben.

◄ **Ein Schwertwal springt,** mit dem Bauch nach oben, aus dem Wasser. Dieses Verhalten könnte dazu dienen, sich mit anderen Mitgliedern seiner »Schule« zu verständigen oder Fischschwärme aufzuscheuchen.

▼ **Springender Delphin.** Delphine sind mit ihrem stromlinienförmigen Körper vollkommene Schwimmer. Beim schnellen Schwimmen gleiten sie unter der Wasseroberfläche dahin und springen, wie dieser Weißstreifendelphin, nur aus dem Wasser, um zu atmen. So kommen sie schneller vorwärts, als wenn sie aufgetaucht dahinziehen würden, wo der Wasserwiderstand am größten ist.

lich von Fischen und freischwimmenden Tintenfischen (Kalmaren), die sie verfolgen und mit ihren spitzen Zähnen geschickt fangen.

Körperform und Fortbewegung

Das größte Tier, das jemals auf unserem Planeten gelebt hat, ist der Blauwal. Obwohl der Bestand aufgrund von Überjagung durch den Menschen ernstlich verringert worden ist (siehe S. 20), gibt es auch heute noch Blauwale. Sie erreichen eine Länge von 24—33 m und ein Gewicht von 130—150 Tonnen. Das entspricht dem Gewicht von etwa 33 Elefanten, den größten landlebenden Säugetieren. Für einen so riesigen Körper ist der Lebensraum Wasser ideal, da die Tiere an Land durch ihre eigene Körpermasse erdrückt würden.

Trotz der Größe und des Gewichts sind Wale und Delphine im Wasser sehr beweglich; mit ihrem stromlinienförmigen, torpedoartigen Körper fällt ihnen die Fortbewegung leicht. Im Vergleich zu anderen Säugetieren ist der Kopf langgestreckt und geht ohne sichtbare Schultern und Nacken in den Rumpf über. Alle Finnwale, Flußdelphinartigen und Gründelwale haben unverwachsene Nackenwirbel, so daß der Nacken beweglich bleibt; die anderen Arten haben zwei bis sieben verwachsene Wirbel. Zugunsten einer idealen Stromlinie sind alle Körperteile, die das ebenmäßige Gleiten des Wassers behindern könnten, zurückgebildet. Hintere Gliedmaßen fehlen, obwohl es noch Spuren eines entsprechenden Knochenskeletts im Körper gibt. Es gibt keine äußeren Ohren; lediglich zwei winzige Öffnungen an der Kopfseite, die direkt zu den inneren Hörorganen führen. Der Penis des Männchens ist vollständig zwischen Muskelfalten versteckt; die weiblichen Zitzen liegen in Schlitzen zu beiden Seiten des Geschlechtsorgans. Die einzigen hervortretenden Stellen sind ein Paar horizontale »Finnen« oder, ein Schwanz ohne Knochen, die »Fluke«, und, bei vielen Arten, eine aufrechte, aber knochenlose »Rückenfinne«, die hart, faserig und fetthaltig ist.

Bei vielen Zahnwalen haben sich die Kiefer zu einer schnabelartigen Schnauze verlängert, hinter der sich die Stirn als runde Kurve oder »Melone« aufwölbt. Im Gegensatz zu den Bartenwalen (oder jedem anderen Säugetier) haben Zahnwale nur ein einziges Nasenloch. Die beiden Nasenöffnungen, die an der Schädelbasis noch getrennt sind, vereinen sich kurz vor der Oberfläche zu einer einzigen Öffnung, dem Spritz- oder Blasloch. In Extremfällen ist die Funktion des einen Nasenganges ausgeschaltet, so daß nur noch der andere zur Atmung dient. Das Spritzloch ist gewöhnlich ein mondsichelförmiger Schlitz; er wird von einem faserigen Fettpolster oder -kissen geschützt, das sich mit Muskelkraft öffnet und durch Wasserdruck schließt. Die Schädelknochen der Nasengegend sind gewöhnlich in Größe, Form und Anordnung unsymmetrisch, obwohl Schweinswale und

BAUPLAN DER WALE

▼ Skelett eines Bartenwals und eines Zahnwals. Das Walskelett entspricht zwar erkennbar dem Bauplan der Säugetiere, weicht in Einzelheiten aber doch stark davon ab. Das Skelett braucht nicht das Gewicht des Tieres zu tragen, sondern dient als Ansatz für die Muskulatur, die etwa 40 % des Gesamtgewichts eines Wals ausmachen kann. Die Walknochen sind leicht und porös und haben eine dünne Außenwand. Die Hintergliedmaßen fehlen vollständig, bis auf einen nicht an der Wirbelsäule befestigten Beckenknochen bei Bartenwalen und einigen männlichen Zahnwalen, der als Ansatz für die Penismuskeln dient. Die meisten Abweichungen sind beim Schädel festzustellen, der bei Barten- und Zahnwalen stark vergrößert ist. Das Fehlen der Zähne und die damit verbundenen Änderungen haben bei den Bartenwalen eine fast groteske, bei keinem anderen Tier vorhandene Schädelform entstehen lassen.

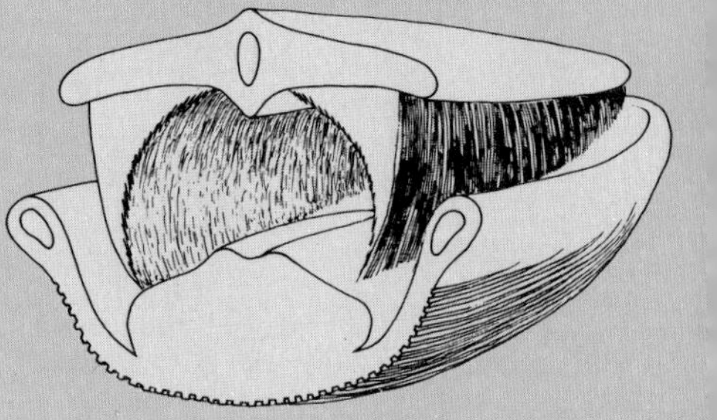

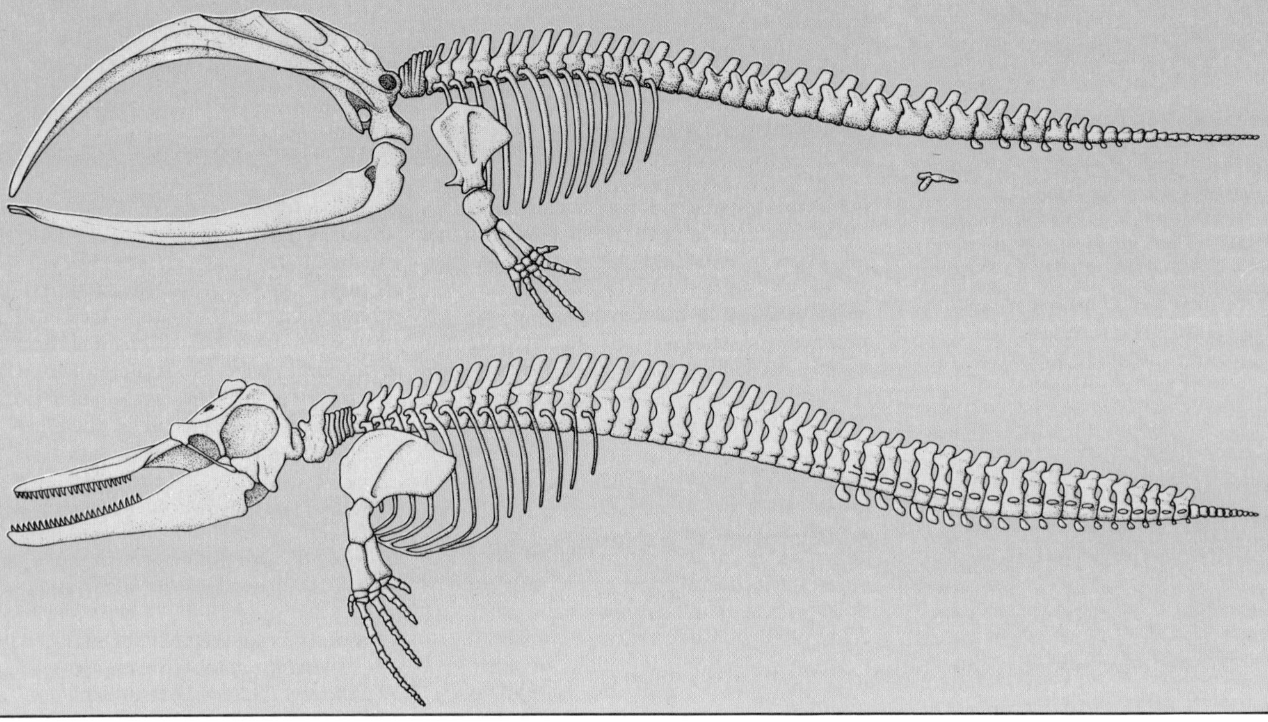

und der La-Plata-Delphin einen symmetrischen Schädel besitzen. Bartenwale unterscheiden sich in vieler Hinsicht von Zahnwalen. Allein ihr Körper ist im allgemeinen schon viel größer. Als Hauptunterschied besitzen sie jedoch den sogenannten Barten-Apparat. In Form von Hornplattenreihen wächst er anstelle der oberen Zähne anderer Tiere in beiden Seiten des Oberkiefers und hängt, in zwei Reihen angeordnet, von ihm herab. Bartenwale sieben durch diese Barten große Mengen Wasser mit Plankton und größeren Organismen, von denen sie sich ernähren (siehe S. 62). Die paarigen Nasenlöcher bleiben getrennt, so daß das Spritzloch ein doppeltes Loch in der Form von zwei Schlitzen ist, die im geschlossenen Zustand eng nebeneinander liegen. Andere wichtige Unterschiede sind einköpfige Rippen und ein Brustbein *(Sternum)*, das aus einem einzigen Knorpel besteht und nur mit den ersten Rippenpaaren gelenkig verbunden ist. Trotz unterschiedlicher Schädelgröße und -form ist der Schädel aller Bartenwale symmetrisch.

Wie alle übrigen Säugetiere sind Wale warmblütig *(homoiotherm)*; einen Teil der verfügbaren Energie verbrauchen sie aus diesem Grunde zur Aufrechterhaltung einer gleichmäßigen Körpertemperatur. Wie können sie in einem verhältnismäßig kalten Lebensraum wie dem Meer mit Temperaturen von normalerweise weniger als 25°C ohne isolierendes Fell eine gleichmäßige Körpertemperatur von 36—37°C halten? Die Isolation wird durch eine Fettschicht bewirkt, dem sogenannten Blubber, der beim Grönlandwal bis zu 50 cm dick sein kann und unmittelbar unter der Haut liegt. Größere Arten haben aufgrund eines günstigeren Verhältnisses zwischen Oberfläche und Rauminhalt einen deutlichen Vorteil gegenüber kleineren Tieren. Deshalb leben die kleineren Delphine auch in sehr tiefen oder sehr kalten Gewässern. Fett ist nicht nur als Blubber vorhanden, sondern auch die Leber speichert viel Fett. Bei manchen Walen werden große Mengen Fett als Öl (manchmal 50 % des Körpergewichts) in den Knochen der Tiere angesammelt.

► **Blauwalknochen** auf der King-George-Insel. Das Skelett des größten Säugetiers der Erde ist im Vergleich zu den Landsäugern sehr zurückgebildet und einfach. Der größte Teil des Körpers besteht aus Fleisch und Fett (»Blubber«).

◄ **Barten.** Anstelle von Zähnen haben Bartenwale zwei Reihen ausgefranster Platten, die vom Gaumen herabhängen. Sie haben sich aus den Querfalten im Gaumen entwickelt, die man auch bei vielen Landsäugetieren findet. Obwohl sie laienhaft als »Fischbein« bezeichnet werden, bestehen sie nicht aus Bein, also Knochen, sondern aus Hornsubstanz.

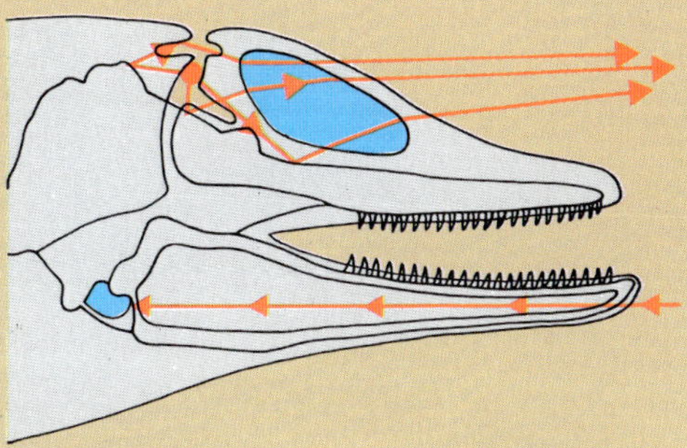

▲ **Schallortung.** Zahnwale haben die hochentwickelte Fähigkeit, Gegenstände durch Schall zu orten (Echo-Peilung). Es gibt die Anschauung, daß die »Melone«, ein weicher, linsenförmiger Körper in der Stirn, den Schall bündelt, der im Nasen-Mundraum produziert wird. Zurückkehrende Schallwellen gelangen durch Hohlräume im Unterkiefer, die mit Öl gefüllt sind, zum Innenohr. Vermutlich wird die äußerst schnelle Reaktionsfähigkeit dieses Systems durch einen lockeren Schaum unterstützt, der das Innenrohr vom Schädel trennt. Der Schall wird so ohne Einwirkung äußerer Resonanzen genau in nur eine Richtung gelenkt.

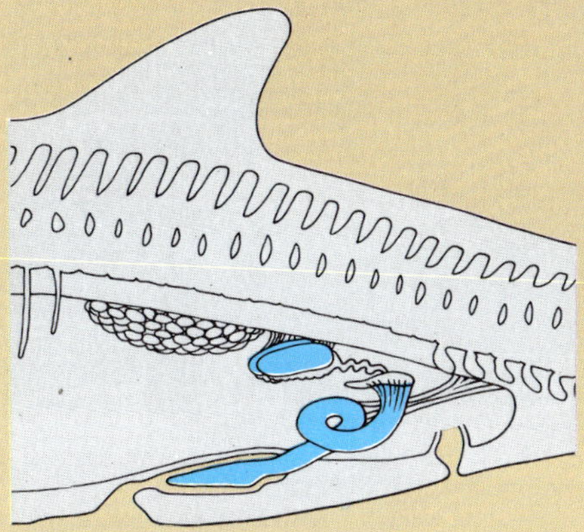

▲ **Die Genitalien** der Wale liegen innen; man sieht nur eine Geschlechtsöffnung. Beim Männchen liegt der Penis aufgerollt am Boden der Bauchhöhle und wird dort von einem Rückstellmuskel gehalten. Der Penis ist sehr beweglich und wird oft, vor allem während der Balz, als Tastorgan eingesetzt. Penis und Hoden sind hier blau eingezeichnet.

Wale bewegen sich hauptsächlich durch ein Aufwärtsschlagen des kräftigen Schwanzes fort (anders als Fische, die dies durch eine Seitwärtsbewegung des Schwanzes erreichen). Diese Bewegung geht von einer großen Muskelmasse im oberen Teil des Tieres aus. Die meisten Wale haben eine ausgeprägte Rückenfinne, die das Tier beim Schwimmen stabil hält und vielleicht auch bei der Temperaturregelung hilft. Die Struktur der vorderen Gliedmaßen entspricht der eines menschlichen Armes, der zu einem paddelartigen »Flipper« umgewandelt wurde und jetzt zum Steuern dient.

Während sich am starren Rumpf eines Schiffes Verwirbelungen bilden, wird dies durch den geschmeidigen Körper des Wals weitgehend verhindert. Sein Speck ist mit den darunterliegenden Muskelzellen nicht starr verbunden; unter der Oberhaut liegt ein elastisches Falten-System. Aus der weichen, äußeren Zellschicht der Oberhaut werden winzige Tropfen eines Hochpolymers von Ethylenoxid ausgeschieden. Diese Tröpfchen helfen dabei, verbrauchte Oberhautzellen abzustoßen und Wirbelbildungen und damit Strömungswiderstände zu reduzieren.

Wale verbringen ihr Leben fast ausschließlich unter Wasser, manchmal in beachtlichen Tiefen. Da sie Säugetiere sind, atmen sie atmosphärische Luft anstatt wie die Fische den Sauerstoff aus dem Wasser. Deshalb müssen sie in regelmäßigen Abständen an die Oberfläche zurückkehren, um Luft zu holen, und während des Tauchens müssen sie den Atem anhalten.

Will ein Mensch längere Zeit tauchen, nimmt er einen Druckluftbehälter mit, denn der Luftdruck in den Lungen muß genauso hoch oder etwas höher sein als der Druck des Wassers um ihn herum, damit der Brustkasten nicht eingedrückt wird. Unter Druck löst sich der Luftstickstoff in Blut und Geweben bis zur Sättigung. Beim schnellen Auftauchen tritt der gelöste Stickstoff in Form von Gasblasen wieder aus. Dieses Phänomen kann jeden Körperteil betreffen; in den Gelenken verursacht er die schmerzhafte »Taucherkrankheit«. Taucht dagegen ein Wal, nimmt er nur so viel Luft mit, wie seine relativ kleinen Lungen fassen. Da nur ein Teil der Luft aus Stickstoff besteht, ist der Anteil, der sich aus einer Lungenfüllung im Blut und den Geweben lösen kann, ziemlich klein. Aber selbst diese kleine Menge gelangt nicht in das Blut oder das Gewebe; denn wenn der Wal taucht, ziehen sich seine Lungen zusammen und pressen die Luft in die Luftröhre, die Bronchien und in die großen Nasengänge, deren dicke Membranschichten den Gasaustausch mit den Zellen verhindern. Bei Walen ist der Brustkorb vergleichsweise leicht verformbar, und das Zwerchfell liegt schräg. Daher kann der Druck der Eingeweide auf der einen Seite die Lunge auf der anderen Seite zusammenpressen.

Wenn der Wal an die Oberfläche zurückkehrt, weitet sich die Lunge allmählich wieder aus, das Spritzloch öffnet sich, und die verbrauchte Luft wird explosionsartig ausgestoßen. So entsteht eine Spritzwolke, die Fontäne. Dieses sogenannte »Blasen« kommt bei allen Walen vor. Bei kleineren Arten ist sie nicht so gut zu sehen. Das Wasser der Fontäne wird bereits beim Einatmen aus der Umgebung des Spritzlochs mitgerissen. Sobald der Wal ausgeatmet hat, holt er erneut Luft, die Luftsäcke der Lunge dehnen sich bis zum maximal möglichen Gasaustausch aus, und dann taucht er wieder unter.

Wale können recht lange tauchen, der Pottwal möglicherweise mehr als eine Stunde (siehe S. 54). Damit die Muskeln funktionstüchtig bleiben, brauchen sie Sauerstoff. Wie ist das möglich mit einem einzigen Atemzug? Die Muskeln der Wale enthalten eine ungewöhnlich große Menge an roter Muskelsubstanz (Myoglobin), die große Mengen Sauerstoff binden, d. h. speichern kann. Daher können Wale viel länger ohne atmosphärische Luft auskommen als Landsäugetiere.

Unter Wasser gibt es kaum Licht, so daß sich die Wale bei der Orientierung in ihrer Umgebung und beim Auffinden von Nahrung so gut wie gar nicht auf ihr Sehvermögen verlassen können. Sie haben ein sehr feines Gehör und verständigen sich untereinander mit einer Vielzahl von Lauten. Die Zahnwale, die flinke Fische und Tintenfische erbeuten, orten die Tiere nach dem Prinzip der Echo-Peilung. Sie senden starke, kurze Schallimpulse im Ultraschallbereich aus (von 0,25—220 kHz). Dieses Klicken und andere Geräusche prallen auf Objekte in ihrem Weg und erzeugen Echos, mit deren Hilfe sich der Wal ein »Klangbild« von seiner Umgebung machen kann. Die Schädelknochen haben sich zu einer Art Schalltrichter entwickelt, der die Laute wie eine Parabol-Antenne bündeln kann.

Bartenwale benutzen hingegen keine Echo-Peilung, sondern verlassen sich beim Auffinden der Planktonschwärme, die dicht unter der Wasseroberfläche schwimmen, auf ihr Sehvermögen. Einige verständigen sich mit ihren Artgenossen, indem sie niedere Tonfrequenzen abgeben (20 Hz — 30 kHz), die in der Tiefsee Hunderte von Kilometern weit zu hören sind.

Evolution

Über die Ursprünge der heutigen Wale ist wenig bekannt. Säugetiere, die als Cetaceen erkennbar sind, fand man als Fossilien in Felsschichten des frühen Mittleren Eozäns (vor etwa 50 Millionen Jahren). Sie waren bis zu 21 m lange Wassertiere, mit verkürzten hinteren Gliedmaßen und einer langen Schnauze und sahen eher einer Schlange oder einem Aal ähnlich. Sie entstammen der eigenen Unterordnung Urwale oder *Archaeoceti* (einschließlich *Zeuglodonten,* nach dem früheren Gattungsnamen *Zeuglodon* für eine dieser Formen).

Ihre Blütezeit hatten sie im Eozän; die Arten starben größtenteils vor Ende des Oligozäns (vor 26 Millionen Jahren) aus, um im Miozän (vor 7 Millionen Jahren) endgültig zu erlöschen. Aber schon im späten Mittleren und frühen Späteozän (vor 40—45 Millionen Jahren) waren die höher entwickelten Urwale schon so spezialisiert — sie hatten scharfe Schneide- und Eckzähne zum Erbeuten von sich schlängelnden, langsam schwimmenden Fischen und komplizierte Mahlzähne zum Aufbrechen von harten Weich- und Schalentieren —, daß sie nicht die Vorfahren der heutigen Wale sein können.

▲ **Die Fontäne eines Grauwals.** Jeder Wal hat seine eigene typische Blaswolke. Die des Grauwals ist senkrecht und läßt eine Teilung erkennen, da sie aus paarigen Spritzlöchern ausgestoßen wird.

▼ **Entwicklung des Walschädels.** Dargestellt sind die Veränderungen von Knochenstruktur und Zähnen im Oberkiefer: (1) *Protocetus,* ein landlebendes urtümliches Säugetier (*Creodont*) mit raubtierartigen Zähnen. (2) *Prosqualodon,* eine Zwischenform. (3) Der Große Tümmler, ein heutiger Zahnwal, mit gleichförmigen Zähnen. (4) Ein Furchenwal mit der stärksten Rückbildung der Knochenstruktur: Zähne fehlen vollständig, sie werden durch Barten ersetzt (hier nicht dargestellt).

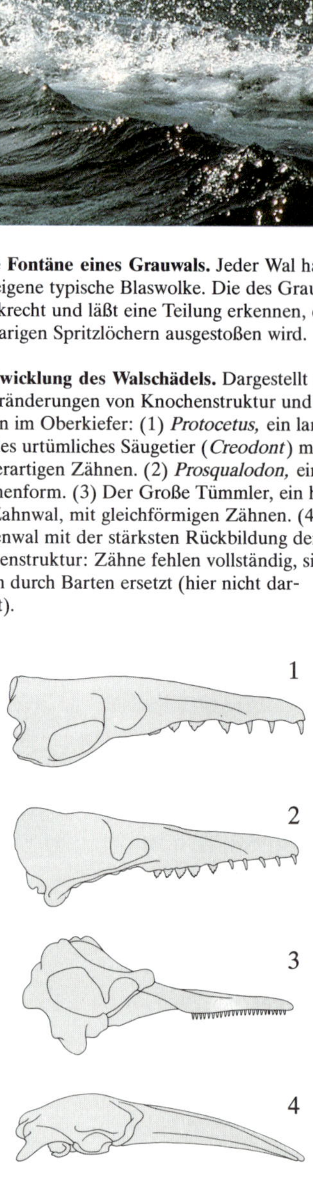

► **Das Tethys-Meer,** vermutlich Ausgangspunkt der Wal-Evolution. Dunkelblau bedeutet die ursprüngliche Größe des Tethys-Meeres, hellblau die spätere Ausdehnung. Die schwarze Linie umreißt die heutige Landmasse.

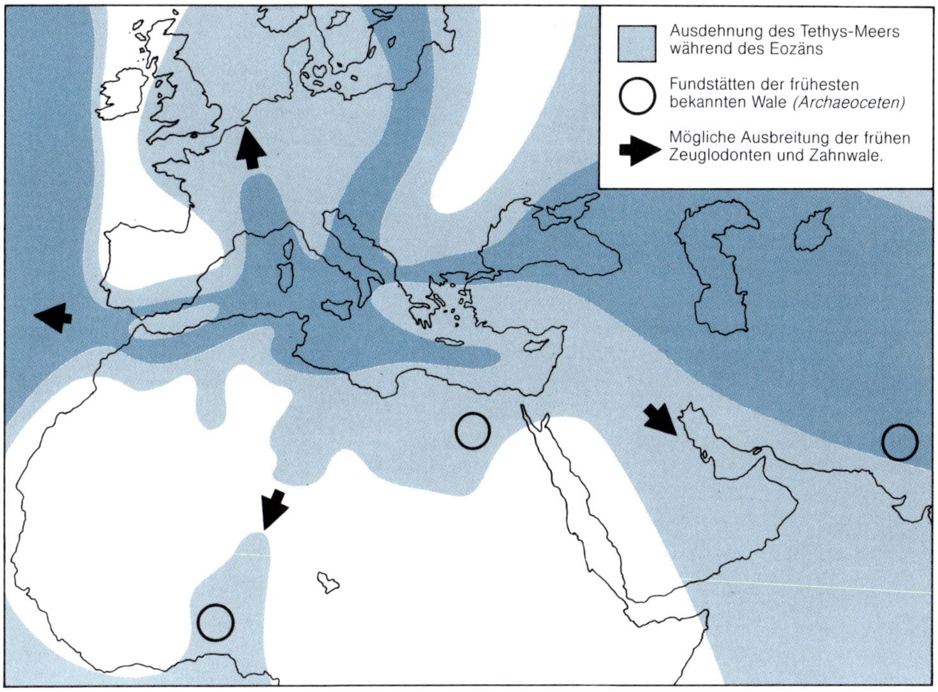

Dreht man die Zeit noch weiter zurück, könnten *Zeuglodonten* (und damit alle anderen Wale) ihren Ursprung in der landlebenden Unterordnung *Mesonychia* gegen Ende der Kreidezeit haben, die dann im Paläozän (vor 60 Millionen Jahren) das Meer bevölkerten. Sie haben wahrscheinlich dieselben Vorfahren wie die Unterordnung *Arctocyonia* (die möglichen Vorfahren der heutigen Huftiere und ihrer Verwandten), nämlich die raubtierähnlichen *Creodonten.* Die *Mesonychia* ähneln den *Zeuglodonten* in einer Reihe von Schädel- und Zahnmerkmalen. Wegen dieser z. T. jedoch etwas vagen Ähnlichkeiten halten die Wissenschaftler sie noch am ehesten für die Vorfahren der Wale. Die meisten frühen *Zeuglodonten*-Funde stammen aus dem Gebiet vom Mittelmeer bis zum Persischen Golf, das während des Paläozäns einen nach Westen verengten Arm des Tethys-Meeres bildete. Hier begannen vermutlich während des späten Paläozäns (vor 58 Millionen Jahren) *Creodonten,* die Sümpfe und seichten Küstenstriche zu besiedeln. Diese »Urraubtiere« füllten ökologische Nischen aus, aus denen die Plesiosaurier, Ichthyosaurier und andere Reptilien gegen Ende der Kreidezeit verschwunden waren. Die dort vorhandene Nahrung, Schalen-, Weichtiere und relativ träge Fische des Brack- und Süßwassers, wurde von immer mehr Tierarten beansprucht. Daher bildete sich während des Eozäns eine rasch fortschreitende, neue Entwicklungslinie heraus, die auf das Fangen schneller Seefische zielte. Diese rasche Entwicklung erklärt vielleicht die kärglichen Fossilfunde aus der Zeit, in der sich die speziellen Walmerkmale entwickelten. Während des Eozäns wurden die warmen Gewässer des westlichen Tethys-Meeres von *Zeuglodonten* beherrscht, aber als das Klima schlechter wurde und sich die Tethys im Oligozän (vor 38 Millionen Jahren) ausdehnte, verringerte sich vermutlich auch Besiedlungsdichte und Individuenzahl der *Zeuglodonten.* Zum Miozän hin (vor 26 Millionen Jahren) wurden sie von den Zahn- und Bartenwalen vollkommen ersetzt. Die allmähliche Anpassung an ein Leben im Wasser hatte zur Folge, daß sich die äußeren Nasenlöcher nach hinten und oben verschoben und daß sie gegen eindringendes Wasser geschützt wurden. Der lange, bewegliche Nacken, die funktionstüchtigen Hinterbeine und der größte Teil des Beckengürtels verschwanden ebenso wie die Reste eines Fells ihrer Vorfahren, der landlebenden *Creodonten.* Es entwickelten sich horizontale Schwanzfluken für den Antrieb durch Auf- und Abbewegung. Der Körper wurde torpedoähnlich, und vor allem bei den kleineren Arten entwickelte sich eine Rückenfinne zur Stabilisierung beim Schwimmen und zur Temperaturregelung.

Die Entwicklung des Zeuglodontenschädels zum Zahnwalschädel bewirkte vor allem eine Verlängerung des vorderen Schädelteils. Gleichzeitig entwickelte sich vermutlich die akustische Orientierung durch Schall-Peilung, um in der düsteren Unterwasser-Umgebung bewegliche Beute besser lokalisieren und fangen zu können. Zur gleichen Zeit bildeten sich eine Reihe von typischen Organen, vor allem die »Melone«, das Spermazet-Organ und die Nasenausstülpung, deren genaue Funktionen uns allerdings noch nicht bekannt sind. Auch der Konkurrenzkampf um den Geschlechtspartner mag vor allem bei den Männchen die Entwicklung

▼ **Evolution der Wale**

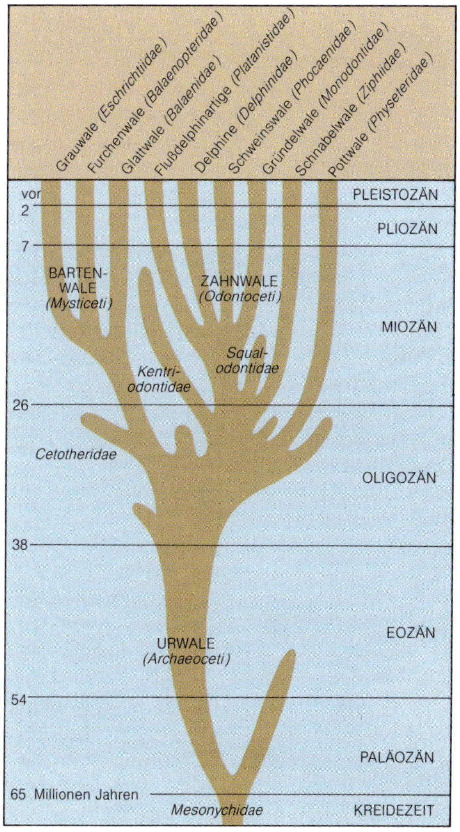

einiger spezieller Organe und Merkmale gefördert haben.

Zur Bezahnung der *Zeuglodonten* gehörten Schneide-, Eck- und Mahlzähne, die wahrscheinlich für Weich- und Schalentiernahrung geeignet waren, nicht aber für den Fang schnell schwimmender Fische. Diese Zähne wurden im Eozän entweder in lange Reihen scharfer, gleichmäßiger Zähne umgewandelt, die für die heutigen Zahnwale typisch sind, oder später, im späten Oligozän bis frühen Miozän (vor etwa 25—30 Millionen Jahren), in den Bartenapparat, die einzigartige Struktur zum Ausseihen von Nahrung bei den Bartenwalen, die sich aus gebogenen Falten im Gaumendach gebildet haben. Die meisten Bartenwale haben in frühen Stadien der Embryonalentwicklung noch Zähne; ein weiterer Hinweis auf gemeinsame Vorfahren mit den Zahnwalen, der auch durch Vergleiche des Körperbaus und der Chromosomen erhärtet wird.

Die frühesten echten Zahnwale waren die Squalodonten, eine Gruppe von Kurzschnabelwalen (mit dreieckigen, haiähnlichen Zähnen), die vermutlich den heutigen Schwert- und Grindwalen ähnlich sahen. Sie waren möglicherweise im späten Oligozän und frühen Miozän (vor etwa 25—30 Millionen Jahren) sehr zahlreich und lebten in den Meeren der gesamten Südhalbkugel, wurden aber im Mittleren Miozän (vor etwa 15 Millionen Jahren) von Familien mit heute noch lebenden Vertretern verdrängt. Schnabelwale können bis zu einem haifischähnlichen Vorfahren zurückverfolgt werden, genauso wie andere Familien, z. B. die Pottwale und, im Süß- und Brackwasser, die Flußdelphinartigen sowie die etwas später, im Pliozän, auftauchenden echten Delphine. Die Verwandtschaftsverhältnisse der drei letztgenannten Familien sind noch ungeklärt, aber die Pottwale, deren Schädel viel weniger symmetrisch ist als der anderer Zahnwale und die eine recht unterschiedliche Chromosomenstruktur haben, haben sich mit ziemlicher Sicherheit schon sehr früh abgespalten.

Während sich im Zahnwalschädel Hörorgane, die eine Echo-Peilung ermöglichen, entwickelten, ist der Bartenwal-Schädel auf eine andere Ernährungsweise ausgerichtet. Der obere Rand der »Stirn« hat sich weit nach vorn gewölbt, wahrscheinlich um den Druck auf Schädel und Kiefer zu verringern, wenn das Tier während des Schwimmens das Maul in unregelmäßigen Abständen weit öffnet und schließt und dabei seine Hauptnahrung, das Plankton, aus dem Meerwasser siebt.

Nahrung und Nahrungsaufnahme

Viele kleine Zahnwalarten sind bei ihrer Ernährung nicht wählerisch und erbeuten

▲ **Krillfilter.** Ein Zwergwal zeigt seine kurzen, cremefarbenen Barten, mit denen er kleine Krebse, den Krill, aus dem Wasser herausfiltert.

▼ **Die Nahrung der Riesen.** Ein einzelner Krillkrebs wird 6 bis 7,5 cm lang, kommt aber in riesigen Mengen vor; man schätzt den Bestand auf 500—750 Millionen Tonnen. Krill ist die Hauptnahrung der großen Bartenwale, vor allem des Blauwals, aber auch des Finn-, Sei- und Zwergwals.

► **Das Ende ist nahe.** Schwertwale haben eine Wedell-Robbe auf einer Eisscholle gestellt. In wenigen Augenblicken werden die Wale sie ins Wasser stoßen, um sie zu verschlingen. Schwertwale sind keine wählerischen Kostgänger.

eigentlich alle in Schwärmen auftretenden Fische, deren sie habhaft werden. Man weiß jedoch nicht, inwieweit die Ernährungsweisen der einzelnen Arten innerhalb einer bestimmten Region einander wirklich gleichen. Bei den Bartenwalen hängt die Größe und die Anzahl der Bartenplatten von der Größe und Art der Beutetiere ab. Dafür gibt es ein gutes Beispiel: Der Grauwal (siehe S. 69), der seine Nahrung stets am Meeresgrund sucht, hat kürzere, härtere Barten und weniger Halsfurchen (gewöhnlich zwei bis drei) als der Furchenwal (14 bis 100 Halsfurchen), der bei der Nahrungssuche an ein »Durchstöbern« des Meeresgrundes angepaßt ist. Bei ihm (siehe S. 71) ist die einzelne Barte tatsächlich auch länger und breiter. Bei der größten Art, dem Blauwal, können die Platten eine Breite von fast 0,75 m erreichen; bei den anderen Furchenwalen sind sie entsprechend schmaler, woraus sich die Ernährungsweise jeder einzelnen Art ergibt. Bei Glatt- und Grönlandwalen ist die Barte extrem lang und dünn, denn von allen Bartenwalen ernähren sich diese Wale von den kleinsten planktischen Wirbellosen.

Während Bartenwale und einige Zahnwale wie z. B. Pottwal, Nördlicher Entenwal und Pazifischer Hafenschweinswal normalerweise lieber allein auf die Jagd gehen, neigt eine Reihe kleiner Zahnwale, z. B. Schwarzdelphin und Gewöhnlicher Delphin, dazu, gemeinsam zu jagen (siehe S. 42–43). Die Verständigung zwischen den Tieren wird vermutlich durch Lautäußerungen (hohes Quieken, Pfeifen und Grunzen), vielleicht auch durch eine bestimmte Art von Sprüngen ermöglicht. Dieses Verhalten scheint recht vielfältig ausgeprägt zu sein, aber bevor nicht einzelne gekennzeichnete Tiere (möglicherweise auch unter Wasser) untersucht sind, wird man keine genauen Angaben über das Ausmaß der Kommunikation zwischen den Tieren machen können.

Ökologie und Naturgeschichte

Die unterschiedliche Entwicklung von Barten- und Zahnwalen hat ihre jeweilige Ökologie, d. h. die Beziehungen zwischen den Tieren und ihrer Umwelt, stark beeinflußt. Ganz allgemein sind die Meeresgebiete um die Pole diejenigen mit der größten Planktonproduktion und damit auch reich an Fischen und Kalmaren, die vom Plankton leben. Denn hier vermischt sich nährstoffreiches, aufsteigendes Tiefenwasser mit sauerstoffgesättigtem Oberflächenwasser (Arktische bzw. Antarktische Konvergenz). In tropischen Meeren ist dagegen wegen des zwar nährstoffreichen, aber sauerstoffarmen, warmen Wassers die Nahrungsproduktion relativ gering. Zwischen den Konvergenzen und der Packeisgrenze entstehen während des antarktischen Sommers (Dezember bis März; – in der Arktis sind die Walbestände praktisch erloschen), die riesigen Krill-Bestände, von denen sich die großen Bartenwale ihren Speck anfressen. Täglich verzehren sie 3–4 % ihres Körpergewichts. Für einen durchschnittlichen Blauwal bedeutet das eine Menge von 2–2½ Tonnen alle 24 Stunden, für die kleineren Furchenwale entsprechend weniger.

Die heutigen Wal-Populationen im Südpolarmeer (einschließlich aller Bartenwalarten) verzehren jährlich etwa 40 Millionen Tonnen Krill. Vor der Ausbeutung der Walbestände durch den Menschen lagen die Zahlen bei etwa 200 Millionen Tonnen. Für einige Monate ziehen die großen Wale zum Fressen in polare Gebiete. Sie halten sich im Südpolarmeer etwa vier Monate, im Nordpazifik und Nordatlantik, wo die Nahrungsproduktion insgesamt gesehen geringer ist, oft länger als sechs Monate auf. Während dieser Zeit legen sie etwa 50–70 % ihres Körpergewichts als Fett (Blubber) an. Das restliche Jahr über beträgt die Nahrungsaufnahme nur 10 % des Sommerwertes (täglich 0,4 % des Körpergewichts). Diese stark verringerte

▲ **Gemeinsame Nahrungssuche.** Delphine kreisen gemeinsam einen Fischschwarm ein. Das garantiert eine bessere Ausbeute, als wenn sie einzeln jagen würden.

Energieaufnahme führt dazu, daß ein großer Teil der Fettreserven verbraucht ist, wenn die Wale zu ihren Nahrungsgründen in die polaren Gebiete zurückkehren.

Nebenbei müssen die Wale, die ja als Meeresbewohner kein Süßwasser trinken können, auch ihren Wasserbedarf aus dem Fettstoffwechsel decken.

Viele kleinere Walarten verbringen das ganze Jahr in hohen Breiten und können auch in dieser relativ kühlen Umgebung ihre Jungen aufziehen. Warum also ziehen dann die größeren Wale zur Fortpflanzung in warme Gewässer? Es ist verständlich, daß die großen Wale nicht gerade im Polar-Winter züchten, wenn die Nahrungsmenge gering ist und die niedrigen Wassertemperaturen mit Sicherheit einen zu hohen Energieaufwand bei der Aufzucht der Jungen bedeuten würden. Andererseits ist in den polaren Gebieten im Sommer die Plankton-Produktion sehr hoch, und die Wassertemperaturen sind viel günstiger. Es ist also schwierig zu sagen, warum sie nicht, wie ihre kleineren Verwandten, dort auch züchten. Zunächst kann es sein, daß die Wachstumszeit, die ein Junges braucht, um selbständig zu werden, und der Energiebedarf der Mutter, die sich und ihr Kalb versorgen muß, eine längere Fortpflanzungsperiode erfordern würde, als der Polarsommer bietet. Denn Plankton ist nur für kurze Zeit reichlich vorhanden, während es Fische und Kalmare das ganze Jahr über gibt und die großen Wale, die weite Strecken zurücklegen, fressen nunmal hauptsächlich Plankton. Eine zweite Erklärung bietet die Entwicklungsgeschichte. Die frühesten Fossilien von Bartenwalen von vor etwa 30 Millionen Jahren fand man in den niederen Breiten des Nordatlantik. Mit der Wanderung kontinentaler Landmassen durch tektonische Plattenbewegungen und Veränderungen der Meerestemperatur im Känozoikum haben die Wale ihren Lebensraum zu den Polen hin ausgebreitet. Genau wie bei Zugvögeln sind die heutigen Wanderungen der großen Wale möglicherweise ein Relikt aus alter Zeit, als das Nahrungsangebot in den Äquatorregionen noch hoch war.

Während sich Bartenwale hauptsächlich von tierischem Plankton ernähren, fressen Zahnwale lieber Fische und Kalmare. Alle drei Beutetierarten haben, bei entsprechender Masse, einen vergleichbaren Energiewert. Ohne Rücksicht auf den unterschiedlichen Eiweiß-, Fett- oder Kohlenhydratgehalt, sind die täglich aufgenommenen Nahrungsmengen vergleichbar. Die Körpergröße scheint maßgeblich dafür zu sein, ob Wale die hohen Breiten im Winter verlassen oder nicht. Kleinere Arten haben relativ höhere Ernährungsraten, und zwar unabhängig von der Beuteart (täglich 8—10 % des Körpergewichts für die kleinsten Arten, verglichen mit 3—5 % für die größten), aber die absolute tägliche Nahrungsaufnahme der kleineren Tiere ist natürlich im Verhältnis niedriger. Ein 50 kg schwerer Schweinswal, der pro Tag etwa 9 % seines Körpergewichts verzehrt, muß täglich nur 8—10 Fische von Heringsgröße fangen.

Kleinere Wale sind weltweit anzutreffen. Obwohl sie über weite Gebiete verstreut sind (z. B. hat das Revier des Schlankdelphins im Nordpazifik einen Durchmesser von 320—480 km) wandern sie kaum von Norden nach Süden.

Auch wenn die Unterschiede im Wanderverhalten nicht nur von der Ernährung abhängen müssen, so sind andere Eigenschaften der Wale ganz sicher durch die Ernährungsweise bedingt. Plankton- und Fischfresser haben, unabhängig von der Größe, Tragzeiten von 10—13 Monaten, während die Tragzeiten der Kalmarfresser bis zu 16 Monaten betragen. Hier ist ein Zusammenhang mit dem relativen Nährstoffgehalt und der Zeit, in der die Beute verfügbar ist, erkennbar: Plankton und Fische sind sehr gehaltvolle Nahrung,

► **Wie aus einem Hexenkessel** steigt ein Buckelwal aus den Wellen. In Fortpflanzungs- und, wie hier in der Glacier-Bay (Alaska), in Nahrungsgebieten, springen sie häufig aus dem Wasser. Dieses Springen hat, genau wie bei anderen Walen, vermutlich zwei Funktionen: Fischschwärme aufzuscheuchen und sich mit anderen Mitgliedern ihrer »Schule« zu verständigen.

▼ **Die Antarktis ist die Welt des Buckelwals.** Auch wenn die Oberfläche der Antarktis wie ausgestorben aussieht, wimmelt es in den angrenzenden Meeren im Sommer nur so von riesigen Mengen Krill, einer Hauptnahrungsquelle der Wale.

stehen aber nur kürzere Zeit zur Verfügung als die Kalmare, die relativ wenig Eiweiß, Fett und Kohlenhydrate enthalten. Die Stillzeit des kalmarfressenden Pottwals ist mit zwei Jahren länger als die der planktonfressenden Bartenwale, die 5—7 Monate beträgt.

Auch bei den kleineren Walen haben die kalmarfressenden Arten eine Stillzeit von 12—20 Monaten, während sie bei fischfressenden Arten im allgemeinen bei nur 10—12 Monaten liegt.

Das Fortpflanzungsverhalten der Wale kann auch zur Ernährung in Beziehung gesetzt werden. Bei den Planktonfressern paaren sich die Männchen normalerweise nur mit einem einzigen Weibchen (Ausnahmen kommen bei Glatt- und Grönlandwalen vor). Die Tiere leben wahrscheinlich entweder allein oder in Paaren. Bei großen Nahrungsvorkommen oder während langer Wanderungen wurden auch schon Gruppen von bis zu zehn Einzeltieren beobachtet. Allem Anschein nach leben Fresser von Kalmaren in »Vielweiberei«, d. h. sie sind *polygyn.* Ein Männchen hält einen Harem von Weibchen und Jungtieren um sich; andere Gruppen (»Schulen« genannt) bestehen entweder aus einzelgängerischen Männchen (»Junggesellen«) oder es sind reine Weibchen-Schulen. Junggesellen und andere Einzeltiere, die von der Gruppe nicht akzeptiert werden, ziehen meist allein umher. Der Pottwal (siehe S. 52—57) ist ein typischer Vertreter dieses Systems. Es ist aber auch von anderen Arten wie dem Rundkopfdelphin bekannt. Der Schwertwal (siehe S. 38—39), der sich von Kalmaren, Fischen, Seevögeln und Säugetieren ernährt, hält ebenfalls einen Harem. Die meisten Fischfresser haben ein recht wandlungsfähiges Fortpflanzungssystem. Zur Nahrungsaufnahme, zur Paarung und für lange Wanderungen finden sich gemischte Gruppen oder Familieneinheiten zusammen. Einzeltiere kommen und gehen ständig, so daß die Gruppe nicht stabil ist. Sie kann aber einen festen Stamm haben. Nach einer ganzen Reihe von Beobachtungen gibt es anscheinend keine festen Paarbeziehungen.

Wale sind nicht zufällig über ein bestimmtes Gebiet verteilt, sondern sind an ozeanographische Merkmale, wie z. B. aufsteigende Strömungen, wo die Nahrung meist konzentriert vorkommt, oder an die Meeresbodentopographie, wie z. B. Kontinentalböschungen, die als Orientierungshilfen zwischen den Gebieten dienen können, gebunden. Die Geburtsplätze der meisten Walarten (hauptsächlich die der kleineren Zahnwale) sind kaum bekannt; über einige Großwale ist unsere Kenntnis reicher.

Grauwale und Glattwale bringen die Jungen gerne in den warmen Gewässern seichter Buchten zur Welt, während sich Furchenwale, wie Blau-, Finn- und Seiwale eher in tieferen Gewässern, in einiger Entfernung von der Küste, fortpflanzen.

Die Länge der Trag- und Stillzeit bestimmt natürlich die Häufigkeit der Geburten. Wale bringen meist ein einziges Junges zur Welt. Große, planktonfressende Walweibchen können jedes zweite Jahr ein Junges gebären (Glattwale möglicherweise alle drei Jahre); bei kalmarfressenden Walen beträgt der Abstand 2—5 Jahre; die kleineren, fischfressenden Arten züchten jedes Jahr. Schwertwalweibchen mit ihrer gemischten Ernährung können im Abstand von 3—8 Jahren Junge zur Welt bringen. Bei diesen relativ geringen Fortpflanzungsraten und dem späten Eintritt der Geschlechtsreife (4—8 Jahre bei Planktonfressern, 4—10 Jahre bei Fischfressern und 8—26 Jahre bei Kalmarfressern) ist es nicht verwunderlich, daß die meisten Arten lange leben (14—50 Jahre bei den kleineren Arten, aber 50—100 Jahre bei den großen Bartenwalen und dem Schwertwal). Die natürliche Sterblichkeitsrate einiger Walarten scheint in dem Maß zu sinken, wie ihre Körpergröße zunimmt. Jüngste Schätzungen liegen bei jährlich 9—10 % für Zwergwale, 7,5 % für Pottwale und 4 % für Finnwale. Die lange Zeit bis zur Geschlechtsreife läßt sich bei den Kalmarfressern aus der Schwierigkeit erklären, diese wenig nahrhafte, schlüpfrige Beute in genügender Menge zu fangen, wozu wahrscheinlich auch ein längerer Lernprozeß erforderlich ist.

Während der Paarungszeit halten sich die meisten Walarten in ganz bestimmten, für die Art oder jeweilige Population kennzeichnenden Gebieten auf. Das können dieselben Warmwassergebiete sein, in denen sie in den Wintermonaten ihre Jungen werfen, wie dies für einige größere Bartenwale zutrifft, oder sie verbringen, wie viele kleinere Zahnwale, den Sommer in den Nahrungsgründen der polaren Breiten. Sie paaren sich zu bestimmten Jahreszeiten, jedoch wurden bei einigen geselligen Delphinarten geschlechtliche Aktivitäten beobachtet.

Wal und Mensch

Beziehungen zwischen Mensch und Wal bestehen etwa ebenso lange, wie wir archäologische Nachweise darüber haben. In altnordischen Siedlungen hat man 4 000 Jahre alte Schnitzereien von Walen gefunden, und in 3 000 Jahre alten Eskimo-Höhlen in Alaska entdeckte man Reste von Walen, die eindeutig verspeist worden waren. Es ist natürlich möglich, daß Wale damals noch nicht aktiv gejagt wurden, sondern daß die Menschen sich mit den Tieren begnügten, die an Land gespült worden waren. Als jedoch nach dem Pleistozän die Wassertemperaturen in den Meeren anstiegen und es je nach Jahreszeit viele Wale in den Polargebieten gab, könnte es eine Waljagd von Booten aus, im Stile der heutigen Eskimos, gegeben haben.

Zur selben Zeit (vor etwa 3 600 Jahren) begegnen uns Delphine in der Kultur der alten Griechen, ohne jedoch in der Ernährung eine Rolle zu spielen: Sie erscheinen auf Fresken im minoischen Tempel von Knossos auf Kreta, und in vielen griechischen Mythen werden Delphine als menschenfreundliche Tiere dargestellt. Als der Dichter und Sänger Arion mit vielen Schätzen, die er bei einem musischen Wettbewerb gewonnen hatte, aus Italien nach Korinth zurückkehrte, fiel die Schiffsmannschaft über ihn her. Die Legende erzählt, daß er darum bat, eine letzte Melodie spielen zu dürfen. Von der Musik fühlte sich eine Schule Delphine angezogen und näherte sich dem Boot. Als Arion sie entdeckte, sprang er über Bord, wurde von den Delphinen gerettet und auf dem Rücken eines Tieres in Sicherheit gebracht. Der griechische Gelehrte Aristoteles (384—322 v.Chr.) hat als erster Wale und Delphine eingehend beobachtet. Obwohl einige seiner Beobachtungen unrichtig und oft widersprüchlich sind, treffen doch viele seiner detaillierten Beschreibungen ihrer Anatomie und Physiologie genau zu und beweisen eindeutig, daß er schon einzelne Arten unterscheiden konnte.

Der früheste Bericht vom Walfang in Europa stammt aus den Jahren 800—1000 v.Chr. von skandinavischen Normannen. Später, im 12. Jahrhundert, betrieben die Basken in der Biscaya Walfang. Der frühe Walfang konzentrierte sich vermutlich auf Glatt- und Grönlandwale (siehe S. 78—85), da sie sich langsam fortbewegen und aufgrund des hohen Fettgehalts nach dem Tod an der Wasseroberfläche schwimmen. Daher konnte sie der Mensch zuerst wohl von Riffen, später von kleinen offenen Booten aus mit Handharpunen erlegen. Möglicherweise gab es früher im Nordatlantik viele Grauwale, die bis zur Ausrottung bejagt wurden.

Von der Biscaya breitete sich der Walfang allmählich nordwärts zu den europäischen Küsten bis nach Grönland aus. Über baskische Schiffe gibt es Berichte aus dem 16. Jahrhundert. Zu dieser Zeit diente der Walfang nicht mehr nur der Versorgung der Men-

▲ **Die Anmut der Delphine** machte sie bei den alten Hochkulturen des Mittelmeerraums, besonders der Ägäis beliebt. Diese Wandmalerei aus dem Palast von Knossos (Kreta) wurde etwa im Jahre 1600 v.Chr. angefertigt.

► **Jonas und der Wal,** auf einem Fresco von Giotto in der Capella dell'Arena in Padua, gemalt zwischen 1303 und 1306. Damals kannte man Wale ausschließlich aus der antiken Literatur.

▼ **Steinzeit-Felsengravuren** von Tieren, einschließlich eines Wals, von Skegerveien, Norwegen.

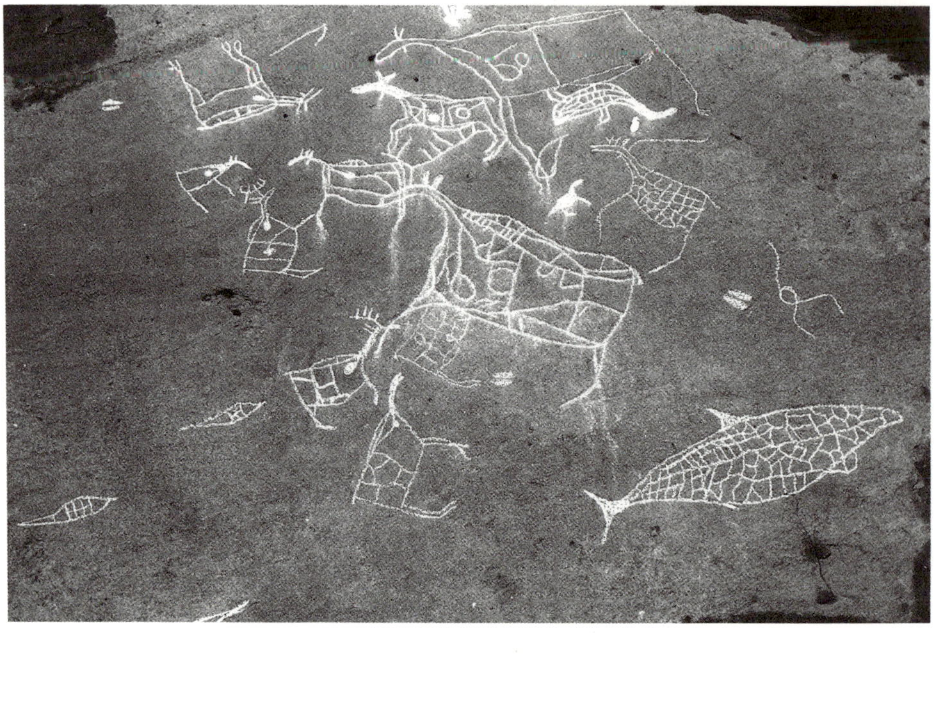

schen in Küstenregionen. Bereits ein Jahrhundert später begannen die Holländer, dann die Engländer mit dem Walfang in arktischen Gewässern, besonders bei der Insel Jan Mayen und der Inselgruppe Spitzbergen. Vom 17. Jahrhundert an wurden im östlichen Nordamerika hauptsächlich Glatt- und Buckelwale auf ihrer Wanderung entlang der Küste gefangen. Während der ganzen Zeit benutzten die Walfänger kleine Segelschiffe und erlegten ihre Beute mit Handharpunen von Ruderbooten aus. Die Wale wurden dann an Land oder auf Eisschollen geschleppt oder neben dem Boot im Meer verarbeitet. Für den Walfang in Japan dagegen, der sich ewa um 1600 entwickelte, benutzte man Netze und Flotten kleiner Schiffe.

Mit der Weiterentwicklung der Seefahrzeuge begannen die Walfänger, andere Hochsee-Arten, besonders den Pottwal zu verfolgen. Im 18. und 19. Jahrhundert zogen die Walfänger von Neuengland (USA), Großbritannien und Holland erstmals bis zum südlichen Atlantik, um Kap Hoorn westlich zum Pazifik, und um das Kap der Guten Hoffnung herum bis zum Indischen Ozean. In der ersten Hälfte des 19. Jahrhunderts wurde Hawaii zur wichtigsten Walfangstation, andere kamen in Südafrika und auf den Seychellen hinzu.

Damals drangen die arktischen Walfänger auch weit in die eisigen Gewässer von Grönland, der Davis-Straße und Spitzbergen vor, wo sie Grönland- und Glattwale, später auch Buckelwale jagten. Durch Überjagen brach der Walfang im Nordatlantik im späten 18. Jahrhundert, im Nordpazifik im mittleren 19. Jahrhundert zusammen. Die Briten stellten den Walfang in der Arktis 1912 ein.

Der Pottwalfang blühte noch bis etwa 1850, nahm aber im darauffolgenden Jahrzehnt rapide ab. In der ersten Hälfte des 19. Jahrhunderts begann in den höheren Breiten des Pazifiks, vor Neuseeland, Australien und den Kerguelen, der Glattwalfang. Ab 1840 wurde der Grönlandwal auch in der Bering-, Tschuktschen- und Beaufort-See gefangen.

Gegen Ende des Jahrhunderts waren die Bestände beider Arten deutlich reduziert. Im Jahre 1868 erfand der Norweger Svend Foyn die Harpunenkanone. Etwa zur gleichen Zeit ersetzten Dampfschiffe die Segelschiffe. Beide Entwicklungen waren von einschneidender Bedeutung für die anderen Großwale, da die Walfänger jetzt sogar die schnellen Furchenwale verfolgen konnten.

Gegen Ende des 19. Jahrhunderts konzentrierten sich die Walfänger auf die Gewässer vor Neufundland und vor der Westküste Afrikas sowie auf den Pazifik. Im Jahre 1905 entdeckten Walfänger die antarktischen Nahrungsgründe von Blau-, Finn- und Seiwal; so wurde das Südpolarmeer schnell zum Mittelpunkt des Walfangs, mit Südgeorgien als Hauptstützpunkt. Bis dahin war der Walfang landgestützt, aber 1925 nahm das erste moderne Fabrikschiff (»Walfangmutterschiff«) seinen Dienst in der Antarktis auf. Es hatte Vorrichtungen, wie eine Heckaufschleppe und Ladewinden an Deck, mit deren Hilfe die Wale an Bord gezogen werden konnten; von nun an war der Walfang auch außerhalb von Küstenstationen möglich. In dieser Region dehnte sich die Walindustrie rasch aus: 1937/38 wurden noch 46 000 Wale gefangen. Schon wenig später waren die Bestände der hauptsächlich verfolgten Arten bis zur wirt-

▲ **Ein Pottwal wird mit einer Lanze durchbohrt.** Das Gemälde zeigt eine typische Szene aus der Zeit, als große Wale von kleinen Booten aus mit Handharpunen erlegt wurden.

▼ **Wale im frühen 19. Jahrhundert.** Stiche von Bartenwalen aus Lacépèdes »Histoire Naturelle des Cetacés« (1804).

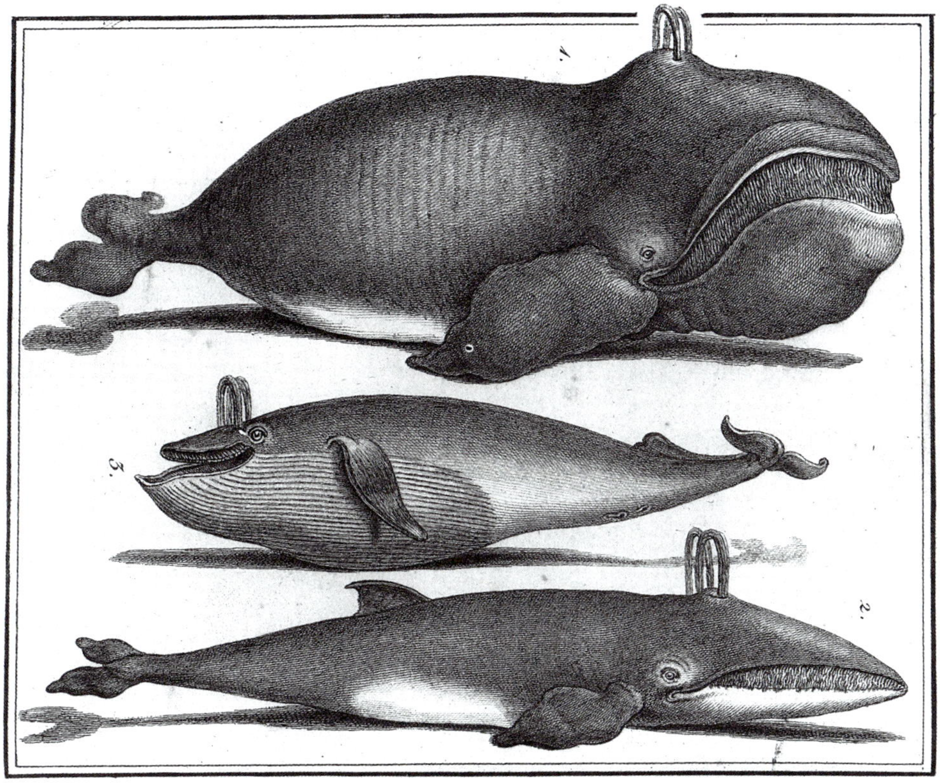

▲ **Walfang im 17. Jahrhundert.** Der Holzschnitt zeigt eine Szene von Spitzbergen. Dem Bericht zufolge wurden die Wale im Wasser zerlegt.

schaftlichen Bedeutungslosigkeit dezimiert. Der größte und damit wertvollste Furchenwal, der Blauwal, wurde in den 1930er Jahren am häufigsten gefangen. Sein Bestand ging bis zur Mitte der 1950er Jahre bis auf wenige Exemplare zurück. 1965 wurde der Blauwal schließlich unter Schutz gestellt. Nun konzentrierte sich der Fang auf den nächstkleineren Furchenwal usw. (siehe S. 74—85).

Nachdem auch die Pottwalbestände bis 1860 stark zurückgegangen waren, fing man bis 1948 jährlich weltweit nur noch 5000 Tiere. Seitdem sind aber die Fangquoten wieder rasch angestiegen. In den letzten Jahren wurden (hauptsächlich im Nordpazifik und auf der Südhalbkugel) jeweils 20 000 Wale gefangen. Im Nordpazifik wurde jetzt die Fangquote auf wenige Männchen pro Jahr begrenzt.

Bis zur Mitte dieses Jahrhunderts war die Walfangindustrie eine Domäne Norwegens und Großbritanniens. Auch die Niederlande und die Vereinigten Staaten waren stark engagiert. Seit dem 2. Weltkrieg haben diese Länder den Hochseewalfang aufgegeben. Die Walindustrie wird jetzt von Japan und der Sowjetunion beherrscht. Einige weitere Staaten betreiben Küstenwalfang.

Das wichtigste Produkt des modernen Hochseewalfangs war ursprünglich das Öl: Bartenwalöl wurde von der Lebensmittel-, Lack- und kosmetischen Industrie verwendet, Pottwalöl für hochwertige Schmiermittel. Seit etwa 1950 gewannen Knochenmehl in der Tierzucht und als Rohstoff für chemische Produkte zunehmend an Bedeutung. Von Japanern wird auch das Walfleisch (von Bartenwalen) sehr geschätzt. Die Sowjetunion, neben Japan die andere bedeutende Walfangnation, verbraucht sehr wenig Walfleisch und konzentriert sich zum Zwecke der Ölgewinnung eher auf den Pottwal. Die Ausbeute der Walfänge in der Antarktis ergab in den 1970er Jahren 29 % Fleisch, 20 % Öl und 7 % Knochenmehl und Lösungen. In den letzten 15 Jahren sind die Wale verstärkt auch zu einem Gegenstand von politischer Tragweite geworden, seit sich die Tier- und Naturschützer unterstützt durch die breite Öffentlichkeit ihnen zugewandt haben, um sie vor dem Schicksal des Aussterbens zu bewahren. Da einige Nationen ungeachtet aller Proteste die Wale weiterhin bejagen, geht die Anzahl der meisten Großwale trotzdem weiter zurück. Die Internationale Walfangkommission, die 1946 ins Leben gerufen wurde, um den Walfang zu kontrollieren, war im allgemeinen erfolglos, da der Rat ihres wissenschaftlichen Komitees oft wegen kurzfristiger wirtschaftlicher Überlegungen mißachtet wurde. 1972 wurde im »US-Marine Mammal Act« (Gesetz zum Schutz der Meeressäugetiere) verboten, Meeressäugetiere und ihre Produkte zu fangen und zu importieren. Nur einige Indianer, Eskimos und Aleuten dürfen für den Eigenbedarf (Nahrung, Kleidung, Kunsthandwerk) Tiere erlegen. Im gleichen Jahr forderte die »UNO-Konferenz über die Umwelt des Menschen« ein 10jähriges Aussetzen des Walfangs. Es wurde von der Internationalen Walfangkommission nicht angenommen, aber die Öffentlichkeitsarbeit und vor allem der moralische Druck seitens einiger Umweltorganisationen (wie World Wildlife Fund, Friends of the Earth, Greenpeace) und die Besorgnis einiger Wissenschaftler über die Schwierigkeiten bei Bestandsschätzungen und Fangquotenzuweisungen, führten schließlich zum Erfolg. 1982 wurde zum ersten Mal in der Geschichte der Menschheit ein Verbot jeglichen kommerziellen Walfangs vereinbart, das 1986 in Kraft treten soll.

Dies ist aber noch lange nicht das Ende der unglücklichen Beziehungen von Mensch und Wal. Selbst wenn wir den kommerziellen Walfang beenden und uns genügend Wissen aneignen, um die Restbestände erhalten zu können, sind sie dennoch ständig wachsenden Gefährdungen durch den Menschen ausgesetzt. In dem Maß, wie die menschliche Bevölkerung zunimmt und die Industrialisierung fortschreitet, wird auch das Meer verändert. Die Menschen beanspruchen immer größere Teile des Meeres, indem sie Organismen als Nahrungsmittel ausbeuten oder giftige Abfallprodukte hineinleiten. Akustische Störungen drohen von Schalltests (z. B. bei der Ölsuche, militärischen Tiefenexplosionen und besonders vom Schiffsverkehr. Sie sind vermutlich in vielen Meeresteilen eine Bedrohung für die Wale, vor allem in der Nordsee, im Ärmelkanal, im Golf von Kalifornien und St. Lawrence, in der Karibik, sowie in den Gewässern um Hawaii und Australien. Eine Reihe von Arten, z. B. Buckel-, Glatt- und Grönlandwal, die kalifornischen Grauwale, sowie kleinere Zahnwale wie der

Hafen-Schweinswal und der Beluga, sind besonders stark gefährdet. Chemiegifte (besonders Schwermetalle, Öl und langlebige Chemikalien) in städtischen, Industrie- und landwirtschaftlichen Abwässern richten in Binnenmeeren, wie Ostsee, Mittelmeer und Nordsee, ernsthafte Schäden an. Die Arten, die an der Küste leben, wie der Hafen-Schweinswal, sind stark gefährdet, und ihr Bestand geht derzeit besorgniserregend zurück. Zu den Bedrohungen gehört auch die Gefährdung des Lebensraumes durch den Bau von Hotels an den Küsten, von Wellenbrechern, die die Strömungen verändern und die Versandung fördern, sowie von Dämmen, die die Flußläufe regulieren. Die am stärksten gefährdeten Arten sind gewöhnlich solche, die selten sind und nur in einem bestimmten Verbreitungsgebiet vorkommen, wie z. B. der Pazifische Hafen-Schweinswal aus dem Golf von Kalifornien und die Delphine von Ganges und Indus (siehe S. 26—27). Nachdem in jüngster Zeit Delphine in großen Mengen in Fischnetzen gefangen wurden, ist die Todesrate jäh angestiegen (siehe S. 41 und 46).

Eine große Bedrohung für Wale und Delphine ist auch der steigende Bedarf des Menschen an Nahrung aus dem Meer. Die Ausbeutung der Großwale zu Beginn dieses Jahrhunderts hatte z. T. auch günstige Auswirkungen auf die verbleibenden Walbestände und auf weniger bejagte Arten (siehe S. 74—75), weil die Nahrungskonkurrenz sich verringert hatte. Nicht nur Wale waren betroffen, sondern auch Krabbenfresser (siehe S. 128—129) und viele Seevogelarten, deren Bestände damals leichte Anzeichen von Wachstum aufwiesen. Jetzt scheint wieder das Gegenteil einzutreten, seitdem der Mensch eine Vielzahl von Organismen fängt (z. B. Krill im Südpolarmeer, Kapelan, Sandaal und Sprotte im Nordatlantik), die wichtige Bestandteile der Nahrung von Walen, Robben und Seevögeln sind. Die Probleme, die sich aus einer direkten menschlichen Nahrungskonkurrenz ergeben, erwecken zwar nicht heftige öffentliche Reaktion wie die Überjagung durch die Walfangnationen, aber wir müssen weiterhin wachsam bleiben, wenn diese prächtigen Tiere auch in Zukunft unsere Meere bewohnen sollen.

PGHE

▼▲ **Walfang in den 1980er Jahren** auf den Färöer-Inseln. Dort werden, mit viel Ritual und Folklore, heute noch Grindwale mit kleinen Booten gefangen (oben). Grindwalstrecke in Torshavn auf den Färöer-Inseln (unten).

◀ **Das Trocknen von Barten (»Fischbein«)** auf dem Gelände der Pacific Steamship Company, San Francisco, in den 1880er Jahren.

ZAHNWALE

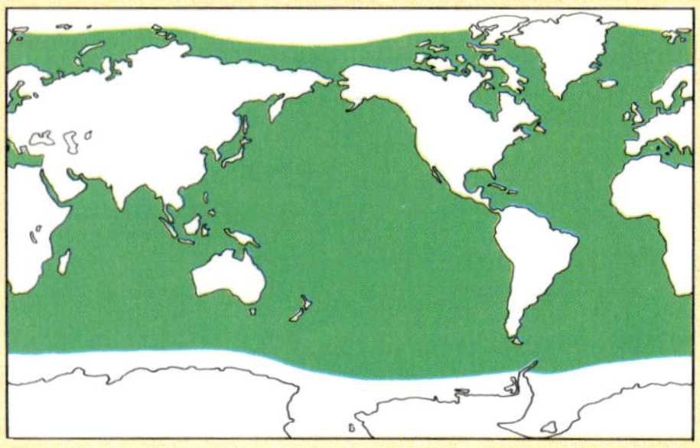

Unterordnung: *Odontoceti*
65 Arten; 33 Gattungen; 6 Familien.
Verbreitung: alle Meere.

Lebensraum: Hochsee, Flachwasser im Küstenbereich und einige Flußmündungen.

Maße: Kopf-Schwanz-Länge von 1,2 m beim Heaviside Delphin bis 20,7 m beim Pottwal; Gewicht von 40 kg beim Heaviside Delphin bis 70 t beim Pottwal.

Flußdelphine *(Familie Platanistidae)*
5 Arten in 4 Gattungen, z. B.: Ganges-Delphin *(Platanista gangetica)*, Indus-Delphin *(Platanista minor)*.

Delphine *(Familie Delphinidae)*
32 Arten in 17 Gattungen, z. B.: Delphin *(Delphinus delphis)*, Schwertwal *(Orcinus orca)*, Breitschnabeldelphin *(Peponocephala electra)*, Rundkopfdelphin *(Grampus griseus)*.

Schweinswale (Familie *Phocaenidae)*
6 Arten in 3 Gattungen, z. B.: Schweinswal, Kleiner Tümmler *(Phocaena phocaena)*, Indischer Schweinswal *(Neophocaena phocaenoides)*.

Gründelwale (Familie *Monodontidae)*
2 Arten in 2 Gattungen: Narwal *(Monodon monoceros)*, Beluga, Weißwal *(Delphinapterus leucas)*.

Pottwale (Familie *Physeteridae)*
2 Arten in 2 Gattungen: Pottwal *(Physeter catodon [macrocephalus])*, Zwergpottwal *(Kogia breviceps)*.

Schnabelwale (Familie *Ziphiidae)*
18 Arten in 5 Gattungen, z. B.: Nördlicher Entenwal *(Hyperoodon ampullatus)*.

Fast neun Zehntel aller Walarten gehören zur Unterordnung der Zahnwale. Die meisten sind vergleichsweise kleine Delphine und Schweinswale, normalerweise mit einer Länge von weniger als 4½ m. Trotzdem können einige, z. B. Schnabelwale, Grindwale und Schwertwale, bis zu 9 m lang werden, und einer, der Pottwal, erreicht mindestens 18 m. Bei vielen Zahnwalen sind die Kiefer zu einer schnabelartigen Schnauze verlängert, hinter der sich die Stirn wie eine runde Wölbung oder »Melone« erhebt. Wie der Name schon sagt, tragen Zahnwale immer, in irgendeinem Abschnitt ihres Lebens, Zähne im Ober- oder Unterkiefer oder in beiden, wenn auch manchmal stark zurückgebildet. Die Zähne sehen alle gleich aus und haben immer eine einzige Wurzel, sind also einfache oder leicht gebogene Kegel in einzelnen Höhlen. Das Gebiß behalten sie zeitlebens *(monophyodonte* Bezahnung). Als primitivste Walfamilie gelten die Flußdelphinartigen. Die Anpassung an das Süßwasser ist bei den meisten Mitgliedern dieser Familie vermutlich sekundär, da Fossilien von Flußdelphinen aus dem Miozän und Pliozän in Meeresablagerungen gefunden wurden. Alle Flußdelphinartigen haben einen langen Schnabel und ziemlich breite, kurze Flipper (Armfinnen), mit denen sie vermutlich auch ihre Umgebung abtasten. Die Augen sind sehr klein, zwei Arten (Indus- und Ganges-Delphin) sind praktisch blind. Diese Tiere leben oft in sehr trübem Wasser, wo ihnen das Sehvermögen wenig nützen würde. Stattdessen ist ihre Fähigkeit zur Echo-Orientierung recht gut ausgebildet.

Ein anderer Seitenarm in der Entwicklung ist die Familie der Schnabelwale, so benannt nach dem deutlich hervortretenden Schnabel. Alle, bis auf eine Art, haben nur sehr wenige, am Oberkiefer gar keine Zähne. An jeder Seite des Unterkiefers ausgewachsener Männchen sitzen nur ein oder zwei Zähne. Sie sind vergleichsweise groß und stehen manchmal wie kleine Stoßzähne vor. Bei jungen Männchen und bei Weibchen durchstoßen sie gewöhnlich den Gaumen nicht, so daß die Tiere völlig zahnlos aussehen. Mit den sicherlich entfernt verwandten Pottwalen haben sie die außergewöhnliche Chromosomenzahl von 42 (statt 44) gemeinsam. Die meisten Arten sind für uns noch weitgehend unbekannt, viele kennen wir nur von einzelnen an Land gespülten Exemplaren.

Der Pottwal, der sich vermutlich schon im Oligozän von der Hauptlinie der Zahnwale abgespalten hat, ist mit nur zwei lebenden Arten vertreten: der kosmopolitische (über den größten Teil der Erde verbreitete) Pottwal und der Zwergpottwal aus den warmen Gewässern des Atlantischen, Indischen und Pazifischen Ozeans. Der erstgenannte ist der größte Zahnwal, bei dem die Männchen doppelt so groß werden wie die Weibchen. Seine Kennzeichen sind ein riesiger, faßförmiger Kopf, der das Walrat enthält, ein runder Buckel (statt einer Rückenfinne) nach zwei Dritteln der Rückenlänge und ein sehr schmaler, unterständiger Unterkiefer. Die andere Art ist ähnlich, aber kleiner gebaut, hat einen weniger ausgeprägten Kopf und eine deutliche Rückenfinne.

Die anderen drei Zahnwal-Familien, Delphine, Schweinswale und Gründelwale, sind alle recht eng miteinander verwandt und haben sich wahrscheinlich irgendwann im mittleren Miozän abgespalten. Die zwei Gründelwal-Arten, Narwal und Beluga, leben nur in den nördlichen Meeren, besonders in der Arktis. Sie sind relativ klein und haben keine Rückfinne. Der Narwal unterscheidet sich durch einen umgebildeten linken oberen Schneidezahn, der wie eine lange Lanze (»Einhorn«) aus dem Oberkiefer herausragt.

Die Schweinswale sind vermutlich an der Wende vom Miozän zum Pliozän (vor etwa

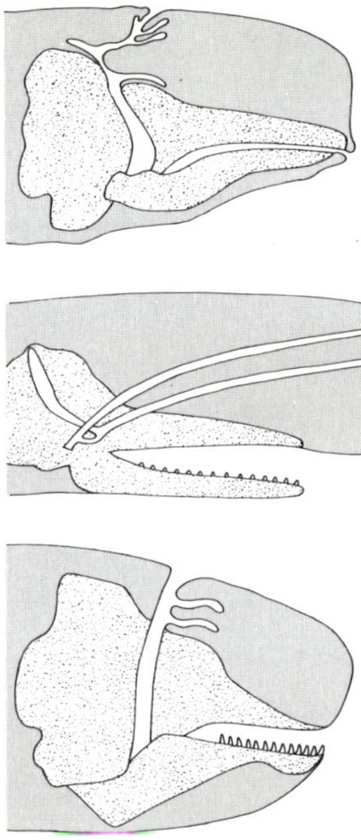

▲ **Die Nasenlöcher von Zahnwalen** sind im Vergleich zu Landsäugern eher nach hinten und zum Schädeldach gerichtet. Hierfür sind der Narwal (1) und der Zwergpottwal (3) typische Vertreter. Der Pottwal (2) ist insofern ungewöhnlich, als sein riesiges Walratorgan nicht in diese Gesetzmäßigkeiten paßt, und sich bei ihm zwei neue Gänge (vom Walratorgan zur Nasenspitze) gebildet haben.

► **Ein Schwertwal zeigt die Zähne.** Der Schwertwal hat weniger Zähne als die meisten Zahnwale, aber sie sind groß und kräftig, und er kann damit Robben, Vögel, Fische, Kalmare und andere meerlebende Wirbellose festhalten. Er kaut seine Beute nicht, sondern schluckt sie ganz oder fetzenweise hinunter.

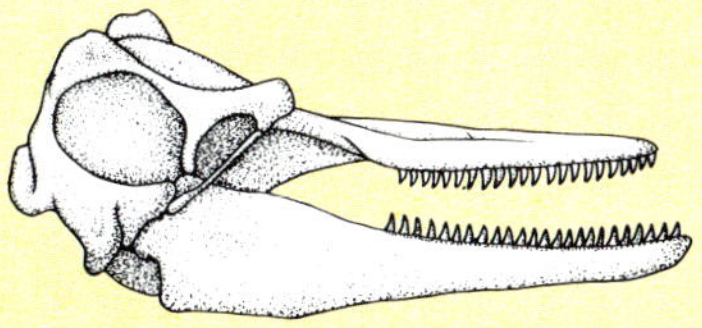

Großer Tümmler 60 cm

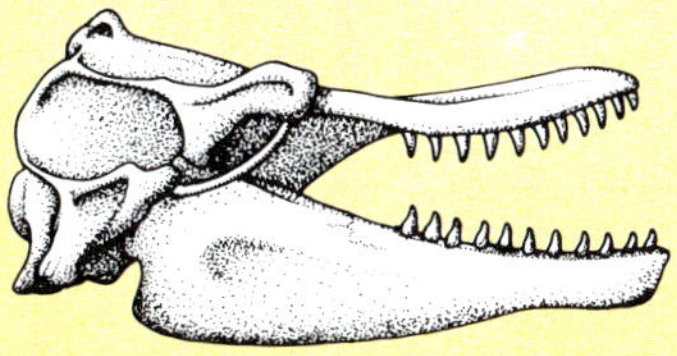

Schwertwal 120 cm

Schädel von Zahnwalen

Bei der Entwicklung der Zahnwale aus landlebenden Raubtieren hat sich der Schädel zu einem schmalen »Schnabel« verlängert, und der hintere Kieferknochen hat sich zur Hinterhauptsgegend (Schädeldach) hin verschoben. Diese Änderungen entstanden gleichzeitig mit der Fähigkeit der Echo-Orientierung und der Anpassung der Zähne an den Fischfang. Der Vorfahr des Zahnwals hatte, genau wie die heutigen Raubtiere, Schneide-, Eck- und Backenzähne. Die ideale Bezahnung für Fischfresser ist jedoch eine lange Reihe gleichmäßiger, kegelförmiger Zähne, was für alle Zahnwale mehr oder weniger zutrifft. Der Große Tümmler ist solch ein klassischer Fischfresser mit zahlreichen kleinen, scharfen Zähnen. Beim Schwertwal ist die Anzahl der Zähne schon stark verringert (10—14 an jedem Kieferast), da er sich sowohl von Säugetieren, als auch von Fischen ernährt. Schnabelwale ernähren sich von Kalmaren und sind praktisch zahnlos. Die Zweizahnwale der Gattung *Mesoplodon* haben ein einziges Zahnpaar im Unterkiefer.

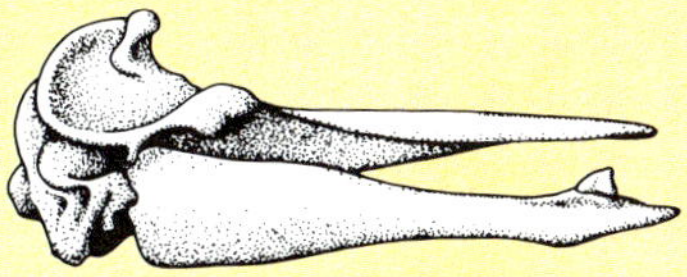

Gervais-Zweizahnwal 120 cm

7 Millionen Jahren) von den tropischen zu den gemäßigten Gewässern beider Halbkugeln abgewandert. Eine der sechs Arten, der Indische Schweinswal aus den warmen Gewässern des Indo-Pazifik, einschließlich der Flußmündungen und Flüsse, ist seinen Vorfahren vielleicht noch am ähnlichsten. Alle Arten sind klein, haben eine runde Schnauze, keinen Schnabel und relativ wenige spatenförmige Zähne (im Gegensatz zu den konischen Zähnen der meisten anderen Zahnwale).

Die größte Zahnwal-Familie bilden die Delphine. Die meisten Arten haben gut ausgebildete Zähne in beiden Kiefern, eine Melone mit einem deutlich hervortretenden Schnabel und eine Rückenfinne. Viele haben eine auffällige, schwarzweiß schimmernde Hautfärbung. Die größte Art ist der Schwertwal, bei dem das Männchen doppelt so groß wie das Weibchen wird. Er unterscheidet sich von anderen Delphinartigen auch dadurch, daß er eine lange, schwertartige Rückenfinne und keinen Schnabel hat und auch andere Meeressäugetiere erbeutet. Einige, z. B. die Gattung Lagenorhynchus, leben paarweise außerhalb der Tropen. Andere, z. B. die Gattung Tursiops, bilden ganz ähnliche Populationen im Norden wie im Süden, die Formen in den Tropen sind jedoch kleiner. Einige Arten, z. B. Delphin, Schwertwal und Rundkopfdelphin, sind fast über die ganze Erde verbreitet; wieder andere, wie der Breitschnabeldelphin sind ganz auf die Tropen beschränkt. PGHE

FLUSSDELPHINARTIGE

Familie: ***Platanistidae***
5 Arten in 4 Gattungen.
Verbreitung: Südostasien, Südamerika.

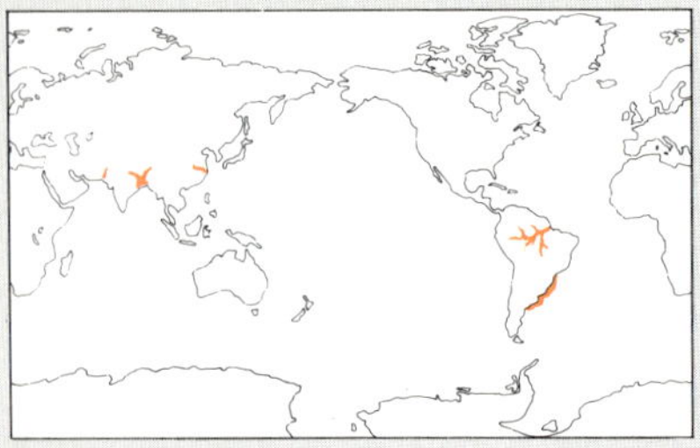

Ganges-Delphin
Ganges-Susu, *Platanista gangetica*
Verbreitung: Indien, Nepal, Bangla Desh.
Lebensraum: Ganges-Brahmaputra-Meghna-Flußsystem. Länge 210—260 cm; Gewicht 80—90 kg. Haut: fast vollständig schwarz.
Tragzeit: 10 Monate.
Lebensdauer: über 28 Jahre.

Indus-Delphin 🄱
Indus-Susu, *Platanista minor [indi]*
Verbreitung: Pakistan. Lebensraum: Indus. Größe, Haut, Ernährung, Tragzeit und Lebensdauer wie beim Ganges-Delphin. Eventuell nur Unterart des Ganges-Delphins.

Chinesischer Flußdelphin 🄿
Lipotes vexillifer
Verbreitung China. Lebensraum: Chang Jiang und unterer Min Jiang (bei Fuzhon).
Länge 230—250 cm; Gewicht 135—230 kg.
Haut: bläulich-grau, unterseits weiß.
Tragzeit: vermutlich 10—12 Monate.

Amazonas-Delphin
Inia, *Inia geoffrensis*
Verbreitung: Südamerika. Lebensraum: Amazonas- und Orinoko-Flußsysteme.
Länge: 208—228 cm (Orinoko), 224—247 cm (Amazonas); Gewicht 85—130 kg.
Haut: oberseits dunkel-bläulichgrau, unterseits rosa; dunkler im Orinoko.
Tragzeit: vermutlich 10—12 Monate.

La-Plata-Delphin
Pontoporia blainvillei
Verbreitung: Küste des östlichen Südamerika von (Ubatuba) bis zur Halbinsel Valdes (nicht im La-Plata-Fluß). Länge 155—175 cm;
Gewicht 32—52 kg. Haut: helles, warmes Braun; unterseits blasser. Tragzeit: 11 Monate.
Lebensdauer: länger als 16 Jahre.

🄱 bedroht; 🄿 potentiell gefährdet.

Delphine mit so schwachen Augen, daß sie nur Tag und Nacht unterscheiden können, aber in der Lage sind, ein Kupferkabel von 1 mm Durchmesser zu entdecken — das sind die Flußdelphinartigen, die mit ihren äußerst empfindlichen Echopeil-Organen ihre Nahrung finden. Ihr Sehvermögen ist im Laufe der Evolution fast vollständig verlorengegangen, weil die Sichtweite in den schlammigen Flußmündungen, in denen sie leben, nur wenige Zentimeter beträgt.

Flußdelphinartige sind die primitivsten Delphine und haben noch bestimmte Merkmale der Wale aus dem Miozän (vor etwa 10 Millionen Jahren). Sie besitzen einen langen, schmalen Schnabel mit vielen spitzen Zähnen; der Nacken ist beweglich, da die sieben Nackenwirbel nicht verwachsen sind. Die Stirnmelone ist ausgeprägt, eine Rückenfinne nicht entwickelt, die Flipper sind breit und sichtbar in Finger aufgeteilt. Das Auge, der Sehnerv und damit das Sehvermögen sind bei den Arten der Flußdelphinartigen unterschiedlich stark zurückgebildet. Indus- und Ganges-Delphin besitzen nicht einmal mehr Linsen, so daß sie keine Bilder sehen, sondern nur Hell oder Dunkel unterscheiden und die Richtung erkennen können.

Das Gehirn von Flußdelphinartigen ist klein. Nur das Gehirn des Amazonas-Delphins ist mit 650 g und 1,3 % des Körpergewichts mit anderen Delphinen zu vergleichen. Das kleine Gehirn steht in engem Zusammenhang mit einer frühen Entwöhnungs- und kurzen Lernphase, und ebenso mit dem einzelgängerischen Leben ohne Sozialstrukturen, die mit denen der heutigen Delphine vergleichbar wären.

Wegen ihres schlechten Sehvermögens spüren Flußdelphinartige ihre Nahrung — hauptsächlich Fische, Krabben und, bei dem

▼ **Die fünf Flußdelphinartigen.** Trotz ihrer weitgehend getrennten Lebensräume sind sich die Flußdelphinartigen äußerlich sehr ähnlich. Sie unterscheiden sich vor allem in der Färbung, der Länge der Schnauze und der Anzahl der Zähne. (1) Amazonas-Delphin *(Inia geoffrensis)*, (2) La-Plata-Delphin *(Pontoporia blainvillei)*, (3) Ganges-Delphin *(Platanista gangetica)*, (4) Indus-Delphin *(Platanista minor)*, (5) Chinesischer Flußdelphin *(Lipotes vexillifer)*.

3

2

1

4

5

in Küstennähe lebenden La-Plata-Delphin, Kalmare und andere Tintenfische — mit Hilfe der Echo-Peilung auf. Jede Art sendet in einer bestimmten Frequenz Ultraschall-Impulse und -Klicklaute aus, die von jedem Objekt in der Umgebung zurückgeworfen werden. Nach der Zeit, die der Impuls zur Rückkehr benötigt, kann der Delphin dessen Entfernung abschätzen. Die nasalen Luftsäcke und die Lufthöhlen entlang einer gut ausgebildeten Leiste im Oberkieferknochen leiten den Impuls zum Hörapparat. Die Tastborsten am Schnabel dienen ebenfalls dazu, Nahrung am Boden zu orten. Der La-Plata-Delphin, der in Küstennähe lebt, findet seine Beute vermutlich durch das Licht, das sie aussendet (Biolumineszenz) oder ebenfalls durch Echo-Peilung. Die Zähne sind kegelförmig, mit einer rückwärtigen Verdickung. Ganges- und Indus-Delphin haben einen vierkammerigen Magen, einschließlich, wie die meisten Wale, eines Teils der Speiseröhre (»Kropf«), in dem die Nahrung aufbewahrt wird. La-Plata- und Chinesischer Flußdelphin besitzen keine derartige Erweiterung der Speiseröhre.

Über Wachstum und Fortpflanzung ist noch wenig bekannt. Der La-Plata-Delphin wird mit 2—3 Jahren geschlechtsreif, die Weibchen züchten alle zwei Jahre. Wenn sie mit vier Jahren ausgewachsen sind, bleiben die Männchen etwa 20 cm kürzer als die Weibchen. Im Gegensatz dazu tritt bei Indus- und Ganges-Delphinen die Geschlechtsreife mit etwa 10 Jahren ein, das Wachstum ist erst nach etwa 20 Jahren abgeschlossen. Die Weibchen sind lediglich aufgrund ihres langen Schnabels etwa 40 cm länger als die Männchen; die Gewichtsunterschiede sind gering. Bei beiden Arten werden die Kälber vor dem 8. bis 9. Lebensmonat entwöhnt und beginnen dann ihr einzelgängerisches Leben. Die Zeit des Wachstums des Amazonas-Delphins ist genauso lang wie die des Ganges-Delphins, jedoch werden Männchen größer und schwerer als die Weibchen.

Der Lebensraum der Flußdelphine wird vom Menschen vor allem durch den Bau von Dämmen bedroht. Im Flußsystem des Indus begann der Dammbau für Kraftwerke und Bewässerungsanlagen um 1900. Dadurch wurde der Lebensraum der Tiere in 10 getrennte Abschnitte eingeteilt, die die Wanderungen der Delphine und Fische verhindern. Im Winter fließt kein Wasser mehr ins Meer mit der Folge, daß viele Abschnitte im Oberlauf fast trocken liegen. Hinzu kam die Jagd nach »Delphinöl« für medizinische Zwecke. Nur zwischen dem Guddu- und Sukkur-Damm lebt heute noch eine bedeutende Anzahl Delphine. Der Indus-Delphin ist dadurch heute mit einer Rest-Population von nur etwa 600 Tieren eine der gefährdetsten Walarten.

Auch der bisher weniger gefährdete Ganges-Delphin wird mehr und mehr durch Dammbauten bedroht. Im Chang Jiang scheint der ohnehin geringe Bestand von Chinesischen Flußdelphinen weiter zurückzugehen, und auch hier werden Dämme und Bewässerungssysteme gebaut. Fischereigeräte führen oft zu Verletzung oder Tod der Tiere. Auch wenn für die südamerikanischen Flußdelphine die Situation insgesamt günstiger aussieht, so sind aber auch hier die Bestände durch Projekte der Flußverbauung bedroht.

Zusätzlich geraten die altertümlichen Flußdelphinartigen immer mehr in Konkurrenz zu den anpassungsfähigeren und intelligenteren echten Delphinen, die ebenfalls Flußsysteme bewohnen (Gattungen Sotalia, Sousa).

TK

DELPHINE

Familie: ***Delphinidae***
Hier als Sammelfamilie mit 32 Arten in 17 Gattungen aufgefaßt.
Verbreitung: alle Meere.

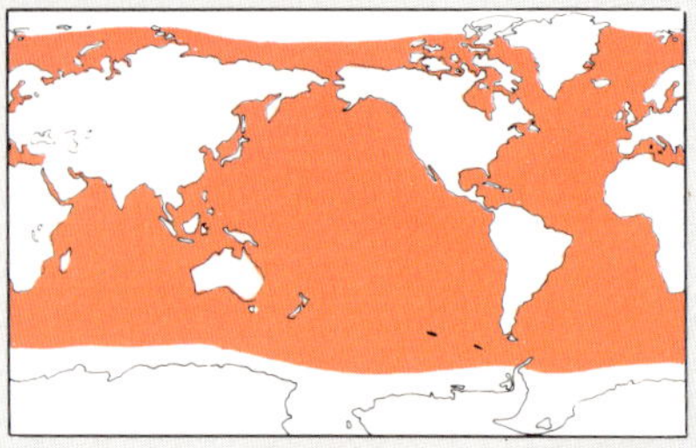

Lebensraum: hauptsächlich seichte Küstengewässer, teilweise auch offene See.

Maße: Kopf-Schwanz-Länge von 1,2 m beim Heaviside-Delphin bis 7 m beim Schwertwal; Gewicht von 40 kg beim Heaviside-Delphin bis 4,5 Tonnen beim Schwertwal.

Tragzeit: 10—12 Monate (16 Monate bei Grindwalen und Rundkopfdelphinen).

Lebensdauer: bis 50—100 Jahre (Schwertwal).

Arten: Delphin *(Delphinus delphis)*, Großer Tümmler *(Tursiops truncatus)*, Schlankdelphin *(Stenella attenuata)*, Schwertwal *(Orcinus orca)*, Kleiner Schwertwal *(Pseudorca crassidens)*, Guyana-Flußdelphin *(Sotalia guianensis)*, Kamerunfluß-Delphin *(Sousa teuszi)*, Amazonas-Sotalia *(Sotalia fluviatilis)*, Breitschnabeldelphin *(Peponocephala electra)*, Rundkopfdelphin *(Grampus griseus)*, Ostpazifischer Delphin *(Stenella longirostris)*.

Der Anblick von Delphinen, die in Delphinarien vielfältige Kunststücke aufführen, hat vielleicht mehr als irgendetwas anderes dazu beigetragen, sie für die Menschen in ein ganz anderes Licht zu rücken. Es spricht viel dafür, daß ihnen an Intelligenz und sozialer Organisation nur die Primaten, vielleicht sogar nur die Menschen gleichkommen, und daß ihnen ihre allgemeine Freundlichkeit und mangelnde Aggressivität die besondere Zuneigung des Menschen eingetragen haben.

Die Delphine sind eine relativ junge Gruppe, die sich erst im späten Miozän (vor etwa 10 Millionen Jahren) entwickelt hat. Von allen Walen sind sie die zahlreichsten und vielfältigsten, die von Fachleuten deshalb oft auch in mehrere Familien aufgeteilt werden.

Die meisten Delphine sind kleine bis mittelgroße Tiere mit einer ausgeprägten Schnauze und einer sichelförmigen, nach hinten gebogenen Finne mitten auf dem Rücken. Sie haben ein einziges, halbmondförmiges Spritzloch mit einer nach innen zur Kopfmitte gebogenen Seite und zweckmäßige, einzeln stehende Zähne in beiden Kiefern, deren Zahl zwischen 10 und 224 betragen kann. Meistens aber haben sie zwischen 100 und 200 Zähne. Viele Delphine haben eine ausgebeulte Stirn, die sogenannte »Stirnmelone«, die bei einigen Arten allerdings nur angedeutet ist, wie z. B. beim Guyana-Flußdelphin und beim Amazonas-Sotalia. Sie fehlt den Cephalorhynchus-Arten, ist bei den Rundkopfdelphinen und den beiden Grindwalarten ausgeprägt und zu einem undeutlichen Schnabel geformt; beim Schwertwal und Kleinen Schwertwal mündet sie in eine stumpfe Schnauze. Schwertwale haben außerdem runde, paddelförmige Flipper (»Brustflossen«), die bei Grindwalen und Kleinen Schwertwalen dagegen schmal und länglich sind. Die eben genannten Arten sind

▲ **Delphingewirr.** Mit ihren wunderschönen Mustern können sich Delphine vor Beutetieren oder Räubern tarnen. Das Licht der Oberfläche mischt sich mit der Färbung der Delphine und löst die Umrisse der Tiere auf. Das Bild zeigt Gewöhnliche Delphine.

► **Im »Liegestütz«** zeigt dieser indo-pazifische Kamerunfluß-Delphin, warum diese Art selten an Land gespült wird. Er ist in seichten Gewässern zu Hause und kann sogar Schlammbänke überqueren.

◄ **Die überschäumende Lebensfreude von Schwarzdelphinen** kommt in anmutigen Sprüngen zum Ausdruck. Sie springen oft einfach »aus Vergnügen«.

◄◄ **Ein Rundkopfdelphin durchpflügt die Wellen.** Diese Tierart bildet bei Wanderungen stabile Schulen, die oft aus einem oder mehreren Männchen, einigen Weibchen und ihren Jungen bestehen.

nicht enger miteinander verwandt, während zu einigen Gattungen, speziell Delphinus, Stenella, Sousa und Sotalia, Arten gehören, die kaum voneinander zu unterscheiden sind.

Die extremen Unterschiede in der Färbung haben zu verschiedenen Klassifikationen der Arten geführt. Eine davon unterscheidet drei Typen: einfarbig (schlicht oder regelmäßig gezeichnet), gefleckt (mit klar abgegrenzten Farbzonen) und großflächig wechselnd (blau-, schwarzweiß). Auffällig gezeichnete Tiere können von den Artgenossen ohne weiteres erkannt werden, sie bleiben aber für Beutetiere wegen der umrißauflösenden Wirkung kontrastreicher Zeichnungen trotzdem gut getarnt. Dementsprechend suchen die einfarbigen Delphine ihre Nahrung in der Tiefe, die gemusterten Tiere an der Oberfläche. Auch vor räuberischen Feinden bietet ein derartiges Zeichnungsmuster eine gute Tarnung. Das Fleckenmuster z. B. verschmilzt direkt mit dem sonnengesprenkelten Hintergrund; schraffierte Muster haben auflösende und lichtbrechende Eigenschaften, und hohe Kontraste lassen die Umrisse des Tieres völlig verschwinden.

Die Unterschiede im Körperbau zwischen den Delphinen sind zum Teil auf unterschiedliche Ernährungsweise zurückzuführen. Die Arten mit der eher abgerundeten Stirn, der stumpfen Schnauze und der oftmals geringen Bezahnung ernähren sich hauptsächlich von Tintenfischen (Kalmaren) oder, wie der Schwertwal, auch von Meeressäugetieren (kleineren Walen, Robben) und Vögeln. Die Schädelform ist vermutlich an das Empfangen und Orten von Schall-Signalen angepaßt, wodurch die Delphine ein genaues Bild von dem jeweiligen Standort ihrer beweglichen, schnellen Beute gewinnen. Die anderen Delphin-Arten ernähren sich hauptsächlich von Fisch. Anscheinend sind alle Arten wenig spezialisiert und fangen jeden Fisch, der ihnen in einem bestimmten Gebiet begegnet. Einige Arten, z. B. der Große Tümmler und der Kamerunfluß-Delphin, halten sich hauptsächlich im Küstenbereich auf, obwohl sie

1

2

3

sich auch von Fischen am Meeresgrund oder in offener See ernähren. Andere, wie z. B. die Gattungen Stenella und Delphinus, sind eher Hochseebewohner und fangen ihre Beute aus Fischschwärmen, sowohl an der Oberfläche (wie Sardelle, Hering und Kapelan) als auch in großen Tiefen (wie Leuchtsardinen), heraus.

Die meisten Delphine fressen zumindest gelegentlich Tintenfische (Kalmare) und sogar Krabben. Diese anpassungsfähige Ernährungsweise macht es schwer, das Ausmaß der Nahrungskonkurrenz zwischen den Delphinarten einzuschätzen. Im tropischen östlichen Pazifik fressen die Schlankdelphine hauptsächlich Hochseefische nahe der Oberfläche, während der verwandte Blau-Weiße Delphin seine Nahrung in größeren Tiefen sucht; vielleicht jagen sie auch zu unterschiedlichen Tageszeiten.

Die eher in der Hochsee lebenden Delphine ziehen gern in Schulen von 1000 oder mehr Tieren umher; beim Fangen von Fischschwärmen arbeiten sie zusammen (siehe S. 39). In Küstennähe schließen sich 2—12 Einzeltiere zu kleineren Gruppen zusammen. Bei der Nahrunssuche bilden Delphinschulen oft eine bis zu einigen Kilometern breite Reihe. Diese Reihe umfaßt mehrere hundert Delphine, die wieder in Gruppen von 5—25 Tieren unterteilt ist. Sie folgen oft Bodenstufen auf dem Meeresgrund. An Stellen mit aufsteigendem Wasser, wo sich Plankton ansammelt und sich daher Fischschwärme versammeln, kommen diese Gruppen zusammen und fressen höchst ausgiebig. Telemetrie-Untersuchungen haben gezeigt, daß bei Delphinen die Reviergröße zwischen 85 km^2 beim Großen Tümmler und 1 500 km^2 beim Schwarzdelphin liegen kann. Außerdem hat man beobachtet, daß einzelne Ostpazifische Delphine 300 km weit ziehen, was für Hochseearten wahrscheinlich nicht ungewöhnlich ist.

Obwohl die meisten Arten eine offene Sozialstruktur haben, bei der einzelne Tiere eine Zeitlang in der Herde bleiben und dann wieder gehen, scheinen einige Arten wie Schwertwal und Rundkopfdelphin stabilere Gruppen zu bilden. Rundkopfdelphine sind in der Regel polygyn, d. h. ein männliches Alttier sammelt einen Harem ausgewachsener Weibchen oder Jungtiere um sich. Aber es kommen auch Gruppen vor, die nur aus männlichen Jungtieren bestehen. Die Schulen bei den meisten anderen Delphinen setzen sich offensichtlich aus Familiengruppen, aus Männchen, Weibchen und Jungen oder Mutter-Kalb-Paaren zusammen. Man findet auch Gruppen die eine Gliederung nach Alter und Geschlecht aufweisen. Das Paarungsverhalten ist nicht bekannt, die Tiere scheinen sich aber an keinen bestimmten Partner zu binden, einige leben polygyn. Jedenfalls sind außerhalb der Paarungszeit die Beziehungen der Männchen zu den Weibchen wie auch zu den Kälbern schwach ausgebildet.

▲ **Kennzeichnende Haltungen** von 13 Delphinarten. (1) Großer Tümmler *(Tursiops truncatus)*, (2) Rauhzahndelphin *(Steno bredanensis)*, (3) Weißseitendelphin *(Lagenorhynchus acutus)*, (4) Fleckendelphin *(Stenella plagiodon)*, (5) Gewöhnlicher Delphin *(Delphinus delphis)*, (6) Nördlicher Glattdelphin *(Lissodelphis borealis)*, (7) Schwarzdelphin *(Lagenorhynchus obscurus)*, (8) Kamerunfluß-Delphin *(Sousa teuszi)*, (9) Breitschnabeldelphin *(Peponocephala electra)*, (10) Commerson-Delphin *(Cephalorhynchus commersoni)*, (11) Kleiner Schwertwal *(Pseudorca crassidens)*, (12) Schwertwal *(Orcinus orca)*, (13) Rundkopfdelphin *(Grampus griseus)*.

13

Bis vor kurzem gewann man alle Informationen über Delphine von toten, an Land geschwemmten Tieren. Einige sind im Meer gestorben, andere aber treiben noch lebend an Land. Es ist besonders auffällig, wenn ganze Gruppen stranden, was bei Grindwalen und Kleinen Schwertwalen besonders häufig vorkommt. Die Beurteilung dieser Massenstrandungen ist deshalb problematisch, weil sie unabhängig von der Bestandsgröße und der normalen Sterblichkeitsrate auftreten.

Der Breitschnabeldelphin z. B. war bis in die 1960er Jahre kaum bekannt, bis er mehrfach in Massen gestrandet war. Es ist sehr unwahrscheinlich, daß er vorher einfach übersehen worden ist. Daraus kann man folgern, daß die Bestände zugenommen haben. In bestimmten Fällen steht die Häufigkeit der Strandungen vielleicht in Zusammenhang mit dem Anwachsen bestimmter Fischvorkommen, die die Delphine vermutlich in diese Gebiete gelockt haben. In den vergangenen Jahrzehnten strandeten immer häufiger Grindwale vor Südwest-England, und zwar hauptsächlich im Herbst und Winter: Zwischen 1913 und 1947 durchschnittlich weniger als ein Tier pro Jahr, zwischen 1948 und 1962 durchschnittlich zwei Tiere pro Jahr, zwischen 1963 und 1978 durchschnittlich mehr als fünf Tiere pro Jahr. Gleichzeitig wurden auch immer mehr lebende Tiere gesichtet, und zwar in derselben Zeit, in der auch große Makrelenschwärme in diesen Gewässern erschienen waren. Viele Grindwale gingen daher auch in Fischernetzen zugrunde.

Auflandige Winde, die Richtung der Meeresströmungen und die Gestalt der Küste haben Einfluß darauf, wo ein toter Delphin an Land gespült wird. (Wenn ein Tier gewöhnlich nicht in Küstennähe lebt, sinkt es meist auf den Grund und kommt nicht wieder zum Vorschein.) Für Strandungen, besonders aufsehenerregende Massenstrandungen von Walen, gibt es mehrere Erklärungen: eine Entzündung des Innenohrs durch Fadenwürmer, die den Gleichgewichtssinn und die Echo-Orientierung ausschaltet; verwirrende Geräusche, die von Unterwasserexplosionen oder dem »Nageln« von Schiffsmotoren ausgehen; mangelhafte Orientierung, nachdem sie Beutetiere bis ins unbekannte oder trübe Gewässer verfolgt haben. Offensichtlich führen nicht Krankheit und Alter dazu, daß ganze Herden stranden; denn die meisten Gruppenmitglieder folgen wahrscheinlich einem alterfahrenen Leittier. Soweit wir wissen, bilden ausgerechnet die Arten, die massenweise an Land getrieben werden, häufig recht stabile Gruppen. Außerdem sind sie Hochseebewohner, die mit seichten Küstengewässern nicht so vertraut sind und dort leicht die Orientierung verlieren. Wenn sich dann das Leittier verirrt und strandet, folgen die anderen oft blindlings, und es kommt zur Katastrophe.

Delphine sind das ganze Jahr über geschlechtlich aktiv, obwohl in niedrigeren Breiten die meisten Kälber im Sommer zur Welt kommen. Das einzige Junge bleibt einige Monate lang bei der Mutter und wird $1\frac{1}{2}$ bis 2 Jahre lang gesäugt. Daraus läßt sich ableiten, daß viele Arten höchstens alle 2 bis 3 Jahre Junge aufziehen. Das Alter der Geschlechtsreife bewegt sich vermutlich zwischen 5 Jahren (Delphin) und 16 Jahren (männlicher Schwertwal); der Durchschnitt liegt für die meisten Arten bei 8 bis 10 Jahren. Auf der Suche nach Nahrung unternehmen viele Arten jahreszeitliche Wanderungen; meist ziehen sie vom offenen Meer zur Küste. Falls es überhaupt abgegrenzte Fortpflanzungsgebiete gibt, hat man sie bisher noch nicht entdeckt. Man vermutet sie in küstenfernen, wirbelstromfreien Gewässern.

Delphine sind gesellig. Einige Arten bilden Schulen von tausend und mehr Tieren. Das

Das Geheimnis der Massenstrandungen

Massenstrandungen von ganzen Grindwalschulen sind bekannter als von irgendeinem anderen Wal. Etwa 95 % der Tiere, die tot am Strand gefunden werden, stammen aus Massenstrandungen; den Rest teilen sich kranke oder schwer mit Parasiten infizierte Einzeltiere. In Massen werden lebende Tiere an Land getrieben, die nicht erkennbar krank oder geschwächt sind. Auch die Zusammensetzung der Gruppen ist in beiden Fällen die gleiche, d. h. es stranden immer alle Tiere einer Gruppe gleichzeitig. Für menschliche Beobachter ist bisher die Rolle eines Leittieres oder einer Leitgruppe nicht offensichtlich geworden.

Werden die Tiere mit dem Schleppnetz ins offene Meer gezogen (um sie zu retten), kommen alle oder viele von ihnen an einer anderen Stelle wieder an Land und sterben dort. Diese Tatsache spricht eigentlich dafür, daß die Tiere nicht einem einzigen Leittier folgen, sondern, daß in jedem Tier selbst dieser scheinbare »Drang« vorhanden ist. Massenstrandungen kommen an allen Küstenformen vor, so daß die geographische Lage wahrscheinlich keine Rolle spielt. Bei Neufundland werden ganze Massen von Delphinen im Spätsommer von ihren Beutetieren, jungen Kalmaren, angelockt, die wiederum selbst von den Kontinentalböschungen in den Küstenbereich ziehen und dort in gewaltigen Mengen vorkommen. Zu dieser Jahreszeit ist der Grindwal wahrscheinlich von einer hohen Nahrungsdichte abhängig. Ob hier der Schlüssel für das Geheimnis um die Massenstrandungen liegt, ist ungewiß, solange die physiologischen Mechanismen nicht bekannt sind.
DES

kommt eigentlich nur während der langen Wanderungen oder an reichen Nahrungsquellen vor. Meistens wechseln die Gruppenmitglieder ständig. Einzeltiere kommen für einige Wochen oder Monate in die Gruppe und verlassen sie auch wieder, und nur wenige Tiere bleiben über eine längere Zeit zusammen. Eine stabile, ausgeprägte Sozialstruktur, wie sie z. B. bei Primaten üblich ist, gibt es nach unserem heutigen Wissen nicht.

Genau wie andere Zahnwale verlassen sich Delphine bei der gegenseitigen Verständigung auf den Schall. Zu den Geräuschen gehört eine Reihe von Schnalzlauten von 0,25 kHz bis zum Ultraschallbereich um 80—220 kHZ, die sie vermutlich zur Echo-Orientierung und zum Betäuben der Beute einsetzen, sowie weitere Töne und modulierte Tonfolgen. Obwohl unterschiedliche Pfeiftöne bestimmten Verhaltensweisen zugeordnet werden können, haben die Tiere wahrscheinlich keine differenzierte Lautsprache. Ob Delphine beim Zusammentreiben von Fischen zusammenarbeiten, ist umstritten. Doch kennen wir ein derartiges Verhalten auch von Primaten, Raubtieren und sogar von Vögeln.

Delphine können recht schwierige Aufga-

▲ **In San Diego, USA, führen Delphine Kunststücke vor.** Solche Beweise von Beweglichkeit und Anmut haben dem Delphin die besondere Sympathie des Menschen eingebracht und die Empörung darüber geschürt, wenn diese Tiere immer wieder abgeschlachtet werden.

ben bewältigen. Sie sind gute »Schauspieler«, die sich auch lange Handlungsabläufe einprägen können, insbesondere dann, wenn ihr Gehör in den Lernprozeß einbezogen wird. Bei manchen Tests zeigen sie sich ebenso klug wie Elefanten. Manchmal fällt ihnen spontan etwas Neues ein. Es gibt aber keinen Beweis dafür, daß ihnen die Folgen ihres Handelns eher einsichtig sind als anderen Tieren. Delphine haben ein großes Gehirn (im Verhältnis zur Körpergröße) und viele Windungen in der Großhirnrinde (vergleichbar mit Primaten), die gemeinhin als Zeichen hoher Intelligenz aufgefaßt werden. Die Gehirngröße könnte aber auch mit der Verarbeitung von akustischen Signalen, die mehr Speicherraum benötigen als sichtbare Informationen, zusammenhängen. Die nicht besonders hohe Dichte der Nervenzellen, die gemeinhin als ein Merkmal für hohe Intelligenz gilt, ist ein Indiz dafür, daß die Klugheit der Delphine nicht zu hoch eingeschätzt werden darf. Die oft zitierte mangelnde Aggressivität von Delphinen trifft nur in ihrem Verhalten dem Menschen gegenüber zu. Viele Arten entwickeln in Gefangenschaft Rangordnungen, wobei Aggression dadurch zum Ausdruck kommt, daß sie dem bedrohten Artgenossen den Kopf zuwenden und mit offenem Mund oder auf- und zuklappenden Kiefern imponieren. Bei Kämpfen in freier Wildbahn hat man schon beobachtet, wie ein Tier den Rücken eines anderen mit seinen Zähnen verkratzte. Auch die Beobachtungen von einem Delphin, der mit seiner Schnauze einen Schildkrötenpanzer durchstoßen hat und damit die Schildkröte tötete, ist als aggressiver Akt zu sehen. Manchmal kommen bis zu 2 000 Delphine in nahrungsreichen Gebieten zusammen, die sich oft mit den Fischfanggründen des Menschen dekken. Dadurch sind die Tiere bedroht. Wandnetze zum Fang von Lachs und Kapelan fangen und töten auch Delphine. Schweinswale, die in Küstennähe leben, wie z. B. Dall- und Pazifische Hafenschweinswale, sind am meisten gefährdet. Im östlichen Pazifik hat der Thunfischfang mit dem Beutelnetz in den späten 1960er und frühen 1970er Jahren den Tod von jährlich 113 000 Tieren verursacht, vor allem von Ostpazifischen- und Schlankdelphinen, aber auch von echten Delphinen (siehe S. 201). Durch das Anbringen von Netzschwimmern an der Oberfläche und weiterer Methoden, mit denen die Netze für die Delphine deutlicher sichtbar wurden, konnten die ungewollten Fänge bis 1980 auf 17 000 Delphine reduziert werden. Sehr viele Tiere wurden in den letzten Jahren auch vor den japanischen Küsten unabsichtlich gefangen. Betroffen waren vor allem Delphine, Ostpazifische Delphine und Schweinswale.

Nicht so offensichtlich ist die Bedrohung, die von der Küstenverschmutzung durch giftige Chemikalien oder akustischen Störungen durch Schiffsdieselmotoren herrührt. Dies ist eine mögliche Erklärung für den Rückgang des Großen Tümmlers in der Nordsee, im Ärmelkanal, im westlichen Mittelmeer, vor Süd-Kalifornien und anderen dicht befahrenen Seegebieten. Die Jagd auf Delphine ist nicht weit verbreitet. Nur in bestimmten Gegenden, z. B. im Schwarzen Meer, wurden größere Mengen Delphine gefangen (die Türken haben nachweislich in den 1970er Jahren 176 000 Tiere jährlich getötet). Schließlich bedeutet die direkte Konkurrenz um bestimmte Fische möglicherweise eine handfeste Bedrohung, da der Mensch sich für die eigene Ernährung immer mehr auf Meeresprodukte verlegt.

PGHE

◄ **Friedliches Miteinander.** Zwei große Tümmler, ein Primat und ein Raubtier genießen offensichtlich die gegenseitige Gesellschaft.

◄◄ **Massenstrandung.** Grindwale stranden offenbar öfter in großen Mengen als andere Wale. Grindwale im Meer (oben). Gestrandete Grindwale auf der Sable-Insel, Neuschottland, im Jahre 1976. Über 130 Wale strandeten damals gleichzeitig (unten; siehe Text S. 24 oben).

Die 32 Delphin-Arten

Abkürzungen: KSL = Kopf-Schwanz-Länge; G = Gewicht.

Schwertwal
Orca, Mörderwal, *Orcinus orca*

Alle Ozeane. Männchen KSL 6,7–7,0 m; G 4 000–4 500 kg. Weibchen KSL 6,0–6,5 m; G 2 500–3 000 kg. Färbung: schwarz an Rücken und Seiten, weißer Bauch, weiße Schleife vom Bauch zu den Flanken, weißer, ovaler Fleck über und hinter dem Auge, genaue Lage und Maße des weißen Flecks je nach Region unterschiedlich; undeutlich grauer Sattel über dem Rücken hinter der Rückenfinne. Runde, paddelförmige Flipper; Rückenfinne auf der Rückenmitte, sichelförmig bei Weibchen und Jungtieren, aber sehr schmal und aufgerichtet bei Männchen. Breiter, runder Kopf und gedrungener, torpedoförmiger Körper.

Kleiner Schwertwal
Kleiner Mörderwal, *Pseudorca crassidens*

Alle tropischen und mäßig warmen Ozeane. Männchen KSL 5,5 m; G etwa 2 000 kg. Weibchen KSL 5,0 m; G etwa 1 200 kg. Färbung: ganz schwarz bis auf einen grauen Fleck am Bauch zwischen den Brustflossen, die einen breiten Höcker am vorderen Rand nahe der Mitte haben. Hochgewachsene, sichelförmige Rückenfinne genau hinter der Rückenmitte, manchmal spitz zulaufend. Schlanker, konischer Kopf, Unterbiß und langer, schlanker Körper.

Zwerggrindwal
Feresa attenuata

Vermutlich alle tropischen und subtropischen Meere. Männchen KSL 2,3–2,4 m; G etwa 170 kg. Weibchen KSL 2,1–2,3 m; G etwa 150 kg. Färbung: dunkelgrau oder schwarz am Rücken, oft heller an den Flanken bis zu der Vorderseite der Rückenfinnen; kleine, aber auffällige weiße Zone unterseits (vom After bis zum Schwanzansatz) und um die Lippen; Kinn ist manchmal ganz weiß. Brustflossen an der Spitze leicht abgerundet. Sichelförmige Rückenfinne genau in der Mitte. Runder Kopf mit Unterbiß; schlanker Körper.

◄ **Die geschlängelten Kräuselwellen** seines Kielwassers lassen den Schwertwal im Vordergrund noch bedrohlicher erscheinen. In Wirklichkeit stellt der Schwertwal kaum eine Bedrohung für den Menschen dar – im Gegensatz zu dem ähnlichen (aber nicht verwandten) Hai. Diese Killerwale leben in der Johnstone-Straße, einer engen Passage an der Nordküste der Vancouver-Insel. Schwertwale gibt es in allen Ozeanen.

Breitschnabeldelphin
Peponocephala electra

Vermutlich alle tropischen Meere. KSL 2,2 m; G 160 kg. Färbung: schwarz an Rücken und Flanken; etwas heller am Bauch; Zonen um After, Genitalien und Lippen hellgrau oder weiß. Brustflossen spitz zulaufend. Sichelförmige Rückenfinne genau in der Mitte. Runder Kopf (aber minimal spitzere Schnauze als Zwerggrindwal) mit leichtem Unterbiß; schlanker Körper, mit dünnem Schwanzansatz.

Gewöhnlicher Grindwal
Pilotwal, *Globicephala melaena*

G.m. melaena in mäßig warmen Gewässern des Nordatlantik; *G.m. edwardi* in den Gewässern aller Meere der Südhalbhkugel. Männchen KSL 6,2 m; G etwa 3 500 kg. Weibchen KSL 5,1 m; G etwa 1 800 kg. Färbung: schwarz an Rücken und Flanken mit ankerförmigem, gräulich-weißem Fleck am Kinn und grauer Zone am Bauch, beide unterschiedlich groß und ausgeprägt (heller bei Jungtieren). Einige haben graue Rückenfinne. Lange, sichelförmige Flipper und ziemlich kurze Rückenfinne, etwas vor der Rückenmitte, mit langer Basis, sichelförmig (bei ausgewachsenen Weibchen und noch nicht geschlechtsreifen Jungtieren) bis flaggenförmig (bei männlichen Alttieren). Quadratischer keulenförmiger Kopf, besonders bei alten Männchen, mit etwas vorstehender Oberlippe und kräftigem Körper.

Indischer Grindwal
Globicephala macrorhyncha

Alle tropischen und subtropischen Gewässer, aber möglicherweise mit eigener Form im Nordpazifik. Männchen KSL 4,75–5,5 m; G etwa 2 500 kg. Weibchen KSL 3,6–4,25 m; G etwa 1 300 kg. Färbung: schwarz an Rücken, Flanken und dem größten Teil des Bauchs, mit ankerförmigem grauem Fleck am Kinn und unterschiedlich ausgeprägter grauer Zone am Bauch (heller bei Jungtieren). Lange, sichelförmige Flipper (aber kürzer als beim Gewöhnlichen Grindwal); recht kurze Rückenfinne, etwas vor der Rückenmitte, mit langer Basis, sichel- bis flaggenförmig. Quadratischer keulenförmiger Kopf, besonders bei alten Männchen (etwas kräftiger als beim Gewöhnlichen Grindwal); Vorderlippe steht leicht vor, Körper ist kräftig.

Weißstreifendelphin
Lagenorhynchus obliquidens

Mäßig warme Gewässer des Nordpazifik. KSL 2,1 m; G etwa 90 kg. Männchen etwas größer als Weibchen. Färbung: dunkelgrau oder schwarz am Rücken, weißer Bauch, große, blaßgraue, ovale Zone an den sonst schwarzen Flanken über die Rückenfinne bis vorne zum Auge reichend, das dunkelgrau oder schwarz umrahmt ist; schmaler, blaßgrauer Streifen über dem Auge und am ganzen Körper entlang bis zur Aftergegend, wo er breiter wird; manchmal blaßgraue Markierung am hinteren Teil der sichelförmigen Rückenfinne, die genau in der Mitte liegt. Runde Schnauze mit sehr kurzem Schnabel, torpedoförmiger Körper.

Stundenglas-Delphin
Lagenorhynchus cruciger

Vermutlich zirkumpolar in kälteren Gewässern des Südlichen Polarmeers. KSL 1,6 m; G 100 kg. Färbung: schwarz am Rücken, weißer Bauch, zwei große weiße Zonen an den sonst schwarzen Flanken, vorne von der Rückenfinne bis zum schwarzen Schnabel, hinten bis zum Schwanzansatz, verbunden durch ein enges weißes Band; weiße Zone ist unterschiedlich groß. Sichelförmige, konkave Finne in der Rückenmitte. Runde Schnauze mit sehr kurzem, schwarzem Schnabel, torpedoförmiger Körper.

Peale-Delphin
Lagenorhynchus australis

Kalte Gewässer vor Argentinien, Chile und Falklandinseln. KSL 2 m; G 115 kg. Färbung: dunkel grauschwarz am Rücken, weißer Bauch; hellgraue Zone an den Flanken, hinter den Augen bis zum After; darüber ein schmales, weißes Band hinter der Rückenfinne, breiter am Schwanzansatz; dünne schwarze Linie von der Leitkante der schwarzen Flipper bis zum Auge. Sichelförmige Finne in Rückenmitte. Runde Schnauze mit kurzem schwarzem Schnabel.

Schwarzdelphin
Lagenorhynchus obscurus

Zirkumpolar in mäßig warmen Gewässern der Südhalbkugel. KSL 1,8 m; G 115 kg; Färbung: dunkelgrau-schwarz am Rücken, weißer Bauch; hellgraue Zone an den Flanken, hinter dem Auge bis zum After; hellgraue oder weiße Zonen an den oberen Flanken, die sich hinten flammenförmig unter der Rückenfinne hindurchziehen, über der Analregion wieder zusammenstoßen und am Schwanzansatz enden. Sichelförmige Finne in Rückenmitte; hinterer Teil der Finne normalerweiße blaßgrau. Abgerundete Schnauze mit sehr kurzem, schwarzem Schnabel, torpedoförmiger Körper.

Weißseitendelphin
Lagenorhynchus acutus

Gemäßigte und subpolare Gewässer des Nordatlantik. Männchen KSL 2,55 m; G 215 kg. Weibchen KSL 2,25 m; G 165 kg. Färbung: Rücken schwarz, Bauch weiß, Flanken grau, aber mit langer, weißer, ovaler Flamme von unterhalb der Rückenfinne bis über den After; direkt oberhalb, aber unmittelbar hinter der Vorderkante der weißen Markierung beginnt ein verlängertes gelbes Band, das sich bis zum Schwanzansatz zieht. Die sichelförmige Finne in der Rückenmitte ist relativ schmal und spitz zulaufend. Abgerundete Schnauze mit kurzem schwarzem Schnabel, gedrungener, torpedoförmiger Körper mit sehr dickem Schwanzansatz, der zu den Schwanzfluken hin dünner wird.

Weißschnauzendelphin
Lagenorhynchus albirostris

Gemäßigte und subpolare Gewässer des Nordatlantiks. Männchen KSL 2,75 m; G etwa 200 kg. Weibchen KSL 2,65 m; G etwa 180 kg. Färbung: dunkelgrau oder schwarz am größten Teil des Rückens, aber blaßgraue bis weiße Zone über dem Rücken hinter der Finne (weniger deutlich bei jungen Tieren); dunkelgraue bis weiße Markierung, beginnend nahe der Rückenoberfläche, hinter dem Auge, über die Flanken bis hinunter zur Aftergegend; weißer Bauch. Schmale (besonders bei erwachsenen Männchen), sichelförmige Finne in der Rückenmitte. Abgerundete Schnauze mit kurzem Schnabel, oft hellgrau oder weiß. Sehr gedrungener, torpedoförmiger Körper mit sehr dickem Schwanzansatz.

Borneo-Delphin
Lagenodelphis hosei

Warme Gewässer aller Ozeane. KSL 2,3 m; G 90 kg. Färbung: mittel- bis dunkelgrau an Rücken und Flanken, weißer bis rosa-weißer Bauch; zwei parallele Streifen an den Flanken; der obere, cremeweiße beginnt über und vor den Augen, zieht sich über den Rücken und wird am Schwanzansatz schmaler; der untere, dunkelgrauschwarze ist deutlicher und zieht sich vom Auge zum After; manchmal auch ein schwarzes Band vom Maul zu den Flippern; Hals und Kinn weiß, aber Spitze des Unterkiefers schwarz. Kleine, schmale, leicht sichelförmige, spitz zulaufende Finne in der Rückenmitte. Sehr kurze, gerundete Schnauze mit kurzem Schnabel. Recht kräftiger, torpedoförmiger Körper, mit deutlichen Kielen über und unter dem Schwanzansatz.

Hector-Delphin
Cephalorhynchus hectori

Küstengewässer von Neuseeland. KSL 1,4 m; G 40 kg. Färbung: blaß- bis dunkelgrau um den After. Gerundete schwarze Flipper und kurze, gerundete Finne in Rückenmitte. Kurze runde Schnauze ohne Melone, mit kleinem Schnabel. Kleiner, gedrungener, torpedoförmiger Körper, schmaler am Schwanzansatz.

Weißbauchdelphin
Cephalorhynchus eutropia

Küstengewässer vor Chile. KSL 1,2 m; G 45 kg. Färbung: schwarz an Rücken, Flanken und Teilen des Rückens, aber mit drei unterschiedlich großen weißen Flecken am Hals, zwischen den Flippern und in der Aftergegend; blaßgrauer oder weißer, dünner Rand am Ober- und Unterkiefer; manchmal blaßgraue Zone um Spritzloch. Kurze, dreieckige Finne in der Rückenmitte, mit längerer Leitkante und stumpfer Spitze. Kurze, runde Schnauze ohne Melone, mit sehr kurzem Schnabel. Kleiner, gedrungener, torpedoförmiger Körper mit Kielen über und unter Schwanzansatz.

Commerson-Delphin
Cephalorhynchus commersoni

Kalte Gewässer des südlichen Südamerika und der Falklandinseln, möglicherweise über das Südpolarmeer bis zu den Kergelen. KSL 1,35 m; G 50 kg. Färbung: dunkelgrau am Rücken mit großem, weißem bis blaßgrauem Mantel über dem Vorderteil bis hinunter zum Bauch, der nur noch eine kleine schwarze Stelle um den After freiläßt; weiße Zone auch an Hals und Kinn, so daß die Vorderseite an Stirn, Schnauze und an ein breites Band über Nacken und Flipper stößt. Kurze, gerundete Schnauze ohne Melone, mit sehr kurzem Schnabel. Kleiner, gedrungener, torpedoförmiger Körper.

Heaviside-Delphin
Cephalorhynchus heavisidii

Küstengewässer vor Südafrika. KSL 1,2 m; G 40 kg. Färbung: schwarz an Rücken und Flanken, Bauch weiß, drei weiße Lappen vom Bauch ausgehend: zwei an jeder Seite der Brustflossen, eine von der Analregion die Flanke entlang bis zum Schwanzansatz. Kleine, ovale, schwarze Flipper und niedrige, dreieckige Finne in der Rückenmitte. Kurze, gerundete Schnauze ohne Melone und ohne ausgeprägten Schnabel. Kleiner, recht gedrungener, torpedoförmiger Körper.

Nördlicher Glattdelphin
Lissodelphis borealis

Offene Gewässer des mäßig warmen Nordpazifik. KSL 2,1 m; G 70 kg. Färbung: schwarz an Rücken und Flanken bis hinunter zum Nabel; weißer Bauch, bei manchen Tieren auch bis zu den Flanken um die Flipper herum weiß, so daß nur noch die Spitzen schwarz sind; sonst schwarze Flipper. Jungtiere hellgrau bis braun an Rücken und Flanken. Keine Rückenfinne. Runde Schnauze mit ausgeprägtem Schnabel und weißem Band über der Unterseite des Unterkiefers. Kleiner, sehr schlanker, torpedoförmiger Körper mit ausgeprägten Kielen über dem Schwanzansatz.

Südlicher Glattdelphin
Lissodelphis peronii

Offenes Meer, Gewässer des Südpolarmeers, möglicherweise zirkumpolar. KSL 1,8 m; G 60 kg. Färbung: schwarz an Rücken und Flanken, weiße Färbung am Bauch zieht sich bis zum unteren Teil der Flanken hinter den Flippern und nach vorne über die Stirn vor den Augen, so daß der ganze Rücken weiß ist; Flipper ganz weiß. Kleine Rückenfinne. Gerundete Schnauze mit ausgeprägtem Schnabel. Kleiner, sehr schlanker, torpedoförmiger Körper; Unterseite der Schwanzfluke weiß.

Rundkopfdelphin
Grampus griseus

Alle tropischen und mäßig warmen Meere. Männchen KSL 4,0 m; G etwa 400 kg. Weibchen KSL 3,5 m; G etwa 350 kg. Färbung: dunkel bis hellgrau an Rücken und Flanken, am hellsten bei älteren Tieren, besonders an der Leitkante der Rückenfinne, so daß der Kopf ganz weiß sein kann; viele Narben an den Flanken von erwachsenen Tieren; weiße Färbung am Bauch wird zum ovalen Fleck an Brust und Kinn. Lange, spitz zulaufende, schwarze Flipper; schmale, sichelförmige Finne in der Rückenmitte (schmaler und aufrechter bei männlichen Alttieren). Stumpfe Schnauze, abgerundet und mit angedeuteter Melone. Kein Schnabel. Gedrungener, torpedoförmiger Körper, der hinter der Rückenfinne bis zum Schwanzansatz immer schmaler wird.

Großer Tümmler
Tursiops truncatus

Küstengewässer der meisten tropischen, subtropischen und mäßig warmen Meere. Drei Formen anerkannt: eine große Rasse, *T.t. truncatus* im Atlantik, und zwei kleinere Rassen, *T.t. gilli* im mäßig warmen Nordpazifik, und *T.t. aduncus* in Indo-Pazifik und Rotem Meer. KSL 3,4 m (kleine) — 3,9 m (große Rasse); G etwa 150—200 kg. Normalerweise dunkelgrau am Rücken, heller grau an den Flanken (Größe unterschiedlich), am Bauch in Weiß oder Rosa übergehend. *T.t. gilli* oft braun statt grau am Rücken, hat eine deutliche rosa Zone.

um den Anus. *T.t. aduncus* teils dunkler als *T.t. truncatus.* Manchmal einige Punkte am Bauch. Schmale, schlanke, sichelförmige Finne in der Rückenmitte. Kräftiger Kopf mit deutlichem kurzen Schnabel, oft mit weißem Fleck an der Spitze des Unterkiefers. Gedrungener, torpedoförmiger Körper mit angedeuteten Kielen am Schwanzansatz.

Rauhzahndelphin

Steno bredanensis

Offene Gewässer aller tropischen, subtropischen und warm-gemäßigten Meere. Männchen KSL 2,4 m; G etwa 140 kg. Weibchen KSL 2,2 m; G etwa 120 kg. Färbung: unterschiedlich; oft dunkelgrau bis dunkelgrau-violett an Rücken und Flanken, weißer Hals und Bauch; rosa-weiße Flecke an Flanken um den Bauch; oft mit vielen weißen, narbenartigen Streifen. Sichelförmige Finne in der Rückenmitte. Langer, schlanker Schnabel, nicht klar von Stirn abgegrenzt, an beiden Seiten weiß oder rosa-weiß, einschließlich einer oder beider Lippen und der Schnauzenspitze. Schlanker, torpedoförmiger Körper, Kiele über und unter Schwanzansatz.

Delphin

Gewöhnlicher Delphin, *Delphinus delphis*

Offene Gewässer aller tropischen, subtropischen und warm-gemäßigten Meere, auch im Mittelmeer und Schwarzen Meer. Möglicherweise eigene Form *D.d. bairdii* im Nordpazifik. Männchen KSL etwa 2,2 m; G etwa 85 kg. Weibchen KSL 2,1 m; G etwa 75 kg. Färbung: unterschiedlich; schwarz oder bräunlichschwarz an Rücken und oberen Flanken, Brust und Bauch beigeweiß oder weiß; an Flanken gelbbraunes oder gelbliches Sanduhrmuster, das hinter der Rückenfinne heller grau wird und manchmal bis zur Rücken-Oberseite reicht; schwarzer Streifen vom Flipper bis zur Mitte des Unterkiefers und vom Auge bis zur Schnabelbasis; ein oder zwei Längsstreifen an den unteren Flanken bei *D.d. bairdii*; Flipper schwarz bis hellgrau oder weiß (atlantische Population). Schlanke, sichelförmige bis aufgerichtete Finne in der Rückenmitte. Langer, schlanker Schnabel, ausgeprägte Stirn und schlanker, torpedoförmiger Körper.

Blau-Weißer Delphin

Stenella coeruleoalba

Alle tropischen, subtropischen und warm-gemäßigten Meere, auch im Mittelmeer. KSL 2,4 m; G 100 kg. Färbung: dunkelgrau bis braun oder bläulichgrau am Rücken, heller grau an den Flanken, weißer Bauch, zwei deutliche schwarze Bänder an den Flanken, das eine nahe dem Auge über die Seite bis zur Aftergegend (mit kurzem Nebenstreifen bis hinunter zu den Flippern), das andere vom Auge zu den Flippern; die meisten haben zusätzliche schwarze oder dunkelgraue Finger, die hinter der Rückenfinne beginnen und halb bis zum Auge reichen; schwarze Flipper. Schlanke, sichelförmige Finne in der Rückenmitte. Schlanker, langer Schnabel (aber kürzer als bei Delphin) und ausgeprägte Stirn. Schlanker, torpedoförmiger Körper.

Ostpazifischer Delphin

Spinner-Delphin, *Stenella longirostris*

Vermutlich in allen tropischen Ozeanen. Möglicherweise mehrere verschiedene Rassen. KSL 1,8 m; G 75 kg. Färbung: dunkelgrau, braun oder schwarz am Rücken; hellgraue, lohfarbene oder gelblichbraune Flanken, weißer Bauch (leicht violett oder gelb bei einigen Populationen), deutlich schwarzer oder hellgrauer Streifen vom Flipper zum Auge. Schlanke, aufgerichtete bis sichelförmige Finne in der Rückenmitte; nahe der Mitte oft heller grau, relativ große schwarze oder hellgraue Flipper. Mittelgroßer bis langer, schlanker Schnabel und ausgeprägte Stirn. Schlanker bis relativ gedrungener torpedoförmiger Körper, der über und unter dem Schwanzansatz deutliche Kiele haben kann.

Schlankdelphin

Tupfendelphin, *Stenella attenuata*

Tiefe Gewässer des tropischen Pazifik und Atlantik, vermutlich auch in anderen Gebieten. Einige Fachleute erkennen *S. frontalis* als eigene Art (Zügeldelphin) im Nordatlantik, *S.a. graffmani* als eigene Rasse (größer, stärker getupft) in Küstengewässer des tropischen Ostpazifik an. KSL 2,1 m; G 100 kg. Färbung: Zeichnung und Färbung unterschiedlich je nach Alter und geographischer Lage, dunkelgrau bis schwarz an Rücken und oberen Flanken, heller grau an unteren Flanken und Bauch (manchmal leicht rosa am Hals); weiße Tupfen an oberen Flanken, dunkle Tupfen an unteren Flanken (bei der Geburt noch keine Tupfen, werden aber mit zunehmendem Alter immer größer); manchmal einfarbiger dunkelgrauer Bauch; deutlich dunkelgraue bis schwarze Zone (oder Mantel) von Kopf bis Rückenfinne, mit schwarzem Kreis um das Auge herum, der sich bis zur Verbindungsstelle von Schnabel und Melone ausweitet; breiter, schwarzer Streifen vom Flipperansatz bis zum Mundwinkel (der oft blasser wird, wenn die Tupfen größer werden); dadurch wirken die hellgrauen Seiten des Kopfes grau. Schlanke, sichelförmige Finne in der Rückenmitte; mittel- bis dunkelgraue Flipper. Langer, schlanker Schnabel, Ober- und Unterlippe weiß oder leicht rosa, ausgeprägte Stirn. Schlanker bis relativ gedrungener, torpedoförmiger Körper, mit deutlichem Kiel unter den Schwanzansatz (manchmal noch ein Kiel über dem Schwanzansatz).

Fleckendelphin

Stenella plagiodon [Sotalia centiginosa]

Tropischer Atlantik, möglicherweise auch andere Gewässer. Vielleicht eine Rasse des Schlankdelphins. KSL 2,1 m; G 110 kg. Färbung: Zeichnung und Färbung unterschiedlich je nach Alter; dunkelgrau an Rücken und oberen Flanken, hellgrau an unteren Flanken und Bauch, weiße Tupfen an unteren Flanken fehlen bei der Geburt, werden aber mit zunehmendem Alter immer größer; dunkelgraue Zone (Mantel) von Kopf bis Rückenfinne, scharf von den hellgrauen Flanken abgegrenzt (beim Schlankdelphin nicht so deutlich); keine Gesichtszeichnung und keine dunkle Linie vom Flipper bis zum Maul; deutlich helle Markierung an den Flanken, die sich schräg bis zum Rücken hinter der Rückenfinne zieht; mittelgroße graue Flipper. Sichelförmige Finne in der Rückenmitte. Langer und schlanker Schnabel, Ober- und Unterlippe blaßgrau oder weiß, ausgeprägte Stirn. Gedrungener, torpedoförmiger Körper.

Amazonas-Sotalia

Sotalia fluviatilis

Amazonas-Flußsystem. KSL 1,4 m; G 36 kg. Färbung: unterschiedlich, je nach geographischer Verbreitung und Alter; mittel- bis dunkelgrau an Rücken und oberen Flanken, mit bräunlicher Tönung, hellgrauen, manchmal gelb-ockerfarbenen Flecken an unteren Flanken und Bauch; zwei blaßgraue Zonen, manchmal diagonal über die Flanken. Kleine, dreieckige Finne in der Rückenmitte. Relativ große, löffelförmige Flipper. Ausgeprägter Schnabel (oberseits mittel- bis dunkelgrau, unterseits hellgrau bis weiß), runde Stirn. Tiere werden mit zunehmendem Alter heller, manchmal beigeweiß. Kleiner, gedrungener, torpedoförmiger Körper.

Guyana-Delphin

Sotalia guianensis

Küstengewässer und Flußsysteme Südamerikas. KSL etwa 1,5 m; G etwa 40 kg. Färbung: dunkler, aber sonst sehr ähnlich wie Amazonas-Sotalia. Blaugrau bis dunkelbraun an Rücken und oberen Flanken, hellgrau an unteren Flanken, weiß am Bauch; manchmal ein bräunliches Band von der Analregion diagonal bis über die Flanken zur Leitkante der Rückenfinne. Kleine, aber vorstehende dreieckige Finne in der Rückenmitte. Relativ große, spatelförmige Flipper. Kleiner, gedrungener, torpedoförmiger Körper.

Kamerunfluß-Delphin

Sousa teuszi

Küstengewässer und Flußsysteme Westafrikas. Nahe verwandt mit dem Chinesischen Flußdelphin, dem er sehr ähnlich ist (allerdings hat er weniger Zähne und mehr Wirbel). KSL etwa 2,15 m; G etwa 100 kg. Form und Färbung unterschiedlich. Färbung: dunkelgrau bis weiß an Rücken und oberen Flanken, heller werdend an den unteren Flanken bis zum weißen Bauch; Jungtiere einfarbig blaßgrau. Kleine, aber deutlich vorstehende dreieckige Finne in der Rückenmitte, sichelförmig bei Jungtieren, später etwas runder. Runde Flipper. Langer, schlanker Schnabel mit leichter Melone an der Stirn. Gedrungener torpedoförmiger Körper mit deutlichem Buckel in der Rückenmitte (auf dem die Rückenfinne sitzt) und ähnlich geformte Kiele über und unter dem Schwanzansatz.

Chinesischer Flußdelphin

Sousa chinensis

Warme Küstengewässer von Ostafrika bis Indonesien und Südchina. Einige Fachleute erkennen *S.c. plumbea* (dunkler), *S.c. lentiginosa* (gefleckt) und *S.c. chinensis* (weiß) als eigene Rassen an. KSL 2,0 m; G etwa 85 kg. Form und Färbung unterschiedlich. Färbung: dunkelgrau bis weiß an Rücken und oberen Flanken, normalerweise heller werdend an unteren Flanken bis zum weißen Bauch; erwachsene Tiere können gelbe, rosa, graue oder braune Tupfen oder Sprenkel bekommen; Jungtiere einfarbig blaßbeige. Kleine, aber deutlich hervortretende dreieckige Finne in der Rückenmitte, sichelförmig bei Jungtieren, später etwas runder. Runde Flipper. Rückenfinne und Flipper können weiße Spitze haben. Langer, schlanker Schnabel (bei einigen Tieren mit weißem Fleck an der Spitze), leichte Melone an der Stirn. Gedrungener, torpedoförmiger Körper, mit deutlichem Buckel in der Rückenmitte (auf dem die Rückenfinne sitzt) und ähnlich geformte Kiele über und unter Schwanzansatz.

Irawadi-Delphin*

Orcaella brevirostris

Küstengewässer der Bengalbucht bis zur Nordküste Australiens. KSL etwa 2 m; G etwa 100 kg. Färbung: blaugrau an Rücken und Flanken, hellgrau am Bauch. Gedrungener, torpedoförmiger Körper und Schwanzansatz; kräftiger, runder Kopf mit deutlicher Melone, aber ohne Schnabel; kleine, sichelförmige Rückenfinne mit abgerundeter Spitze, etwas hinter der Rückenmitte.

* Diese Art wird von einigen Fachleuten für ein Mitglied der Familie Gründelwale gehalten.

PGHE

Zusammenarbeit bei der Jagd

Die Jagdstrategie des Schwertwals

Etwa 20 Schwertwale schwammen rasch auf einen Felsen zu, an dem sich die starke Strömung, die ihnen entgegenkam, teilte. Auf einmal trennten sich die Tiere und begannen im Abstand von etwa 50 m langsam nebeneinander zu schwimmen. Sie blieben dicht unter der Wasseroberfläche, tauchten aber von Zeit zu Zeit auf, um zu atmen und die Oberfläche mit ihren langen, ovalen Flippern und den großen Schwanzfluken zu schlagen. Unter Wasser hörten sich die Schläge wie gedämpfte Gewehrschüsse gegen einen Hintergrund von winselnden Schreien und ratschenartigen Klickgeräuschen an. Dann folgte ein langer, sirenenartiger Pfeifton, unterbrochen von einem gequetschten Hornsignal wie von einer Kindertrompete. Schließlich steuerten die Wale zielstrebig auf ihre Beute zu, einen Schwarm von Tausenden pazifischer Buckellachse, die sie zwischen den Felsen und die tosende Strömung trieben. Nun waren die Fische in einer offenen, aber doch wirkungsvollen Falle, und die Wale konnten einen 3 kg schweren Lachs nach dem anderen herausfangen und verschlingen. Dann schienen sie das Interesse an der Jagd zu verlieren, wälzten sich faul im Wasser und tauchten manchmal auf, um nach den Booten der Lachsfischer in ihrer Nähe Ausschau zu halten. Auf ein neues Unterwasser-Pfeif- und Hornsignal hin tauchten alle Wale gleichzeitig unter, um fünf Minuten später als geschlossene Gruppe stromaufwärts und weit entfernt von den Fischern wieder aufzutauchen. Zwei Stunden lang schwammen sie gemächlich und ruhig auf das nächste Felsengebiet zu, wo sie die gemeinsame Jagd wiederholten.

Schwertwale oder Orcas sind die größten und schnellsten delphinartigen Wale. Die Männchen, die bis zu 10 m lang werden können, sind an ihrer aufrechten, dreieckigen, bis zu 2 m hohen Rückenfinne zu erkennen — bei keinem Wal ist sie größer. Weibchen sind etwas kleiner, die Rückenfinne ist wie beim Hai zurückgebogen. Zu der auffälligen, schwarzweißen Färbung gehören auch ein weißer Fleck über dem Auge, ein fingerartiger weißer Streifen über den Flanken und ein hellerer grauer »Sattel« hinter der Finne. Der Schlüssel zum Jagderfolg liegt für diese Räuber in der Zusammenarbeit und der ausgezeichneten Abstimmung zwischen den einzelnen Tieren. Alle Erwachsenen und die älteren Jungtiere sind aktiv an der Jagd beteiligt, während die Jungen sie spielerisch nachahmen. Das Zusammenwirken ist offensichtlich erlernt und wird durch die engen sozialen Beziehungen der Schwertwale untereinander gefördert. Eine »Schule« bleibt ein ganzes Leben lang zusammen. Solche sozialen Bande können Generationen überdauern, wie das auch bei manchen landlebenden Raubtieren der Fall ist. Die geschlechtliche und altersmäßige Zusammensetzung der Gruppe bleibt recht stabil: Auf ein erwachsenes Männchen kommen drei oder vier ausgewachsene Weibchen und einige Heranwachsende beiderlei Geschlechts. Die typische Herdengröße beträgt 4 bis 40 Wale. Größere Gruppen teilen sich oft in zwei oder mehr kleinere Gruppen, wenn die Mitgliederzahl anwächst. Einige Schulen leben in Revieren von 320—480 km Durchmesser. Der Bestandsregulierung scheint es auch zu dienen, daß kleinere Gruppen mit zwei bis sechs Walen ausgestoßen werden. Sie verschwinden dann innerhalb einer Generationsfolge. Unbekannt ist, ob sich diese Gruppen anderen Schulen anschließen oder ob ihre Mitglieder als Einzelgänger zugrunde gehen. Eine weitere Maßnahme zur natürlichen Bestandsregulierung ist das Aufteilen von Nahrungsquellen, wobei die größeren produktiven Schulen die reichlich vorkommenden »bevorzugten« Beutetierarten jagen und die kleineren Gruppen dazu verurteilt sind, sich andere Nahrung zu suchen. Sowohl das Aufteilen großer Schwärme als auch das Einteilen der Nahrungsvorräte scheint bei diesen extrem starken und intelligenten Lebewesen ohne erkennbare Aggression vor sich zu gehen, jedoch gehen die Ansichten darüber heute weit auseinander.

Die Geschlechtsreife tritt mit 8 bis 10 Jahren ein (bei Männchen manchmal erst mit 16 Jahren), die Lebensdauer wird auf 50 bis 100 Jahre geschätzt. Ein ausgewachsenes Weib-

▲ **Eine Schule auf der Lauer.** Eine Gruppe von Schwertwalen hat es auf eine pazifische Lachsherde abgesehen und treibt sie in perfekter Zusammenarbeit unter Anwendung von Drohlauten zusammen. Wenn sie zwischen der Küste und den Walen eingekesselt sind, wird ein Lachs nach dem anderen herausgefangen, bis der Hunger der Schwertwale gestillt ist.

◄ **Spähsprünge,** bei denen sie den Kopf senkrecht aus dem Wasser schnellen, ermöglichen es den Schwertwalen, nach Anzeichen weit entfernter Fischschwärme auszuschauen.

▼ **Eine Schule von Schwertwalen** in Küstennähe. Sie verfolgen ihre Beute bis in ziemlich seichtes Wasser, stranden dabei aber selten.

chen könnte, biologisch betrachtet, alle drei Jahre ein Kalb austragen, bringt aber im Durchschnitt nur alle acht Jahre ein Junges zur Welt. Die Tragzeit dauert 15 Monate, das Säugen nahezu ein Jahr. Ein entwöhntes Kalb kann seine Mutter noch mehrere Jahre lang begleiten. Zumindest die weiblichen Jungtiere bleiben in ihrer Geburtsgruppe.

Schwertwale sind weltweit verbreitet, aber die meisten leben in den nahrungsreichen Gebieten hoher Breiten. Im Durchschnitt müssen sie täglich 2½–5 % ihres Körpergewichts an Nahrung aufnehmen, sie brauchen also gleichbleibend gute und reiche Fanggründe. Sie sind sehr vielseitige Räuber und fressen alles mögliche, von kleinen Fischen und Wirbellosen bis zum Wal. Fische und Kalmare bilden ihre Hauptnahrung, dabei ist der Schwertwal der einzige Wal, der auch Warmblütige erbeutet. Sie jagen regelmäßig auch Delphine und Schweinswale, aber auch Seehunde, Seelöwen und Seevögel. Trotz seines (ungerechtfertigten) Rufs als unbeherrschter »Mörder« greift er niemals Menschen an.

Einige Schwertwalschulen wandern Hunderte von Kilometern und folgen so den Wanderungen ihrer Beutetiere. Andere Gruppen bleiben dagegen in verhältnismäßig kleinen Revieren, wenn sie das ganze Jahr über genügend Nahrung finden. KB

Geschmeidige »Spinner«

Alltag in den Schulen des Ostpazifischen Delphins

Die schlanken Delphine springen hoch aus dem Wasser und drehen sich schnell um ihre Längsachse. Diese Bewegung weist sie eindeutig als »Spinner« (=»Dreher«)-Delphine aus, die in den Meeren der Tropen und Subtropen leben.

Die Ostpazifischen Delphine vor Hawaii verbringen den größten Teil ihres Lebens in Küstennähe. Tagsüber ruhen sie aus und gesellen sich in festen Gruppen von 10 bis 100 Tieren innerhalb geschützter Buchten und an seichten Küstenstreifen zueinander. Nachts schwimmen sie in tiefere Gewässer mehr oder weniger von der Küste entfernt und tauchen in Tiefen von 100 m und mehr, um Fische und Kalmare zu jagen. Anschließend verteilen sie sich wieder, wobei etwa 100 Tiere ein Gebiet von mehreren hundert Quadratkilometern vorübergehend besiedeln.

Diese Gruppen sind jedoch nie mit den gleichen Tieren zusammengesetzt. Besonders nachts findet ein reger Austausch der Mitglieder statt. Wenn die Gruppen dann bei Sonnenaufgang auf die Küste zusteuern, ist die Zusammensetzung schon wieder eine völlig andere. Es ist bemerkenswert, daß kleinere Untergruppen, bestehend aus vier bis acht Tieren zusammenbleiben und sich für vier Monate oder länger zu veränderlichen Gruppen zusammenschließen. Manche Delphine bleiben aber auch ihr ganzes Leben lang zusammen. Es ist nicht bekannt, ob die Mitglieder der beständigeren Untergruppen verwandt sind oder nicht. Einige Delphinmütter und ihre Jungen bleiben jahrelang zusammen, aber dieselben Mütter können auch langfristige Verbindungen mit einem oder mehreren möglicherweise nicht verwandten Männchen und Weibchen eingehen.

Vor Hawaii leben die Spinner-Delphine in den zahlreichen Buchten. Es ist nicht ungewöhnlich, daß sie von einem Tag zum anderen ihren Standort an der Küste wechseln. Jede Untergruppe hat jedoch ein bevorzugtes »Heimatgebiet«, außerhalb dessen sie mit zunehmender Entfernung immer seltener anzutreffen ist. Dabei ist das Revier selten größer als 100 km. Das seichte Wasser, das sie tagsüber aufsuchen, hat mindestens zwei Vorteile. Die Küstengewässer sind gewöhnlich ruhiger als die offene See, was für das Schlafen und soziale Kontakte günstiger ist, und die Hoch-

▲ **Delphine zeigen Schaukämpfe.** Der Ostpazifische Delphin ist einer der akrobatischsten Delphine. Diese drei »Spinner« vergnügen sich während des abendlichen Beisammenseins mit Kampfspielen.

▼ **Mit einer halben Umdrehung** springt ein Ostpazifischer Delphin aus dem Wasser. Diese Tiere sind erfindungsreiche Akrobaten; am typischsten ist eine Drehung um die eigene Achse, während sie aus dem Wasser springen.

seehaie, die Jagd auf Delphine machen, sind im seichten Wasser weniger zahlreich und können dort leichter entdeckt werden.

Spinner haben, wie die meisten Delphine, ein großes Gehirn, sind gesellig und kennen vermutlich die Artgenossen, mit denen sie täglich zu tun haben, persönlich. Sie erkennen aber auch Tiere wieder, die weit von ihrem Heimrevier entfernt leben, die sie also viel seltener getroffen haben. Wenn sich die Delphine nach einer längeren Trennung begegnen, zeigt sich ihr Sozialverhalten unter anderem in Lautäußerungen, die Teil einer Begrüßungszeremonie sind.

Im Gegensatz zu der Population vor Hawaii ziehen die anderen Ostpazifischen Delphine im tropischen Pazifik umher. Diese Hochseedelphine können sich nicht in den Schutz nahegelegener Inseln begeben. Sie bilden deshalb eine Zweckgemeinschaft mit einer verwandten Art, dem Schlankdelphin. Die beiden Arten wechseln sich offensichtlich beim Schlafen und Fressen ab. Während Ostpazifische Delphine hauptsächlich nachts fressen, jagen Schlankdelphine häufiger am Tag. Jede Art warnt die andere vor Überraschungsangriffen großer Hochseehaie. Hochsee-Spinner können monatelang Gebiete von mehreren tausend Kilometern durchstreifen. Wir wissen nicht, ob das Zusammengehörigkeitsgefühl bei ihnen genauso kurzlebig ist wie bei ihren hawaiischen Artgenossen. Vielleicht ist das Gegenstück zu diesen gemeinsam umherziehenden Hochsee-Schulen (mit manchmal 5—10 000 Tieren) die Gesamtpopulation der vielen ständig wechselnden Gruppen in der Küstenregion vor Hawaii.

Hochsee-Spinner und Schlankdelphine schließen sich im tropischen Pazifik auch mit Gelbflossen-Thunfischen zusammen. Möglicherweise folgen diese großen Fische den Delphinen, um von deren hervorragender Fähigkeit der Echo-Orientierung zu profitieren, mit der Delphine Fischschwärme finden und identifizieren. Da die Thunfische unter den Delphinen schwimmen, können die Delphine deren Reaktionen, wenn z. B. ihre Schwärme angesichts angreifender Haie auseinanderstreben, leicht erkennen. So profitieren Delphine und Thunfische voneinander.

Da Delphine zum Atmen auftauchen, entdecken Seeleute sie eher als die Thunfische. Daraufhin legen sie ihre Netze um Delphin-Thunfisch-Schwärme aus. Leider bleiben auch viele Delphine in den Thunfischnetzen hängen und sterben. Im Jahre 1974 wurden etwa eine halbe Million Ostpazifische- und Schlankdelphine im tropischen Ostpazifik in Thunfischnetzen gefangen und getötet.

In den letzten Jahren haben Thunfischjäger besondere Netze und Fangarten entwickelt, so daß für die Delphine die Gefahr, in den Netzen hängen zu bleiben, geringer geworden ist. Ein Abschnitt mit feineren Maschen (»Medina panel«) wird an der Seite des Netzes befestigt, die am weitesten von dem Fischereifahrzeug entfernt ist und wo für die Delphine die Gefahr am größten ist, sich in den Maschen zu verfangen, wenn die Netze eingeholt werden. Die Delphine können jetzt über den Netzrand entkommen, während die Thunfische wegtauchen und so im Netz gefangen bleiben. Alle amerikanischen Thunfisch-Fangschiffe setzen auch Taucher ein, die die Bewegungen der Delphine überwachen und der Schiffsmannschaft mitteilen können, wann sie das Netz einholen oder ablassen soll.

Eine weitere Eigenart im Verhalten der Delphine wird ebenfalls zum Wohl der Tiere berücksichtigt. Gefangene Delphine liegen oft ganz ruhig da, als ob sie tot seien (diese Starre kann tatsächlich von einem extremen Schock herrühren). Früher dachte man, diese Delphine seien ertrunken, und zog sie auf das Deck des Verarbeitungsschiffes, wo sie dann tatsächlich starben. Nun helfen die Taucher, die das Netz überwachen, diesen unbeweglichen Delphinen über den Netzrand und stellen sicher, daß das Netz nicht eingezogen wird, bevor alle Tiere befreit worden sind. Manchmal befreien die Taucher auch Delphine, die sich in den Maschen verfangen haben.

BW/RSW

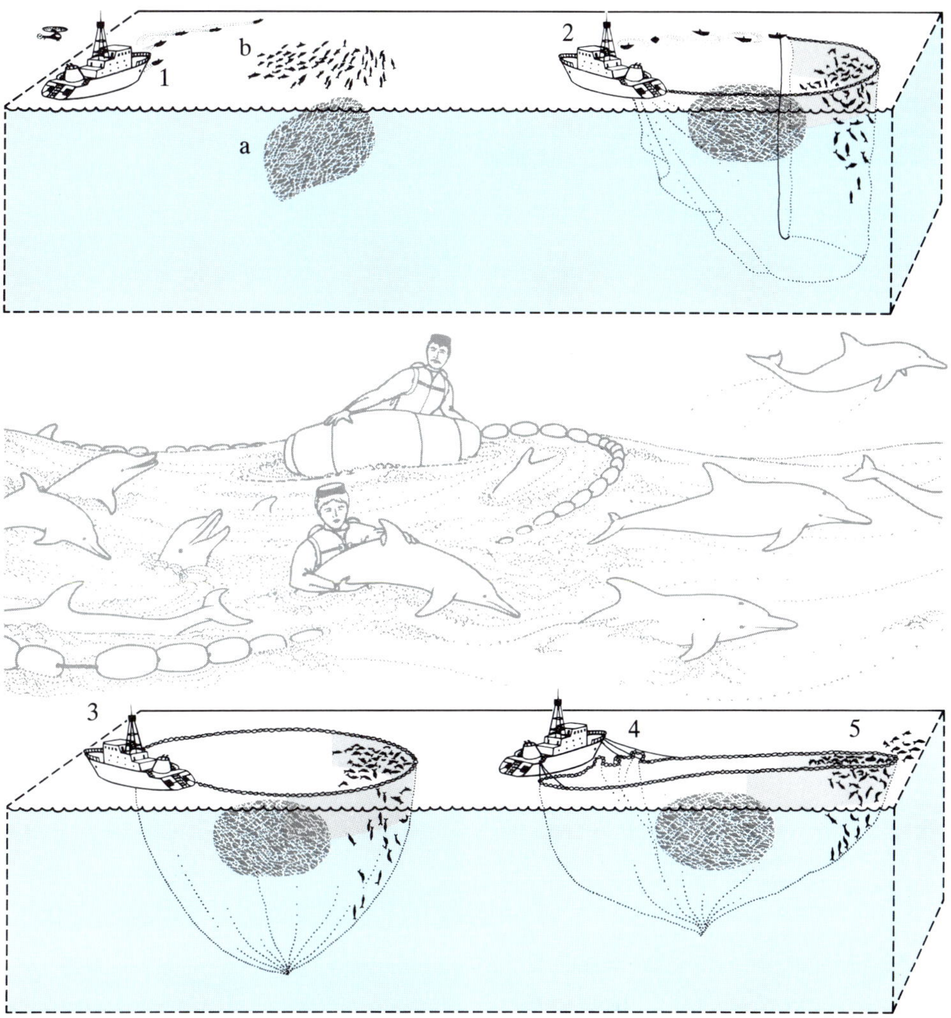

▲ **Rettung für Ostpazifische Delphine.** Um ungewollte Verluste von Spinner-Delphinen in Thunfischnetzen zu vermeiden, wurden spezielle Techniken entwickelt. (1) Ein Thunfisch-Schwarm (a), der von Delphinen (b) begleitet wird, wird von einem Hubschrauber aus entdeckt: Das Fischerboot fährt auf die Thunfische zu und läßt Schlauchboote ins Wasser, die voranfahren und die Fische einkreisen sollen. (2) Ein Beutelnetz (Drehwade) wird um die Fische herumgelegt, während die Schlauchboote Wasserwirbel erzeugen, um die Thunfische an der Flucht zu hindern. (3) Der Netzboden wird unter den Fischen geschlossen. (4) Das Netz wird vom Schiff eingezogen; das feinmaschige Netzteil (grau) ist am weitesten vom Schiff entfernt. Viele Delphine können aus eigener Kraft entkommen, anderen helfen auch die Taucher oder die Besatzungen der Schlauchboote (5).

Ein Tag im Leben eines Delphins

Die »Launen« der Schwarzdelphine

Die schlanken, stromlinienförmigen Delphine sprangen um das Schlauchboot im Golfo San José vor der Küste Süd-Argentiniens herum. Als die Taucher ins kalte Wasser stiegen, schlug eine Gruppe von 165 Delphinen über und unter ihnen Kapriolen, näherte sich den Menschen immer wieder auf Armeslänge und zeigte keine Furcht vor den Fremden in ihrer Welt.

Die Verspieltheit der Schwarzdelphine war ein Zeichen dafür, daß sie erst vor kurzem ausgiebig gefressen hatten. Denn Schwarzdelphine sind »launisch« und geben sich nicht mit Menschen ab, wenn sie hungrig oder müde sind.

Das Verhalten von Schwarzdelphinen ist je nach Jahres- oder Tageszeit verschieden. Vor den Küsten Südamerikas fressen sie an Sommernachmittagen Südliche Sardellen (Anchovis). Die Nacht verbringen sie in kleinen Schulen von 6—15 Tieren in unmittelbarer Nähe der Küste. Sie bewegen sich langsam, wie im Schlaf. Wenn Gefahr droht, etwa von großen Haien oder Schwertwalen (siehe S. 46—47), schwimmen sie zur Küste und versuchen, sich in der Brandung vor ihren Feinden zu verstecken.

Morgens ziehen die Delphine Seite an Seite 2—10 km weit ins tiefere Wasser, jedes Tier 10 m oder mehr vom nächsten entfernt, so daß 15 Tiere eine Front von 150 m Breite bilden können. Mit Echo-Peilung orten sie ihre Nahrung, und da sie weit auseinandergezogen schwimmen, sind sie in der Lage, ein großes Gebiet abzusuchen. Wenn sie einen Sardellenschwarm orten, tauchen einzelne Tiere unter den Schwarm und treiben ihn an die Oberfläche, indem sie in immer engeren Kreisen unter und neben den Fischen schwimmen.

Seevögel, die sich freßbereit über dem Sardellenschwarm versammeln, und springende Delphine am Rand des Fischschwarms zeigen menschlichen Beobachtern bis zu einer Entfernung von 10 km an, was dort vor sich geht. Andere kleine Delphingruppen in gleicher Entfernung entdecken ebenfalls dieses Kesseltreiben und schwimmen schnell darauf zu.

Die Neuankömmlinge dürfen ohne weiteres mitmachen, denn je mehr Delphine zur Stelle sind, desto besser können sie die Beute umzingeln und an die Oberfläche treiben. Eine Gruppe von nur fünf bis zehn Delphinen kann nicht sehr wirkungsvoll Beutefische zusammentreiben, und viele solcher Jagden sind schon nach etwa fünf Minuten beendet. Diese kleinen Gruppen setzen dann andernorts die Nahrungssuche fort. Wenn aber Delphingruppen zusammenarbeiten, ist das Fangergebnis ergiebiger. Man hat beobachtet, daß eine Gruppe von 50 Delphinen durchschnittlich 27 Minuten lang frißt; 300 Delphine (die Gesamtzahl in einem Gebiet von etwa 1 300 km^2) sind volle zwei bis drei Stunden lang mit der Nahrungsaufnahme beschäftigt. Am Nachmittag finden sich die Delphine, die zuvor in 20 bis 30 kleinen Gruppen verstreut

◄ **Ein Arbeits-Sprung.** Ein Schwarzdelphin springt rund um den Rand eines Sardellenschwarms. Der Lärm, den der Delphin macht, wenn er wieder ins Wasser eintaucht, trägt dazu bei, die Fische zusammenzuhalten, gleichzeitig informieren die Sprünge wahrscheinlich andere Delphine über das Nahrungsvorkommen. Die Laute, die die Delphine ausstoßen, pflanzen sich unter Wasser nur etwa über 1—3 km fort, aber beim Springen können sie Anzeichen für ein Beutevorkommen, z. B. das Kreisen von Seevögeln über einem Fischschwarm, über beachtliche Entfernungen ausmachen.

▲ **Ein spielerischer Sprung.** Nach dem Fressen springen Schwarzdelphine akrobatisch mit Drehungen und Saltos aus dem Wasser. Dieses »Spiel« kann auch eine soziale Funktion haben.

◄ **Die Futter-Falle.** Ein Delphin treibt Sardellen zusammen und benutzt die Wasseroberfläche als »Wand«, so daß den Sardellen der Fluchtweg nach oben versperrt ist. Die Delphine geben laute Geräusche ab, durch die sich die Fische noch enger zusammenschließen und die Orientierung verlieren.

waren, zum Fressen an dem gleichen Ort wieder ein. In solch großen Gruppen herrscht ein reges, geselliges Treiben, und es kommt, besonders gegen Ende der Mahlzeit, auch zu Balzspielen und Paarungen, sowohl mit Tieren der eigenen Gruppe als auch mit Partnern aus anderen Schulen.

Nachdem die Delphine nachts und am frühen Morgen genügend geschlafen und gefressen haben, widmen sie sich nun sozialen Verhaltensweisen wie etwa dem Spiel. Damit Delphine ihr Verhalten richtig aufeinander abstimmen können, wenn sie räuberischen Feinden begegnen oder gemeinsam auf Nahrungssuche gehen, müssen sie einander gut kennen und sich untereinander verständigen können. Diese soziale Verständigung beginnt mit bestimmten geselligen Handlungen. Gegen Ende der Mahlzeit schwimmen sie in kleinen, ständig wechselnden Untergruppen, wobei sie sich mit ihren Brustflossen berühren, ja »streicheln«, Bauch an Bauch schwimmen oder mit der Nase den anderen in die Seite oder in den Bauch stupsen. Dann sind die Delphine in der richtigen Stimmung, an ein Boot heranzuschwimmen, auf seinen Bugwellen zu reiten oder sich Tauchern anzuschließen.

Abends teilt sich die große Schule wieder in viele kleine Gruppen, und die Tiere lassen sich nahe der Küste zum Schlafen nieder. Die »Hochstimmung« schlägt wieder in Ruhe um. Obwohl sich die Zusammensetzung der kleinen Gruppen von Tag zu Tag ändert, ziehen viele Delphine an aufeinanderfolgenden Tagen in derselben Großgruppe umher. Man hat beobachtet, daß einige Schwarzdelphine mindestens zwei Jahre zusammenbleiben.

An manchen Tagen finden Schwarzdelphine keine Sardellenschwärme. Dann bleiben sie den ganzen Tag in ihren kleinen Jagdgruppen, schließen sich nicht mit anderen zusammen oder halten sich bei Schiffen oder Tauchern auf. Schwarzdelphine erscheinen dem Menschen von Natur aus »sorglos« und »fröhlich« zu sein, wie Jäger nach einer erfolgreichen Jagd. Doch dürfen wir sie nicht vermenschlichen. Wie alle Wildtiere müssen sie um ihr Überleben kämpfen, und wenn die Nahrung knapp ist, müssen sie mehr Zeit zum Nahrungserwerb aufwenden als zum »Spiel«.

Im Winter, wenn es keine Sardellen gibt, ernähren sich Schwarzdelphine hauptsächlich nachts von Kalmaren und Fischen des Meeresbodens. Diese Beutetiere leben nicht in Schwärmen, so daß den Delphinen die Bildung großer Gruppen keinen Vorteil bringen würde. Tagsüber schlafen sie, bleiben die ganze Zeit in der Nähe der Küste und gehen so bedrohlichen Begegnungen mit Hochseehaien aus dem Wege. Vom geselligen Treiben der Sommermonate bleibt nicht viel übrig. Das Ausmaß ihrer sozialen Kontakte und ihrer »spielerischen Launen« unterliegt offensichtlich jahreszeitlichen Schwankungen, die bestimmen, wie groß das Nahrungsangebot ist und wie stark die Delphine von räuberischen Feinden bedroht werden. BW

SCHWEINSWALE

Familie: *Phocaenidae*
6 Arten in 3 Gattungen.
Verbreitung: gemäßigte Zone des Nordens; westlicher Indo-Pazifik; gemäßigte und subantarktische Gewässer Südamerikas; Auckland-Inseln.

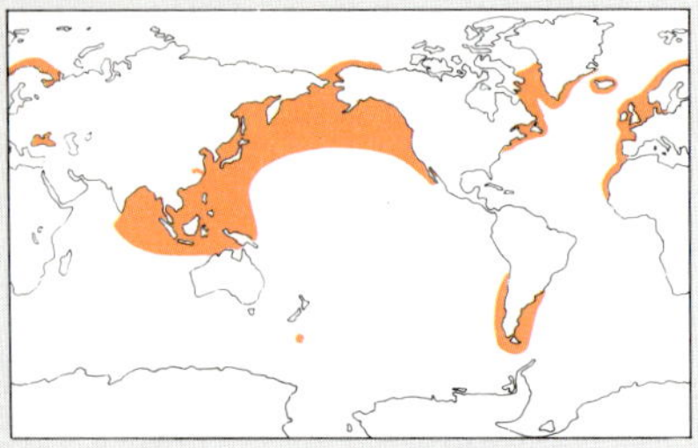

Maße: Kopf-Schwanz-Länge von 120—150 cm beim Pazifischen Hafenschweinswal bis 170—225 cm beim Dall-Hafenschweinswal;

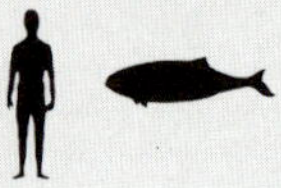

Gewicht von 30—55 kg beim Pazifischen Hafenschweinswal bis zu 135—160 kg beim Dall-Hafenschweinswal.

▲▼ **Schwer einzuordnende Schweinswale.** Der Hafenschweinswal, der hier das Wasser durchpflügt, ist einer der weniger scheuen Schweinswale (oben). Schweinswale legen sich im Meer zur Ruhe, werden aber häufig an Land gespült z. B. in Northumberland, England (unten).

Schweinswale, die bei uns auch fälschlicherweise »Tümmler« genannt werden, bieten den Küstenbewohnern Nordeuropas und Nordamerikas einen ersten Anblick lebender Wale, gewöhnlich nur einen flüchtigen Eindruck von einem kleinen, schwer erkennbaren, schaukelnden, dunklen Objekt in einigen Hundert Metern Entfernung, das sie von einer Fähre oder einem Aussichtspunkt am Strand aus sehen. Manchmal schwimmen die »Kleinen Tümmler« oder »Braunfische«, wie sie auch genannt werden, dicht an kleinen Fischerbooten vorbei und »spritzen« ein paarmal schnaubend mit Wasser, bevor sie wieder untertauchen. Sie gehören ebenfalls zu den Arten, die am häufigsten stranden. Gewöhnlich geraten einzelne Tiere an schräg abfallenden Küsten, sandigen Stränden oder Schlammzonen an Land. Bisher weiß man über diese in Küstennähe lebenden Tiere weniger als über andere Wale. Das ist sehr beunruhigend, weil die Anzahl der kleinen Schweinswale rasch zurückgeht (z. B. vor Holland und Dänemark und im Pugetsund an der Westküste Nordamerikas).

Die einzige Art, die regelmäßig von schwimmenden Schiffen angezogen wird, ist der Dall-Hafenschweinswal. Er ist ein schneller und ungestümer Schwimmer; seine Spritzwolke ist weithin sichtbar. Der Braunfisch und der Indische Schweinswal sind nicht so auffällig. Man sieht sie manchmal, wenn sie auf Jagd nach Beute senkrecht aus dem Wasser springen.

Der Körperbau der echten Schweinswale ist ziemlich einheitlich. Sie besitzen nicht den für die meisten Delphine kennzeichnenden »Schnabel« und sind stets unterschiedlich schwarz, grau oder weiß gefärbt. Ausgewachsen werden sie selten länger als 190 cm und haben, mit Ausnahme des Indischen Schweinswals, kurze, dreieckige Finnen. Die 60 bis 120 Zähne sind seitlich zusammengepreßt und zur Spitze hin spatenförmig abgeflacht — im Gegensatz zu den spitz zulaufenden Zähnen der Delphine. Der Indische Schweinswal hat als einzige Art eine wulstige »Melone«, ähnlich wie die des Grindwals. Er hat keine Rückenfinne, trägt aber eine ganze Reihe kleiner Knötchen, wie man sie sonst nur an der Leitkante der Rückenfinne anderer Arten findet.

Der Dall-Hafenschweinswal ist die größte Art; er zeigt sowohl die auffälligste Färbung als auch einen vorstehenden Rücken-Kiel am Schwanzansatz. Die Spitze des Unterkiefers ragt leicht unter der Spitze des Oberkiefers vor (»Vorbiß«). Die Zwischenkieferknochen der Schweinswalschädel haben ziemlich vorstehende »Beulen« genau vor dem Spritzloch, und bei den Erwachsenen sind 3—7 Nackenwirbel verwachsen. Im Gegensatz zu den 60—70 Wirbeln der beiden anderen Gattungen besitzen die *Phocaenoides*-Arten 95—100 Wirbel.

Bei dieser Tierfamilie gibt es einige auffällige Anpassungen und ungewöhnliche Verbreitungsgebiete. Hinsichtlich der Schädelmerkmale, der verwachsenen Nackenwirbel und der allgemeinen Morphologie sind der Pazifische Hafenschweinswal und der Burmeister-Schweinswal sicherlich die typischsten Vertreter, obwohl der flache Kopf und die stachelartigen Auswüchse an der Rückenfinne des Letztgenannten einzigartig sind. Beim Schweinswal sind 6—7 Nackenwirbel zusammengewachsen, während der Brillenschweinswal etwas geschmeidiger ist als die anderen *Phocaena*-Arten. Trotz dieser und anderer Veränderungen des Körperbaus stammen sie doch letztlich alle von einem gemeinsamen *(Sinus spinipinnis* Vorfahren ab.

Der Indische Schweinswal ist offensichtlich eng mit den *Phocaena*-Arten verwandt. Er hat zwar keine Rückenfinne und besitzt einen gedrungenen, verkürzten Kopf mit relativ großem Schädel, ist aber seinem Körperbau nach ein typischer Vertreter der Gattung *Neophocaena.* Die Unterschiede sind zurückzuführen auf Anpassungen an seinen Lebensraum in trüben Flüssen und Flußmündungen, wo er vermutlich am Boden nach Nahrung »wühlt«. Es wurde auch schon vorgeschlagen, den Dall-Hafenschweinswal einer eigenen Familie unterzuordnen. Doch sind Schädel und Zähne zweifellos die eines Schweinswals, und alle Unterschiede können als spezielle Anpassungen gewertet werden. Die vielen relativ kleinen Wirbel, die den Walkörper sehr biegsam machen, das vollständige Verwachsen aller 7 Nackenwirbel, der sehr spitz zulaufende Kopf und auch die Kielbildung am Schwanzansatz — all das sind Anpassungen an die besonders gute Schwimmfähigkeit dieser Art. Vergleichbare Merkmale finden wir auch bei den Hochseedelphinen. Die größere Rippenzahl, die vermehrte Muskelmasse und der mächtige Brustraum sind vermutlich Anpassungen, die

▲ **Rettung von Schweinswalen.** Ein kleiner Schweinswal, der in einem Herings—Stellnetz vor Neubraunschweig, Kanada, gefangen ist, wird aus dem Netz befreit. Hat man die Tiere erst einmal fest im Griff, bleiben sie gewöhnlich recht ruhig, wenn man behutsam mit ihnen umgeht.

dem Schweinswal als einzigem Vertreter seiner Familie gestatten, in größeren Tiefen (über 100 m) Beute zu machen.

Die Schweinswale haben sich vermutlich als eigene Art in der Mitte des Miozän (vor etwa 15 Millionen Jahren) im nördlichen Teil des Pazifischen Beckens entwickelt. Es spricht manches dafür, daß damals ausgedehnte Flachwassergebiete vorhanden waren. Durch Veränderungen dieser Region haben sich vermutlich die drei heutigen Gattungen herausgebildet. Die Gattung *Neophocaena* weitete im Westen ihren Lebensraum über die meisten tropischen Küsten und Flußmündungen Asiens aus. Im Osten besiedelte die Gattung *Phocaena* zunächst die Küstensockel der neuweltlichen Tropen, spaltete sich aber mit zunehmender Isolation in zwei parallele Formen auf, den Schweinswal des Nordens und den Brillenschweinswal des Südens. Die Gattung *Phocaenoides* besiedelte die mäßig warmen Gewässer des Nord-Pazifik und suchte ihre Nahrung in den Strömungen des offenen Meeres. Die fossilen Funde bestätigen mehr oder weniger dieses Bild: Schweinswalähnliche Fossilien wurden im Miozän Südkaliforniens gefunden, während sie in Europa und auf der Südhalbkugel aus dem Pliozän (vor 7—2 Millionen Jahren) stammen. Die Isolation der *P.p. relicta*-Population im Schwarzen und im Asowschen Meer (siehe Übersicht S. 53 unten) ist in Zusammenhang mit einer Erwärmung des Mittelmeeres zu sehen.

Schweinswale ernähren sich von relativ kleinen Schwärmen beweglicher Beutetiere von 10—30 cm Länge. Ist die Beutetiermenge gering, suchen sie ihre Nahrung weit verstreut, doch kommen sie ebenso schnell wieder zusammen, wenn die Nahrung wieder zahlreicher wird.

Lautäußerungen wurden bisher nur beim Braunfisch ausgiebig untersucht, obwohl vermutlich alle Schweinswale ein umfangreiches Repertoire an Lauten aufzuweisen haben. Wahrscheinlich orientieren sie sich mit Hilfe einer Serie von relativ tiefen Klicklauten. Echo-Peilung mit hohen Frequenzen dient zur Erkennung beweglicher Objekte, wie Beute oder Feinde. Selbstverständlich unterstützen auch ihre Augen und Ohren auf ganz

Abkürzungen: KSL = Kopf-Schwanz-Länge; [G] = Gewicht; [S] stark gefährdet;

Schweinswal
Braunfisch, Kleiner Tümmler, Meerschwein, *Phocaena phocaena*

Küstengewässer des mäßig warmen Nordpazifik und Nordatlantik, Beringmeer, Baltikum, Schwarzes Meer, Asowsches Meer *(P.p. relicta)*. KSL 150—190 cm; G 54—65 kg. Färbung: dunkelgrau; heller, grauer Fleck an den Flanken, unterseits weiß. Graue Linie von den Brustfinnen bis zu den Kieferknochen. Rückenfinne kurz, mit konkaver Hinterkante. Tragzeit: 11 Monate. Lebensdauer: 12—13 Jahre.

Pazifischer Schweinswal [S]
Kalifornischer Schweinswal, Cochito (»Kleines Schwein«), *Phocaena sinus*

Golf von Kalifornien. KSL: 120—150 cm; G 30—55 kg. Färbung: dunkler als Schweinswal; Rückenfinne mit konkaver Hinterkante.

Burmeister-Schweinswal [S]
Phocaena spinipinnis

Küstengewässer Südamerikas von Peru bis Uruguay; möglicherweise auch Falklandinseln. KSL etwa 140—180 cm; G 40—70 kg. Färbung: Schwärzlichgrau oberseits und an Flanken, hellere Flecken unterseits. Rükkenfinne kurz, mit konvexer Hinterkante, stachelartige Höcker am Grund der Vorderseite der Finne.

Brillenschweinswal
Phocaena dioptrica

Küstengewässer vor Südost-Amerika, Falklandinseln, Südgeorgien, Aucklandinseln. KSL 155—204 cm; G 60—84 kg. Färbung: oberseits schwarz, unterseits weiß, Augen und Lippen schwarz umrandet; grauer Streifen vom Kiefervorsprung bis zu den oft weißen Flippern. Kurze, gerade Rückenfinne. Tragzeit und Lebensdauer nicht bekannt.

Dall-Hafenschweinswal
True-Hafenschweinswal, *Phocaenoides dalli*

Küstengewässer und hohe See des borealen Nord-Pazifik und des Beringmeers; Süd-Japan bis Süd-Kalifornien. Länge 170—225 cm; G 135—160 kg. Färbung: schwarz mit unterschiedlich großem, weißem Fleck an Bauch und Flanken, weitere weiße Zonen an Rükkenfinne und Schwanzfluke. Rückenfinne oft fast ganz weiß, Spitze gebogen, meist größer als bei *Phocaena*. Tragzeit $11\frac{1}{2}$ Monate. Lebensdauer: 16—17 Jahre.

Indischer Schweinswal
Neophocaena phocaenoides

Indo-Pazifik von Iran bis Neuguinea und Japan, meist an Küsten und Flußmündungen. KSL 140—165 cm; G 30—45 kg. Färbung: grau, bis auf dunklen »Kinn-Riemen«. Keine Rükkenfinne, die Rückenlinie hat eine Reihe stacheliger Höcker. Tragzeit: 11 Monate. Lebensdauer: 23 Jahre.

Ungewollter Schweinswalfang

Da die meisten Schweinswale am liebsten Hochseefische erbeuten, können sie leicht in Fischnetze geraten, die nicht für sie vorgesehen waren. Zu den Tausenden von Schweinswalen, die mit Gewehr und Harpune erlegt werden, sterben jährlich Tausende von Hafenschweinswalen in japanischen Wandnetzen. Sie verfangen sich meist mit ihren Flippern. Schweinswale werden von Neuengland bis Grönland in Lachsnetzen gefangen und in den kanadischen Provinzen Neubraunschweig, Neuschottland und Prinz-Edward-Insel in Herings-Stellnetzen. Burmeister-Schweinswale werden vor Südchile und anderswo in Netzen gefangen und der Bestand des Pazifischen Hafenschweinswals geht seit den späten 1940er Jahren bedrohlich zurück, da er sich in den Wandnetzen verfängt, die für Fische von wirtschaftlicher Bedeutung gedacht sind.

Die Schweinswale gehen offensichtlich in die Falle, während sie ihre Beute verfolgen — sie sind einfach zu sehr mit der Jagd beschäftigt, als daß sie die Gefahr rechtzeitig erkennen könnten. Sie werden, vor allem nachts, auch dann gefangen, wenn sie akustisch orten: »kein Hindernis!« Der Grund hierfür ist: Moderne synthetische, einfaserige Netze reflektieren die Klicklaute der Schweinswale nicht. Es gibt auch Hinweise, daß sich Schweinswale nicht ständig mit Echo-Peilung orientieren. Tiere, die sich in Wandnetzen verfangen, sind fast sicher zum Tode verurteilt. Schweinswale, die sich in Wehren oder Reusen verfangen hatten, konnten häufig gerettet werden, wenn die Fischer bereit waren, Maßnahmen zur Rettung zu ergreifen.

Es ist unbekannt, ob die Bestände von Hafenschweinswal, Braunfisch, Burmeister- und Indischem Schweinswal durch solche Fänge ernsthaft verringert werden. Die Fänge in Herings-Stellnetzen in Neubraunschweig und Neuschottland scheinen keine ernsten Folgen zu haben. Dagegen wurde der Pazifische Hafenschweinswal in den 1970er Jahren schon fast ausgerottet. Trotz laufender Untersuchungen über die Probleme mit Wandnetzen ist noch keine überzeugende Lösung in Sicht. Akustische Warnanlagen, die einen ständigen Pfeifton abgeben, können zwar helfen, sind aber wirkungslos, wenn die Schweinswale in der Nähe des Netzes gerade eine heiße Verfolgungsjagd auf eine Beute begonnen oder sich an das warnende Geräusch gewöhnt haben. Angesichts der hohen Anzahl der Netze sind diese Vorrichtungen möglicherweise auch zu teuer, obwohl die Fischer Zuschüsse von der Regierung bekommen.

▲ **Die sechs Schweinswal-Arten.** (1) Pazifischer Schweinswal *(Phocaena sinus).* (2) Burmeister-Schweinswal *(Phocaena spinipinnis).* (3) Indischer Schweinswal *(Neophocaena phocaenoides).* (4) Dall-Hafenschweinswal *(Phocaenoides dalli).* (5) Brillenschweinswal *(Phocaena dioptrica).* (6) Schweinswal *(Phocaena phocaena).*

4

6

herkömmliche Weise die Suche nach Beute. Große Fische und Kalmare werden in Stücke gebissen (nicht gekaut), kleine ganz verschluckt und innerhalb von 3—6 Stunden verdaut.

Alle Arten ernähren sich sehr abwechslungsreich. Die Hauptbeute Indischer Schweinswale sind z. B. Schalentiere wie Garnelen. Hafenschweinswale jagen Meerestiere wie z. B. Seehecht und mehrere Arten Kalmare. Braunfische fressen vor allem Heringsfische (z. B. Heringe, Sardinen), Makrelen und kleine Schellfische (z. B. Kabeljau, Wittlinge). Pazifische Hafenschweinswale fressen Umberfische und Süßlippen. Die Nahrung der beiden südamerikanischen Arten ist nicht bekannt, schließt aber vermutlich Hochseefische wie Meeräschen und Sardellen sowie Kalmare ein. Ein ausgewachsener Schweinswal braucht 3—5 kg Nahrung pro Tag, Hafenschweinswale vielleicht 10—12 kg. Bei der Nahrungssuche entlang markanter Meeresbodenverwerfungen oder Strömungen tauchen die Schweinswale alle 1—4 Minuten zum Atmen auf, wogegen sie bei ihren Wanderungen nur 15—30 Sekunden lang tauchen und regelmäßig Atem holen.

Braunfische aus der Nordsee und dem westlichen Nordatlantik sind mit 5—6 bzw. 4—5 Jahren geschlechtsreif, Hafenschweinswale mit etwa 7 Jahren. Über das Geschlechtsleben von Schweinswalen ist wenig bekannt, zumindest scheinen Schweinswale nicht dauerhaft in Paaren zu leben. Bei einigen Arten lassen jahreszeitliche Veränderungen der Hodengröße und -aktivität auf einen Geschlechtszyklus der Männchen schließen. Da jedoch die Paarungszeit kurz ist (1—2 Monate) und die Tiere relativ klein sind, dient dieser Zyklus vielleicht auch der Energieersparnis.

Bei den Weibchen liegen zwischen zwei Geburten bei Indischen Schweinswalen etwa zwei Jahre und bei Hafenschweinswalen etwa drei Jahre. Braunfisch und Indischer Schweinswal stillen etwa 6—8 Monate, bei Hochseeformen des Dall-Hafenschweinswals können es zwei Jahre sein. Mütter mit Jungen leben gewöhnlich getrennt von den anderen Tieren oder bilden eigene Schulen mit zwei oder mehr Mutter-Kind-Paaren. Die größte solcher Schulen, die der Verfasser je gesehen hat, umfaßte sechs Paare. Im Frühsommer sieht man oft ein weiteres Jungtier bei einem Mutter-Kind-Paar; daher bleibt das entwöhnte Kalb wahrscheinlich noch einige Monate bei der Mutter, auch wenn es schon unabhängig ist: In den Mägen von 104—111 cm langen Braunfischen, die offensichtlich noch kein Jahr alt waren, fand man bereits Fischreste. Junge Indische Schweinswale »reiten« manchmal auf dem Rücken der Mutter, wobei sie sich an den Knötchen festhalten, die für Erwachsene dieser Art kennzeichnend sind. Die Angaben über die Lebensdauer von Schweinswalen sind umstritten. Vermutlich sind es beim Hafenschweinswal mindestens 16—17 Jahre und beim Indischen Schweinswal etwa 23 Jahre. Das Höchstalter beim Schweinswal schätzt man auf 12—13 Jahre.

Im Gegensatz zu Hochseedelphinen sind Schweinswale nicht besonders gesellig. Die soziale Grundeinheit beim Braunfisch und Dall-Hafenschweinswal besteht aus nur 2—4 Tieren, wobei die Zusammensetzung der meisten Gruppen (mit Ausnahme der Mutter-Kind-Gruppen) ziemlich fließend ist. Eine Braunfischgruppe, die Ende August 1982 in einem Heringsstellnetz in Neubraunschweig, Kanada, gefangen wurde, bestand aus einer Mutter mit Kind und zwei halberwachsenen Männchen. Über 50 % der Indischen Schweinswale in der Japanischen See sind Einzelgänger. Die geringe Größe durchschnittlicher Schweinswalschulen hängt wahrscheinlich von der jeweiligen Beutetiermenge ab. Größere Schulen der drei meistbeobachteten Arten sind wohl das Ergebnis zufälliger Zusammenschlüsse oder vorübergehender Nahrungsgemeinschaften. Zum Fressen formieren sich die Wale meist in die ursprünglichen kleinen Gruppen, vereinigen sich aber später wieder, um in eine andere Gegend zu ziehen. Mitunter gibt es auch eine Trennung nach Geschlechtern: Vor der Westküste Neuschottlands fand man Schulen mit ausschließlich männlichen, halberwachsenen Braunfischen. Da aber nur selten ganze Schulen gefangenwerden, ist über die Geschlechterverteilung in kleinen Schulen fast nichts bekannt.

DEG

GRÜNDELWALE

Familie: ***Monodontidae***
2 Arten in 2 Gattungen.*
Verbreitung: Gemäßigte Zonen des Nordens und rings um den Nordpol

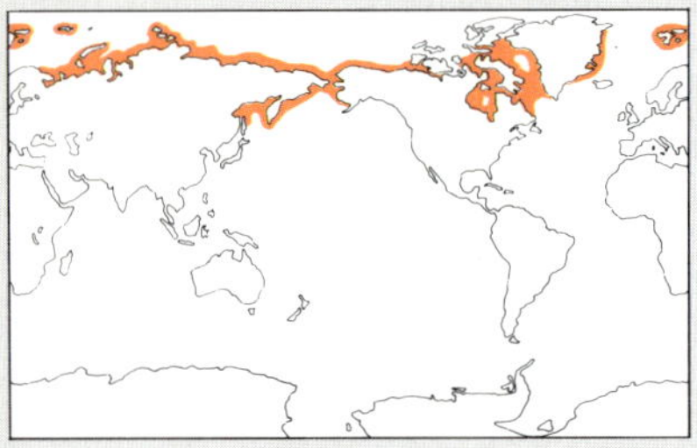

Beluga
Weißwal, *Delphinapterus leucas*

Verbreitung: vor dem nördlichen Asien und Nordamerika, Grönland.
Lebensraum: hauptsächlich Küstengebiete; Flußmündungen und Packeis.
Maße: Kopf-Schwanz-Länge 300—500 cm; Gewicht 500—1 500 kg.
Färbung: Alttiere weiß; Jungtiere schiefergrau bis rötlichbraun, mit zwei Jahren mittelgrau, mit Eintritt der Geschlechtsreife weiß. Nahrung: in Schwärmen lebende Fische, Krustentiere, Würmer, Weichtiere.
Tragzeit: 14—15 Monate.
Lebensdauer: 30—40 Jahre.

Narwal
Monodon monoceros

Verbreitung: vor dem nördlichen Asien und Nordamerika, Grönland.
Lebensraum: Küstengebiete und Packeis.
Maße: Kopf-Schwanz-Länge 400—500 cm; »Stoßzahn«-Länge der Männchen 150—270 cm; Gewicht 800—1 600 kg.
Färbung: grau-grün gesprenkelt, beige und schwarz, mit zunehmendem Alter vom Bauch her weißer werdend; Junge dunkelgrau.
Nahrung: Krabben, arktischer Kabeljau, Plattfische, Kopffüßer.
Tragzeit: 14—15 Monate.
Lebensdauer: 30—40 Jahre.

* Eine dritte Art, der Irawadi-Delphin *(Orcaella brevirostris)* wird von manchen Fachleuten ebenfalls zu den Gründelwalen gezählt, hier jedoch zu den Delphinen (siehe S. 45).

Die Gründelwale, Beluga und Narwal, sind die Nonkonformisten unter den Zahnwalen. Der Anblick einer großen Herde glänzender, weißer Belugas ist schon beeindruckend genug, aber eine Narwal-»Prozession« entlang der Küste ist wirklich ehrfurchteinflößend. Allein die Körperfärbung ist höchst ungewöhnlich: kleine grau-grüne, beige und schwarze Flecken wie mit kurzen Bürstenstrichen aufgemalt. Ungewöhnlicher noch ist der legendäre »Einhorn«-Stoßzahn, der die Wasseroberfläche durchstößt, wenn das Männchen aus dem Wasser springt. Dieser große, spiralartig gewundene Stoßzahn — er ist bis 2,70 m lang und erreicht damit drei Fünftel des Körperlänge — scheint bei diesem relativ kleinen Wal nicht nur fehl am Platze zu sein, er sitzt auch auffällig unsymmetrisch am Kopf, entspringt er doch aus der linken Oberlippe und weist nach links unten. Die Krönung dieser Sonderbarkeiten ist der Schwanz älterer Männchen, der verkehrt herum angebracht zu sein scheint. Das ist also der Narwal, *Monodon monoceros* (»ein Zahn«, »ein Horn«).

Trotz dieser oberflächlich betrachtet großen Unterschiede, sind die Körperformen von Beluga und Narwal sehr ähnlich, wenngleich der Narwal etwas größer ist. Bemerkenswert beim Beluga ist der deutlich ausgeprägte Nacken. Er kann, was bei Walen unüblich ist, den Kopf fast rechtwinklig zur Seite drehen. Der Beluga besitzt keine Rükkenfinne — daher sein wissenschaftlicher Name *Delphinapterus* (»Delphin ohne Flügel«). Dafür hat er auf dem Rücken eine Leiste, die von der Körpermitte bis zum Schwanz reicht und dunkler als der Körper ist. Von den vielen Zusammenstößen mit Treibeis ist sie völlig vernarbt. Bei beiden Arten sind die Männchen etwa 50 cm länger als die Weibchen, und ihre Flipper biegen sich mit zunehmendem Alter an den Spitzen immer weiter nach oben. Die Flipper des Beluga sind in der Lage, eine ganze Reihe von Bewegungen auszuführen und ermöglichen dem Wal eine ausgezeichnete Manövrierfähigkeit, einschließlich sehr langsamen Rückwärtsschwimmens. Mit zunehmendem Alter ändert sich die Schwanzform der männlichen Narwale; die Spitzen wandern nach vorn und geben der Fluke, von oben oder unten betrachtet, eine konkave Leitlinie.

Der Narwal hat nur zwei Zähne, beide ohne Funktion. Beim Weibchen sind sie etwa 20 cm lang und im Kiefer verborgen; beim Männchen wächst meist der linke Zahn weiter und bildet das Einhorn. Etwa 1—3 % der Männchen haben zwei Stoßzähne und eine entsprechende Anzahl Weibchen hat einen einzigen Stoßzahn; es gibt auch unglaubhafte Berichte über Weibchen mit zwei Hörnern.

Um diesen Stoßzahn ranken sich viele Theorien und Märchen. Mit großer Wahrscheinlichkeit spielt er im Sexualleben eine Rolle, wie etwa die Mähne des Löwen oder das Prachtgefieder des Pfauenhahns. Einige Wissenschaftler glauben auch, daß der Zahn bei der Wärmeregulation eine Rolle spielt. Er wird jedoch nicht als Waffe oder Werkzeug eingesetzt.

Belugas sind zu einer ganzen Reihe von Körper- und Gesichtsausdrücken fähig; dazu gehört auch eine eindrucksvolle Maulsperre, bei der die 32—40 zylindrischen Zähne zu sehen sind. Der Verschleiß der Zahnkronen ist beachtlich und manchmal so stark, daß man meinen könnte, sie seien nicht mehr für das Fangen von Beute geeignet. Das und die Tatsache, daß sie erst nach dem 2. bis 3. Lebensjahr richtig zum Vorschein kommen, läßt vermuten, daß Nahrungsaufnahme nicht ihre Hauptfunktion ist. Ihre Aufgabe besteht mehr in der optischen und akustischen Unterstützung von Drohgebärden.

Der Beluga orientiert sich überwiegend nach dem Gehör. Einige seiner Lautäußerungen kann man sogar über dem Wasser hören. Das Lautspektrum reicht von Muhen und

▲ **Belugas mit Jungen.** Die Stillzeit kann zwei Jahre dauern; während dieser Zeit sind Mutter und Junges fast unzertrennlich. Neugeborene Belugas sind braun, dann werden sie grau, wie dieses ein Jahr alte Tier, und später weiß.

▼ **Den Narwal** erkennt man an seinem spiralförmig gewachsenen Stoßzahn (linker oberer Schneidezahn). Die Spirale dreht sich gegen den Uhrzeigersinn, bei älteren Tieren kann man eine doppelt spiralige Aufdrehung des ganzen Zahnes erkennen.

Zirpen über Pfeifen bis zu Trompetentönen, während das Unterwasser-Getöse einer ganzen Schule an einen Hühnerhof erinnert und ihnen vor langer Zeit den Namen »Meeres-Kanarienvogel« einbrachte. Zusätzlich zu seinen stimmlichen Fähigkeiten und denen der Echo-Orientierung setzt der Beluga auch sein Sehvermögen zur Verständigung und zur Jagd ein. Das vielseitige Ausdrucksverhalten läßt auf eine ausgereifte soziale Verständigung schließen.

Beluga und Narwal erbeuten die unterschiedlichste Nahrung: Der Beluga frißt eine Vielzahl von Schwarmfischen, Krustentieren, Würmern und manchmal Weichtieren; der Narwal frißt Krabben, Kabeljauverwandte, Plattfische und Kopffüßer. Belugas kreisen Fischschwärme ein, indem sie mit vier oder mehr Tieren zusammentreiben und die erschöpften Fische zwingen, in seichte Gewässer oder an einen steilen Strand zu schwimmen. Der außerordentlich bewegliche Nacken erlaubt es ihnen, einzelne Beutetiere vom Boden aufzunehmen und ihre Beute entweder durch einen Sog, oder auch einen Wasserstrahl aufzujagen. Kleine Steine, Teile von Meeresalgen und Schlamm in den Mägen junger Wale belegen, daß solche Fertigkeiten von den Jungen erst gelernt werden müssen. Einen Großteil der Nahrung, den sie während der beutereichen Jahreszeit aufnehmen, legen sie in einer 10—20 cm dicken Fettschicht an, die sie einerseits gegen Kälte schützt und andererseits in der mageren Jahreszeit mit Energie versorgt. Der Narwal, der überhaupt keine funktionstüchtigen Zähne besitzt, hat eine gute Saugfähigkeit entwickelt. Die Stoßzähne spielen bei der Nahrungsaufnahme keine Rolle, da die Ernährungsweise der Männchen und die der »zahnlosen« Weibchen gleich ist.

Wachstum und Fortpflanzung sind bei Beluga und Narwal ähnlich. Dabei ist unser Wissen vom Beluga größer. Weibchen werden mit fünf, Männchen mit acht Jahren geschlechtsreif. Bei beiden Geschlechtern kann das Eintreten der Geschlechtsreife in gewisser Weise von der Bestandsdichte abhängen. Dominante Männchen paaren sich offenbar mit vielen Weibchen. Kurz nach der Paarungszeit wandern die Belugas oft mehr als 300 km durch das Packeis in seichtere, wärmere, oft schlammmige Flußmündungen, kommen im Juni oder Juli an und bleiben bis August oder September dort. Hier werden die im Vorjahr gezeugten Jungen geboren. Einzelne Kälber sind die Norm, Zwillinge äußerst selten. Kurz vor der Geburt sondern sich die hochtragenden Weibchen ab und werden manchmal von einem nichtträchtigen oder noch nicht geschlechtsreifen Weibchen begleitet. Ob sie bei der Geburt helfen oder nur neugierig sind, ist unbekannt. Möglicherweise ist es einfach ein älteres Kalb, das bei der Mutter bleiben will.

Die Jungen werden in abgelegenen Buchten oder in Küstennähe geboren. Anfangs halten sich Mutter und Neugeborenes von der Herde in ihrer Nähe getrennt und schließen sich möglicherweise mit anderen Mutter-Kalb-Paaren zusammen. Die Bindung zwischen Mutter und Kind ist sehr stark, und der Körperkontakt wird auch beim Schwimmen aufrechterhalten. Die Tiere schwimmen so eng nebeneinander, daß das Junge wie ein Anhängsel an der Seite oder auf dem Rücken der Mutter wirkt. Das Junge wird einige Stunden nach der Geburt zum ersten Mal, von da an stündlich unter Wasser gesäugt. Das Weibchen säugt die Jungen bis zu zwei Jahre, wird aber schon gegen Ende der Stillzeit erneut gedeckt. Die vollständige Fortpflanzungszyklus dauert mit Trag- und Stillzeit drei Jahre.

Mitte des Sommers wandern die Narwale vom Packeis zu den Fjorden. Im Gegensatz zu den Belugas halten sie sich in der Wurfzeit jedoch nicht ständig in Flußmündungen auf. Belugas leben offensichtlich ihr ganzes Leben lang in Schulen und lockern diese Verbindung nur in bestimmten Jahreszeiten etwas: In den Fortpflanzungsgewässern halten sie engeren Kontakt, in Nahrungsgebieten zerstreuen sie sich weiter. Innerhalb der Schule gibt es alters- oder geschlechtsbedingt Untergruppen. Man sieht Schulen erwachsener Männchen, aber auch Familiengruppen von Müttern mit

Neugeborenen oder älteren Jungen. Ob sich die Männchengruppen aus dominanten, fortpflanzungsfähigen Tieren oder aus ausgestoßenen Heranwachsenden zusammensetzen, ist nicht bekannt.

Heutzutage reicht die Herdengröße von Hunderten bis zu einigen Tausend. Diese Zahlen sind nicht so sehr Hinweis auf optimale Lebensbedingungen für die Tiere, sondern vielmehr ein Hinweis auf die Ausbeutung durch den Menschen in Gegenwart und Vergangenheit. Während viele Populationen im Winter oder bei der Nahrungssuche eher in küstenfernen Gebieten leben, scheinen sie zum Kalben an ihre Geburtsstätten zurückzukehren. Die Populationen vermischen sich, je nach Herkunft, offenbar nicht miteinander.

Obwohl der Narwal bisher noch nicht so eingehend untersucht wurde wie der Beluga, weiß man, daß die Zusammensetzung seiner Schulen entsprechend ist. Gruppen von Weibchen mit Jungen sowie Gruppen von erwachsenen Männchen mit gleicher Körpergröße, Färbung und Stoßzahnlänge bilden die größeren Schulen. Narwale halten sich eher in den größeren Fjorden auf als in kleineren Flußmündungen. Sie sind nicht so stimm-

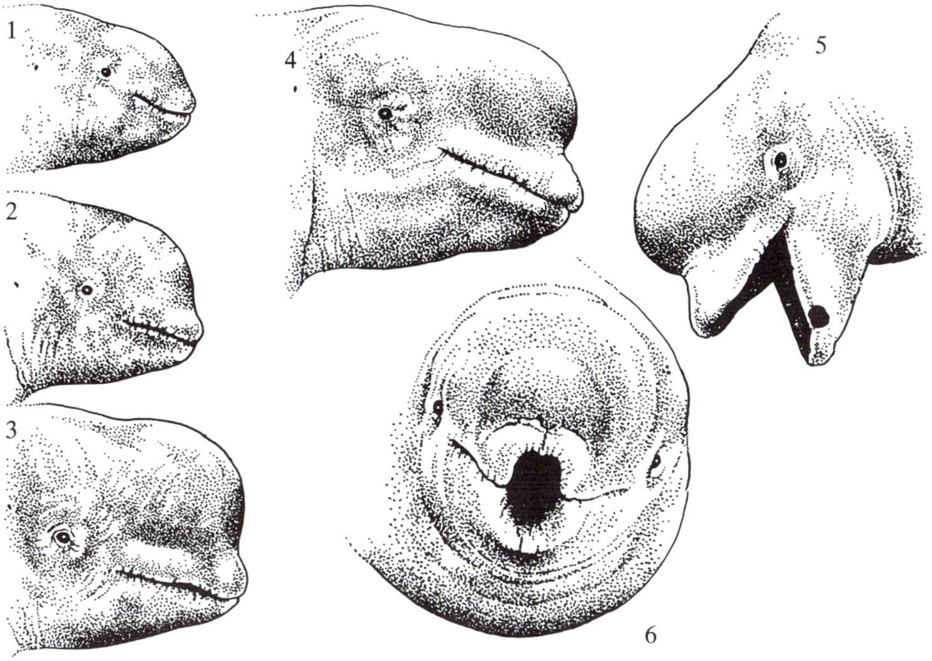

▲ **»Lächelnde Belugas«,** die Entwicklung von Gesichtsmimik. Ausgewachsene Belugas haben eine sehr ausgeprägte Stirnmelone, die sich nur langsam entwickelt: Beim neugeborenen Beluga fehlt sie fast ganz; bei einjährigen Tieren (2) ist die Melone ziemlich groß, jedoch der Schnabel hat sich noch nicht entwickelt; mit 5—8 Jahren (3) erreichen die Tiere die Geschlechtsreife. Maul und Nakken der Belugas sind höchst flexibel; sie verständigen sich untereinander hauptsächlich durch Geräusche und Gesichtsmimik. Im Ruhezustand (4) scheint der Beluga nach unserer Vorstellung zu »lächeln«. Belugas ernähren sich vielseitig, und sie scheinen den »Mund zu spitzen«, wenn sie vom Boden fressen. Neben Klicklauten und glockenartigen Tönen erzeugt der Beluga laute Geräusche, indem er die Kiefer auf- und zuklappt (5).

► **Einer Kreidestatue ähnlich kommt** ein Beluga zum Atmen aus dem Wasser und zeigt sein offenes Spritzloch.

◄ **Belugaschule.** Von Juni bis September sammeln sich Hunderte und Tausende von Belugas in ihren traditionellen Gebieten, z. B. im Mackenzie-Delta in der Beaufort-See, in den Flußmündungen des Nelson und Churchill in die Hudson-Bucht und im Charwater-Fjord an der Küste der Baffin-Insel, wo sie ihre Jungen zur Welt bringen (oben).

◄ **Schillernde Narwale,** die im blauen Meer zwischen zwei Eisschollen schwimmen, bieten einen überwältigenden Anblick (unten).

begabt wie Belugas, was sie aber zumindest teilweise durch die Zurschaustellung ihres Stoßzahnes ausgleichen. Während Belugas oft in harmlosen Imponierkämpfen in die Schwanz- oder Brustflossen anderer Artgenossen beißen, glaubte man bis vor kurzem, daß Narwale mit ihrem »Einhorn« Gefechte austragen und einander damit ernsthaft verletzen könnten. Neuere Erkenntnisse scheinen dies nicht zu bestätigen. Das Horn wird nicht als Waffe benutzt.

Es ist nicht ungewöhnlich, Beluga und Narwal in demselben Fjord anzutreffen. Sie leben nah beieinander, geraten aber dadurch nicht in Konflikte.

Das berechenbare Wanderverhalten der Belugas, das von den jahreszeitlichen Unterschieden in nördlichen Breiten und ihren Wanderungen zu den Flußmündungen bestimmt wird, macht diese Tiere besonders anfällig für die Ausbeutung durch den Menschen. Im 18. und 19. Jahrhundert trieben Walfänger Hunderte von Belugas an den Strand, um ihre Fracht an Walöl, die sie von ihrer Hauptbeute, den Grönlandwalen, gewonnen hatten, zu ergänzen. Einheimische, die großartige Kenner des Walverhaltens waren, konnten während der Wurfzeit der Jungen große Teile der Bestände erlegen. Zweifellos töteten sie oft mehr Tiere als ihrem tatsächlichen Bedarf entsprach. Zu Anfang des 20. Jahrhunderts wurden einige Bestände, die schon durch den gewerblichen Walfang zusammengeschrumpft waren, von einheimischen Jägern für den Eigenbedarf an Öl, Fleisch und Haut gefangen, leider aber auch für den Handel mit Häuten und Öl.

Während einige Bestände im Zuge vergangener Jagdpraktiken weitgehend verschwanden, werden sie jetzt von Fischerei- und Naturschutzbehörden überwacht; einheimische Jäger werden aufgefordert, sich an der Kontrolle zu beteiligen. Durch die Vorliebe des Beluga für seichte Küstengebiete wird er auch von vielen technischen Maßnahmen unserer Zeit betroffen: Durch den Bau von Gezeitenkraftwerken, durch Erdölbohrung und -förderung vor der Küste und durch Pipelines verändert sich sein Lebensraum. Die Aussicht, daß sich die Belugas an die fortschreitende Technisierung und Verschmutzung der Meere gewöhnen werden, ist sehr gering. Die Entwicklung der Techniken zur Gewinnung von Hydroelektrizität wird bereits bedeutende Veränderungen des Lebensraums durch Regulierungen der Flußläufe und/oder durch die Änderung der Wassertemperaturen mit sich bringen.

Belugas schädigen den Menschen in keiner Weise, sieht man einmal von einigen wenigen Lachsen ab, die sie auf ihren Wanderungen die Flüsse hinaus erbeuten. Im Gegenteil: Ihre Wanderungen entlang der Küste lokken viele Touristen in Gebiete, die außer der Gelegenheit zur Walbeobachtung wenig bieten.

Die Neigung des Narwals, Flußmündungen zu meiden und lieber weiter von der Küste entfernt zu überwintern als der Beluga, macht ihn weniger empfindlich für Bedrohungen, die aus industriellen Maßnahmen resultieren. Umweltstudien, die anläßlich der immer rasanter fortschreitenden Ausbeutung der Arktis durchgeführt wurden, erbrachten ein etwas deutlicheres Bild von der Verbreitung und Bestandsgröße des Narwals. Während man sein Vorkommen ursprünglich auf 12 000 Tiere schätzte, liegen die Schätzungen jetzt bei 25 000—30 000 Walen. Der Narwal ist nicht bedroht, aber wie bei allen wildlebenden Beständen ist die Gefahr durch Bejagung nicht gleichmäßig verteilt. Wenn keine Vermischung der größeren Populationen untereinander stattfindet, können sich isolierte Bestände nur langsam wieder erholen. Das ist vielleicht für die zerstreuter lebenden Belugagruppen von größerer Bedeutung als für den Narwal. Der Stoßzahn des Narwals wird von Sammlern und Museen sehr geschätzt, was für die einheimischen Jäger ein nicht zu unterschätzender Anreiz ist. Legale Fänge werden heute überwacht, und es werden Quoten festgelegt.

PB

POTTWALE

Familie: *Physeteridae*
2 Arten in 2 Gattungen.
Verbreitung: weltweit in mäßig warmen Gewässern bis zu Breiten von etwa 40°; Pottwalbullen auch in den Polargebieten.

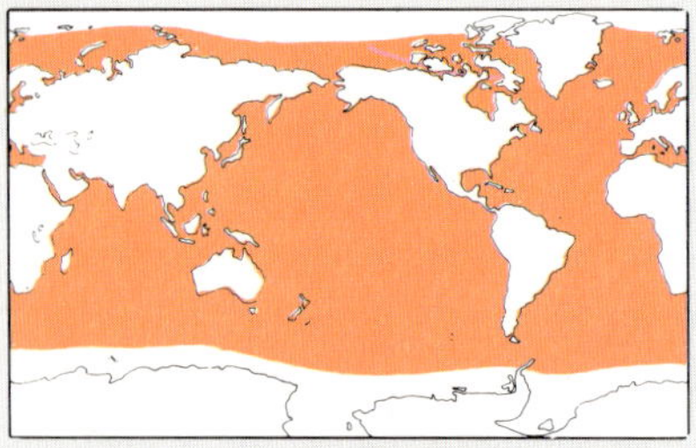

Pottwal
Spermwal, Cachalot, *Physeter catodon [macrocephalus]*

Maße: Kopf-Schwanz-Länge beim Männchen 15—20,7 m (in den letzten Jahren bis 18,5 m); Weibchen mit 10—12 m bedeutend kleiner; Gewicht: Männchen 45—70 Tonnen; Weibchen 15—20 Tonnen.

Oberfläche: dunkelgrau, mit weißen Malen und runden Narben (von Saugnäpfen der Riesentintenfische), vor allem am Kopf.

Tragzeit: 14—15 Monate, möglicherweise 16 in manchen Gebieten.

Lebensdauer: bis 70 Jahre.

Zwergpottwal
Kogia, *Kogia breviceps*

Verbreitung: alle Meere, häufig; die Populationen sind unzusammenhängend.
Maße: Kopf-Schwanz-Länge 2,5—4 m; Gewicht etwa 500 kg.

Oberfläche: dunkelgrau, unterseits in grauweiß übergehend; hellere »Klammer«-Zeichnung an den Kopfseiten.

Tragzeit: etwa 9, möglicherweise 11 Monate.

Lebensdauer: 17 Jahre oder länger.

Anmerkung: Vom eigentlichen Zwergpottwal trennen manche Systematiker eine kleinere Form als »Owen-Zwergpottwal« oder »Rattenschweinswal« ab und stellen ihn in eine eigene Art, *Kogia simus.* (Er gilt aber allgemein nur als Küsten-Varietät des Zwergpottwals.)

Der Pottwal, in Herman Melvilles Roman »Moby Dick« als großer, weißer Wal berühmt geworden, ist der größte Zahnwal. Im Meer ist er wegen seines »Blas«, der Atemluft, die er in einem Winkel von 45° schräg nach vorn aus der Stirn seines großen, stumpfen Kopfes ausstößt, unverwechselbar. Wenn er wegtaucht und dabei seine großen Schwanzfluken gerade aus dem Wasser streckt, gleitet er tiefer ins Wasser als jeder andere Wal. Heute gibt es zwar noch einige weiße Pottwale, aber die riesigen Bullen, von denen die Walfänger einst berichteten, sieht man nicht mehr. Der Kopf nimmt etwa ein Drittel der Körperlänge eines Pottwales ein. Bei kleineren Walarten ist der Kopf ebenfalls groß, aber eher kegelförmig und im Verhältnis zum Ganzen viel kürzer. Das Walrat-Organ im oberen Teil des Kopfes übernimmt vermutlich die Aufgabe eines Auftriebskörpers beim Tieftauchen (siehe Kasten S. 54). Eine Funktion des Walrat-Organs bei der Schall-Ortung ließ sich bei neueren Untersuchungen nicht nachweisen.
Nur beim Pottwal sitzt das Spritzloch in der Kopfmitte, bei Kälbern und dem Zwergpottwal ist es nach links verschoben, die Nasenknochen sind ausgesprochen unsymmetrisch. Der Unterkiefer ist klein im Verhältnis zum Oberkiefer, der beim ausgewachsenen Pottwal etwa $1^{1}/_{2}$ m überstehen kann. Die Wale kommen ohne Zähne zur Welt, die oft erst mit Erreichen der Geschlechtsreife durchbrechen, und dann auch vielfach nur im Unterkiefer der Männchen. Der Pottwal hat gewöhnlich 20—25 gleichartige Zähne auf jeder Seite des Unterkiefers, die aber nicht unbedingt paarig angelegt sind. Bei Männchen können sie 25 cm, normalerweise aber 15 cm lang werden. Anzahl und Größe der Zähne sind bei den Weibchen geringer. Im Oberkiefer können bis zu 10 Zähne, häufig stark gebogen und bis zu 10 cm lang, durchbrechen. Der Oberkiefer der Zwergpottwale ist dagegen gewöhnlich zahnlos. Im Unterkiefer kann die Anzahl der Zähne pro Seite beim Zwergpottwal 11—16 betragen.

Alle Pottwale haben einen gedrungenen, kräftigen Körper. Die Brustflossen sind paddelförmig, der Körper läuft zum Schwanzansatz hin spitz zu. Das Gehirn des Pottwales ist fast kugelförmig und kann, unabhängig von Größe oder Geschlecht, $5^{1}/_{2}$ bis $9^{1}/_{2}$ kg wiegen. Wie viele andere (hauptsächlich Bartenwale) haben manche Pottwale Reste von hinteren Gliedmaßen in Form kleiner Beckenknochen. Fossile Funde lassen vermuten, daß sich die Familie schon relativ früh, im Miozän (vor 26 bis 7 Millionen Jahren), von anderen Zahnwalen abgespalten hat, wobei sich die heutigen Gattungen erst später, im Pliozän (vor 7 bis 2 Millionen Jahren), herausgebildet haben.

Fett und Muskeln machen jeweils 33 % des Körpergewichts eines Pottwals und etwa 22 % bis 33 % eines Zwergpottwals aus. Im

Vergleich zur Größe des Tieres ist das Auge des Pottwals kleiner als bei anderen Walen. Außerdem entspricht es nicht dem typischen Säugetier-Auge, da die vordere Augenkammer fast ganz fehlt und zu einem schmalen Schlitz zwischen Pupille und Hornhaut zurückgebildet ist. Der Augapfel liegt unbeweglich in der Augenhöhle. Daher hat der Pottwal in Schwimmrichtung und nach hinten eine »blinde Zone«. Pottwale haben Geschmacks-Papillen (Chemorezeptoren) im Mund, die vermutlich winzige Änderungen des Salzgehalts und der chemischen Bestandteile des Wassers wahrnehmen.

Pottwale sind eigenartigerweise je nach Geschlecht unterschiedlich verbreitet. Weib-

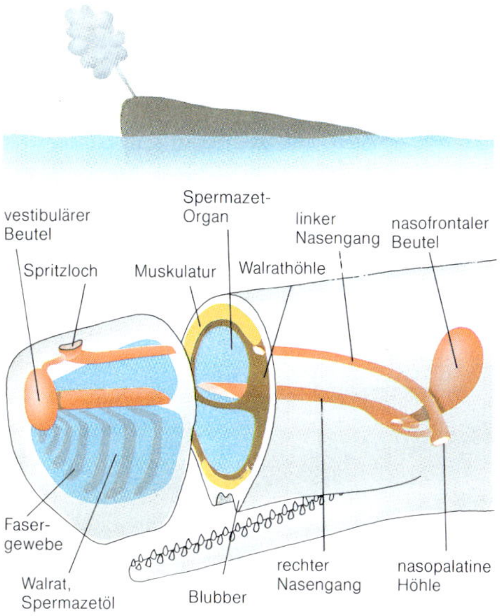

▲ **Auf runzeliger Haut** eines Pottwalkalbs brechen sich die Sonnenstrahlen, wenn es die Wasseroberfläche durchbricht. Die Runzeln geben ausgewachsenen Walen ein verwelktes Aussehen, aber ein Kalb ähnelt dadurch eher einer Schnecke. Links ist das beim Kalb nach links seitwärts versetzte Spritzloch klar zu erkennen.

► **Kopf des Pottwals.** Der einzigartige schräge »Blas« ist zur linken Seite des Tieres und in einem 45°-Winkel nach vorn gerichtet (oben). Ein Querschnitt zeigt die riesige Menge Spermazetöl, das der Wal mit Hilfe des durch die Nasengänge geleiteten Wassers abkühlen oder erwärmen kann, um seinen Auftrieb zu ändern.

chen und Jungtiere halten sich gewöhnlich nur in äquatorialen und subtropischen Gewässern auf, während die Reviere der Männchen zwischen Äquator und Polargebiet liegen. Möglicherweise sucht das Männchen seine Nahrung in weiter entfernten Gebieten, damit genügend Nahrung für Weibchen und Jungtiere vorhanden ist, denn die Kälber brauchen den Schutz der Mutter und haben nicht genügend Speck, um in polaren Gewässern überleben zu können.

Es gibt mindestens zwei Pottwalbestände im östlichen und im westlichen Nordpazifik und möglicherweise einen dritten in den westlichen Küstengebieten des Pazifik. Die riesigen Wanderwege der nordatlantischen Bestände entdeckte man, als ein durch eine Harpune verletztes Tier im August 1980 vor den Azoren entkam und ein Jahr später in einer Entfernung von 1 600 Seemeilen vor Island erneut gefangen wurde. Ein weiteres Tier, das 1966 vor der Küste Neuschottlands gekennzeichnet worden war, wurde sieben Jahre später vor Spanien wieder gefangen. Auf der Südhalbkugel gibt es wahrscheinlich sieben bis neun verschiedene Bestände. Wahrscheinlich vermischen sich die Bestände des Nordens und des Südens nicht, obwohl Einzeltiere bisweilen über den Äquator wandern. Möglicherweise gibt es in den Sommermonaten Wanderbewegungen in höhere Breiten; regelmäßige jahreszeitliche Wanderungen der Männchen zu den polaren Gewässern sind nicht sicher nachzuweisen.

Zwergpottwale leben normalerweise in wärmeren Breiten. Sie stranden recht häufig vor den USA, Südafrika, Australien, Neuseeland, Indien und Japan. Der größere Zwergpottwal bevorzugt offensichtlich ozeanische Gewässer, während die kleinere Form (»Owen-Zwergpottwal«) in Gewässern über den Festlandsockeln lebt. Man weiß wenig über das Wanderverhalten, und selbst das, was man weiß, ist, betrachtet für die verschiedenen Gebiete, widersprüchlich. Vor Japan tauchen die Tiere nur zu bestimmten Jahreszeiten auf, während man sie vor Südafrika das ganze Jahr über beobachten kann.

Zum Auffinden der Beute bedienen sich Pottwale mit Sicherheit der Echo-Peilung, wenn sie bis zu einer Stunde lang in die totale Dunkelheit der Tiefen bis unter 1 200 m tauchen. Es wurden schon vollkommen blinde Pottwale gefunden, die absolut gesund waren und Nahrungsreste im Magen hatten. Pottwale leben oft in Gebieten mit Meeresströmung und Auftrieb von Tiefenwasser, wo normalerweise reichlich Beute vorhanden ist. Kalmare machen etwa 80 % der Nahrung von Pottwalen aus, der Rest sind andere Tintenfische,

◄ **Die »Margeriten-Formation«,** (sie ähnelt einer Margeriten-Blüte), in der alle Mitglieder eines Schwarms einen verletzten Pottwal einkreisen, solange er am Leben ist. Dieses Sozialverhalten hatte für die Wale schon immer schlimme Folgen, weil sie so, einer nach dem anderen, von den Walfängern abgeschossen werden konnten.

► **Die Familie der Pottwale.** (1) Der Pottwal *(Physeter catodon)* taucht nach Kalmaren, die er auch in außerordentlichen Tiefen fängt. Der Zwergpottwal *(Kogia breviceps)*: (2) die Hochseeform; (3) die Küstenform (Owen-Zwergpottwal).

Fische und Schalentiere, meist Garnelen und Krabben. Die kleineren Arten weisen eine ähnliche Ernährungsweise auf, aber anhand der Untersuchungen von Mageninhalten sucht der größere Zwergpottwal seine Nahrung vermutlich in Hochseegewässern von mindestens 100 m Tiefe, während der Owen-Zwergpottwal lieber über den Festlandsockeln in Gewässern von weniger als 100 m Tiefe bleibt. Wie der Pottwal seine Beute fängt, ist nicht bekannt. Eine Theorie besagt, daß seine weißen Zähne die Kalmare anziehen. Nach einer anderen Vermutung stößt der Wal kurze, hochfrequente Töne aus, die ein Hochdruckfeld bilden, um die Beute zeitweilig zu betäuben. Die meiste Nahrung nimmt er unzerkleinert zu sich, sogar über 12 m lange Riesentintenfische. Abgenutzte zerbrochene Zähne beeinträchtigen das Freßverhalten genauso wenig wie gebrochene oder stark verunstaltete Unterkiefer. Trotzdem ist es für Pottwale nicht immer leicht, genügend Beute zu machen. Der Kopf vieler Tiere ist mit runden Narben und Wunden übersät, die von den Saugorganen großer Kalmare stammen. Pottwale können bis zu 200 kg Nahrung auf einmal verschlingen (ein einziger Riesentintenfisch im Magen eines Pottwals wog so viel). Dabei wäre die erste der drei Magenkammern groß genug, um noch mehr Beute zu fassen. Vermutlich füllt der Pottwal seinen Magen bis zu viermal am Tag und nimmt dabei etwa 3—4 % seines Körpergewichts an Nahrung auf. Pottwale leiden offensichtlich unter vielen Darmparasiten, die sie vermutlich mit der Nahrung aufnehmen. Häufig finden sich riesige Mengen Spulwürmer *(Nematodes)* im Magen, jedoch ohne die Tiere allzusehr zu schwächen. Bandwürmer sind sowohl in der ausgewachsenen Form im Verdauungstrakt, wie auch als Finnen im Speck zu finden.

Die Hauptpaarungszeit und damit die der meisten Geburten ist auf den beiden Erdhalbkugeln um sechs Monate verschoben: südliche Bestände paaren sich im Dezember und bringen die Jungen etwa 14—15 Monate später, im Februar/März, zur Welt. Dies alles spielt sich in warmen gemäßigten Gewässern ab, wenn die Bullen, wie weiter unten beschrieben, die Mutter-Säuglings-Gruppen aufsuchen.

Meistertaucher

Von allen Meeressäugetieren sind die Pottwale (neben den Schnabelwalen) wohl die besten Taucher. Durch Echolot-Messungen hat man eine Tauchtiefe von 1 200 m festgestellt; außerdem hat man Pottwalkadaver in 1 140 m Tiefe aus Kabeln geborgen, wo sie vermutlich bodenlebende Kalmare gefressen hatten. Einer von zwei Bullen, bei denen Tauchgänge von ein bis fast zwei Stunden beobachtet wurden, hatte zwei kleine Haie der am Meeresboden lebenden Gattung *Scymodon* im Magen. In dieser Gegend war das Wasser 3 200 m tief. Die Tatsache, daß Pottwale bis zum Meeresboden tauchen, wird durch viele sonderbare Dinge in ihrem Magen belegt. Die Funde reichen von Steinen bis zu Konservendosen, so daß Pottwale vermutlich im wahrsten Sinne des Wortes den Schlamm am Boden durchwühlen.

Bullen tauchen am tiefsten und am längsten. Die Weibchen schaffen bis zu 1 000 m Tiefe in etwas mehr als einer Stunde Tauchzeit. Jungtiere tauchen nur halb so lange und dann bis etwa 700 m tief. Da die Weibchen oft ihre Kälber begleiten, müssen sie ihre Tauchleistung entsprechend begrenzen. Doch das Sozial- und Pflegeverhalten innerhalb der Mutter-Kalb-Gruppen bedeutet auch, daß die Jungen zeitweise von anderen Weibchen betreut werden und die Mutter dann tiefer nach Nahrung tauchen kann.

Wenn Pottwale in Gruppen tauchen, bleiben sie dicht beieinander und machen fast alles gemeinsam. Sie erholen sich schnell von einem langen, tiefen Tauchgang und tauchen schon nach 2—5 Minuten wieder unter. Nach mehreren langen Tauchgängen haben sie ihre physiologische Grenze erreicht und lassen sich zur Erholung viele Minuten lang an der Wasseroberfläche treiben.

Die Ab- und Auftauchzeiten dieser Meistertaucher sind erstaunlich. Der schnellste beobachtete Pottwal legte beim Abtauchen 170 m pro Minute und beim Auftauchen 140 m pro Minute zurück. Die Anpassungen, die den Pottwal zu solch großartigen Leistungen befähigen, sind dieselben wie bei anderen Walen (siehe S. 13), nur noch um ein wesentliches wirkungsvoller.

So kann die Muskulatur eines Pottwals bis zu 50 % des gesamten Sauerstoffvorrats speichern, mindestens doppelt soviel wie bei Landsäugetieren und bedeutend mehr als bei Bartenwalen und Robben.

Ein einzigartiges Merkmal des Pottwal ist das riesige Spermazet-Organ, das den größten Teil des oberen Kopfes ausfüllt und wahrscheinlich ein Organ zur Kontrolle des Auftriebs ist. Einer Theorie zufolge können die Nasengänge und -bögen in dem Organ die Temperatur des Spermazetöls beeinflussen, das einen gleichmäßigen Schmelzpunkt von 29°C hat. Wenn der Wal von der warmen Wasseroberfläche in kältere Tiefen taucht, wird der Wasserfluß in die Nasengänge so reguliert, daß das Öl, das bei der normalen Körpertemperatur von 33,5°C flüssig ist, schnell heruntergekühlt wird. Daraufhin wird das Öl wachsartig fest und schrumpft gleichzeitig; die spezifische Dichte des Kopfes nimmt zu und erleichtert so das Abtauchen. Beim Auftauchen wird der Blutfluß zu den Kapillaren im Kopf verstärkt, das Wachs erwärmt und verflüssigt sich und erhöht den Auftrieb des erschöpften Wales.

Damit sichert der Pottwal sein Überleben, da er nach dem Tauchen immer wieder mit einem Minimum an Kraftaufwand an die Oberfläche kommen kann.

Saugende Kälber bleiben bei ihren Müttern und werden mindestens zwei Jahre lang gestillt. Manche saugen auch noch einige Jahre nach der Entwöhnung weiter, was wohl eher der sozialen Kontakt- als der Nahrungsaufnahme dient. Nach der Entwöhnung ist das Kalb 6 bis 7 m lang und wiegt etwa 2 800 kg. Das Weibchen wird mit 7—12 Jahren geschlechtsreif (Altersbestimmungen sind bei Pottwalen mittels Zahnschliffen aufgrund der Schichtung des Zahnbeins [Elfenbein] möglich) und ist dann etwa $8^{1}/_{2}$ m lang. Im Gegensatz zum Weibchen reift das Männchen in unregelmäßigen Abständen, wobei es zu Beginn der Geschlechtsreife einen größeren Wachstumsschub erlebt. Die Pubertät der Männchen beginnt im 9.—11. Lebensjahr und dauert bis zum Eintreten der Geschlechtsreife mit 18—19 Jahren, wenn sie eine Länge von etwa 12 m erreicht haben. Die Männchen ziehen dann meist in polare Gewässer, um dort zum Status eines Haremsbullen heranzureifen.

Weibchen, die erst seit kurzer Zeit geschlechtsreif sind, sind nur halb so fruchtbar wie ältere Weibchen, vielleicht weil sie noch im Wachstum stehen. Schwangerschaft und Stillzeit zwingen das Weibchen dazu, 30 % mehr Nahrung aufzunehmen, bei gerade erst geschlechtsreif gewordenen Weibchen sind es sogar 60 %. Die Mutter muß ihr Kalb täglich mit 20 Liter Milch, die etwa zu einem Drittel aus Fett besteht, versorgen. Im Gegensatz zu Pottwalen können weibliche Zwergpottwale erneut gedeckt werden, während sie noch stillen. Bei Eintritt der Geschlechtsreife sind weibliche Zwergpottwale etwa 2,7 m, männliche etwa 2,7—3 m lang. Zu diesem Zeitpunkt sind beide Geschlechter der Küstenformen erst etwas über 2 m lang.

Je nach Jahreszeit, Alter, Geschlecht und Vorkommen bilden Pottwale mehrere unterschiedliche Formen von Schulen. In Polargewässern findet man nur große, erwachsene Männchen (Bullen), die normalerweise einzelgängerisch leben. In wärmeren Gewässern wurden fünf unterschiedliche Schultypen beobachtet: Solche aus Bullen, Junggesellen (junge ausgewachsene Männchen), Jungtieren und Mutter-Kalb-Schulen (erwachsene Weibchen, Kälber und Jungtiere beiderlei Geschlechts) sowie Harems (eine Mutter-Kalb-Gruppe, zu der sich zeitweilig zur Paa-

rung ein Männchen gesellt). Einer Schule können über 100 Tiere angehören, in Küstengewässern sind es durchschnittlich 20 und in offener See 3 bis 7 Tiere. Einige Schulen, vor allem die Mutter-Kalb-Gruppen, möchten möglichst unter sich bleiben. In einem Fall hat man ein gekennzeichnetes Weibchen nach 10 Jahren bei denselben Weibchen angetroffen, die damals mit ihr markiert worden waren.

Zu einem Harem mit einem Bullen gehören 10 bis 40, durchschnittlich 14 Weibchen. Manchmal muß ein Bulle mit etablierten Bullen kämpfen, um einen Harem zu übernehmen. Bei einem solchen Konkurrenzkampf setzt das Männchen die weiter vorne im Kiefer stehenden Zähne ein oder stößt mit dem ganzen Kopf zu. Es kommt auch vor, daß die Weibchen dabei helfen, alte Bullen zu vertreiben.

Der Owen-Zwergpottwal lebt vermutlich in Gruppen von weniger als 10 Tieren. Erwachsene Weibchen und ihre Jungen bilden Gruppen, ebenso Jungtiere oder geschlechtsreife Männchen und Weibchen.

Pottwale helfen einander in der Not, und zwar nicht nur die Mutter ihren Jungen.

▲ **Eine Schule Pottwale** zieht mit großer Gewalt durch die Wellen. Auffällig ist der Buckel, durch den die Tiere ein wenig an Unterseeboote erinnern. Das Tier rechts zeigt den typischen schrägen »Blas« aus dem Spritzloch.

◄▼ **Pottwalfang.** Im 19. Jahrhundert war der Pottwal das Hauptopfer der Walfänger. In den 1850er Jahren wurde er so radikal bejagt, daß sein Bestand bis 1860 fast völlig ausgerottet war (oben). — Moderner Pottwalfang in Neuschottland. Dieser Wal wird geflenst, d. h. Haut und Blubber werden abgezogen, so daß der schmale Unterkiefer und die spitz zulaufenden Zähne sichtbar sind (unten).

Nachdem der größte einer Gruppe von 20 bis 30 Walen angeschossen worden war, bildeten die Artgenossen einen Kreis um das verletzte Tier, die Köpfe nach innen, die Schwänze nach außen gestreckt, die sogenannte »Margeriten-Formation«, wie sie die Abbildung auf S. 54 zeigt.

Sozialkontakte bei Walen reichen von Spielen, wie etwa Holzbalken-hochwerfen, Aus-dem-Wasser-springen oder Mit-dem-Schwanz-aufschlagen, bis zu Ernstkämpfen, bei denen Verwundungen, Verletzungen und Kieferbrüche die Folge sein können.

Pottwale erzeugen unter Wasser »Klicklaute« im Frequenz-Bereich von 5—32 kHz, wobei jeder Klicklaut aus bis zu neun kurzen Impulsen besteht. Sie sind zu hören, wenn sich Gruppen begegnen. »Codas« nennt man die Klicklaute einzelner Tiere, die zwei- bis sechzigmal im Abstand von Sekunden oder Minuten wiederholt werden. Andere Laute des Pottwals ähneln einem tiefen Brüllen oder einem heiseren Knarren.

Auch bei dieser Walfamilie kennt man die rätselhafte Erscheinung der Massenstrandungen von ganzen Wal-Schulen.

Im 18. und besonders im 19. Jahrhundert war der Pottwal die Hauptbeute der Walfänger von Neuengland, den man wegen seines Spermazetöls fing. Heute betreibt man auf den Azoren einen unbedeutenden, kommerziellen Walfang noch mit den Methoden, die die Neuengländer den Inselbewohnern vor der Erfindung der Dampfmaschine beigebracht haben.

Die Wale werden mit der Hand von Kanus aus, die mit Ruder und Segel angetrieben werden, harpuniert. In der Antarktis, im Nordpazifik und an den Atlantikküsten ist der Pottwalfang (die Zwergpottwale werden nur gelegentlich gefangen) noch sehr aktiv. Meist werden Fabrikschiffe eingesetzt, denen spezielle Walfangschiffe die Beute zuliefern. Der moderne Walfang begann mit dem Einsatz schneller, dampfbetriebener Walfangschiffe und setzte sich mit der Erfindung des Harpunengewehrs mit Sprengladung, der sogenannten »heißen Harpune«, durch Sven Foyn etwa im Jahre 1868 fort.

Jede Walart, die kommerziell gefangen wird, muß als bedroht angesehen werden. Allein auf der Südhalbkugel wurde der geschätzte ursprüngliche Bestand an Pottwalen von 170 000 Männchen und 160 000 Weibchen mittlerweile auf etwa 71 000 bzw. 125 000 reduziert. Aber bei allen Arten scheint die Gefahr der endgültigen Ausrottung erst einmal gebannt. Verschiedene Pottwalbestände stehen bereits völlig unter Schutz. Der Pottwalfang soll bis Ende 1985 eingestellt werden (eine Entscheidung der Internationalen Walfangkommission vom Juli 1982), obwohl diese Regelung einzelne Länder vielleicht nicht davon abbringt, in ihren Hoheitsgewässern an der Küste weiterzujagen.

Besorgniserregend ist allerdings der Rückgang des Bestandes an Männchen. Nicht selten glaubte man, daß die meisten Männchen aufgrund der »Harems-Struktur« überflüssig seien. Diese Ansicht ist nach der Feststellung fallender Schwangerschaftsraten in einigen Gebieten anzuzweifeln.

Nicht nur Fleisch (für den menschlichen Verzehr) und Speck des Pottwals werden von der heutigen Walfangindustrie ausgebeutet, sondern zwei weitere, einzigartige Produkte, die seit langer Zeit geschätzt werden. Das Spermazetöl aus dem Kopf und die öligen Verbindungen, die im ganzen Körper eingelagert sind, werden von vielen Industrien, einschließlich der modernen Raumforschung als hochwertige Schmiermittel verwendet. Das andere noch kostbarere Produkt des Pottwals ist Ambra, das als Duftträger in der Parfüm- und Kosmetikindustrie verwendet wird. Ambra ist eine konzentriert übelriechende Absonderung, die man nur bei wenigen Tieren im etwa 160 m langen Darm findet. Ein großes Stück Ambra von einem 15 m langen Männchen aus der Antarktis wog 421 kg.

CL

SCHNABELWALE

Familie: ***Ziphiidae***
18 Arten in 5 Gattungen.
Verbreitung: alle Meere.

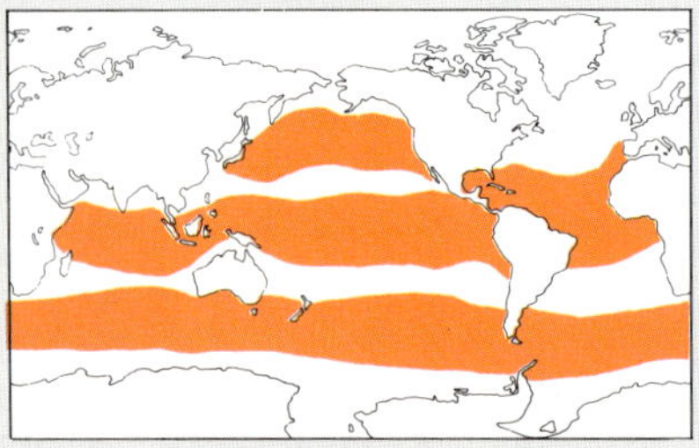

Lebensraum: Hochsee jenseits der Festlandssockel.

Maße: Kopf-Schwanz-Länge 4—12,8 m; Gewicht 1—10 Tonnen.
Ernährung: hauptsächlich Kalmare, auch Hochseefische.

Gattung *Tasmacetus*
1 Art: Shepherd-Wal oder Tasmanischer Wal *(T. shepherdi).* Zirkumpolar.

Gattung *Ziphius*
1 Art: Cuvier-Schnabelwal *(Z. cavirostris).* Alle Ozeane, außer polare Breiten.

Entenwale, Gattung *Hyperoodon*
2 Arten: Nördlicher Entenwal oder Dögling *(H. ampullatus).* Nordatlantik. Südlicher Entenwal *(H. planifrons).* Gemäßigte Gewässer der Südhalbkugel.

Schwarzwale, Gattung *Berardius*
2 Arten: Südlicher Schwarzwal *(B. arnouxii).* Südliches Polarmeer südlich von 30° südlicher Breite. Baird-Wal oder Nördlicher Schwarzwal *(B. bairdi).* Nordpazifik von etwa 30° nördlicher Breite bis zum Beringmeer.

Zweizahnwale, Gattung *Mesoplodon*
12 Arten: eine Gruppe von Schnabelwalen mit einem einzigen Zahnpaar in der Kiefermitte. Kalte gemäßigte Gewässer der Nord- und Südhalbkugel. Zu den Arten gehören: Blainville-Schnabelwal *(M. densirostris),* Gervais-Zweizahnwal *(M. europaeus),* Camperdown-Wal *(M. grayi).*

Die 18 Schnabelwalarten sind Lebewesen, die sich nicht gerne blicken lassen. Und wirklich, eine Art, der Pazifische Schnabelwal, ist niemals in ihrer gesamten Gestalt gesehen worden. Zwei Schädel, von denen der eine 1822, der andere 1955 gefunden wurde, sind der einzige Nachweis ihrer Existenz. Auch der Shepherd-Wal ist ein sehr seltenes Tier. Man kennt bisher erst 10 Exemplare, von denen möglicherweise nicht ein einziges jemals lebendig gesehen wurde. Nicht alle Arten sind so extrem scheu. Zwischen 1882 und 1920 wurden etwa 50 000 Nördliche Entenwale gefangen, und vor Japan wurden schon immer Baird-Wale gefangen. Die Schnabelwale gehören, wie die Flußdelphinartigen, zu den primitivsten Walen. Der »Schnabel« (eigentlich der verlängerte Ober- und Unterkiefer), der ihnen den Namen gab, kann lang und spitz sein wie beim Shepherd-Wal, aber auch kurz und dick wie bei den Walen der Gattung *Mesoplodon.* Der wissenschaftliche Name *Ziphiidae* leitet sich von dem griechischen xiphos = »Schwert« ab; daher bedeutet *Ziphiidae:* »die Wale mit den Schwert-Nasen«. In ihrer Ernährungsweise sind sie Spezialisten und fressen hauptsächlich Kalmare. Einige Gattungen, *Hyperoodon, Ziphius* und *Mesoplodon,* bilden nur ein Zahnpaar im Unterkiefer aus. Die Gattung *Berardius* hat zwei Paar Zähne im Unterkiefer, der Shepherd-Wal hingegen viele Zähne in beiden Kiefern.

Bei allen Schnabelwalen, bis auf den Shepherd-Wal und die Wale der Gattung *Berardius,* durchstoßen bei den Weibchen die Zähne nie das Zahnfleisch. Man kann Art, Geschlecht und Entwicklungsstufe eines Schnabelwals an seinen Zähnen erkennen: Anzahl und Stellung im Kiefer sind typische Merkmale; Zähne mit gefüllten oder fast gefüllten Pulpahöhlen sind ein Kriterium für die Geschlechtsreife. Abgenutzte Zähne, die das Zahnfleisch durchbrochen haben, weisen auf ein erwachsenes Männchen hin; nicht abgenutzte Zähne mit gefüllten oder fast gefüllten Pulpahöhlen sind Kennzeichen für erwachsene Weibchen.

Schnabelwale sind mittelgroße Wale, von denen einige weniger als 6 m messen *(Mesoplodon),* andere 12 m lang oder länger werden *(Berardius).* Unter dem Hals haben sie zwei kennzeichnende Furchen, die aber nicht zusammentreffen. Die Schwanzfluke ist nicht eingekerbt. Der Geschlechtsunterschied prägt sich mit zunehmender Reife deutlicher aus; manchmal ist das Männchen größer, wie z. B. beim Nördlichen Entenwal, und manchmal das Weibchen, wie z. B. beim Baird-Wal. Die Stirn alter Männchen hat oft einen ausgeprägten Buckel, der bei einigen Arten, wie z. B. dem Nördlichen Entenwal, weiß wird. Im Meer ist es schwierig, zwischen noch nicht ausgewachsenen Tieren und den Weibchen fast aller Schnabelwale zu unterscheiden, da die Form der Stirn ähnlich ist. Bis auf den Nördlichen Entenwal haben die Schnabelwale oft Narben auf dem Rücken, wenn sie von Mitgliedern der eigenen Art mit den Zähnen verletzt wurden. Diese Narben, Folgen von Rivalenkämpfen, treten bei älteren Männchen am deutlichsten hervor. Die meisten Schnabelwale leben in der Hochsee

► **Ein »Faßkopf«.** Wegen der massiven Stirn nennen die norwegischen Walfänger den Nördlichen Entenwal auch »Faß-« oder »Graukopf«. 1972 wurde der Entenwalfang eingestellt, 1977 wurde der Nördliche Entenwal zur »vorläufig geschützten Art« erklärt.

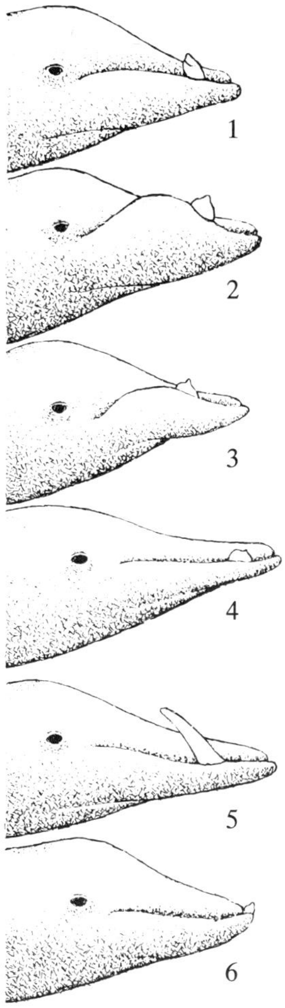

▲ **Die Zweizahnwale der Gattung *Mesoplodon*.** Schnabelwale ernähren sich von Kalmaren, für die sie weder zum Fangen noch zum Fressen sehr scharfe Zähne brauchen. Trotzdem haben die 12 *Mesoplodon*-Arten in jedem Unterkieferast einen einzigen Zahn, dessen Stellung im Kiefer für die einzelnen Arten typisch ist. (1) Hubb-Schnabelwal *(M. carlhubbsi)*, (2) Blainville-Schnabelwal *(M. densirostris)*, (3) Japanischer Schnabelwal *(M. ginkgodens)*, (4) Camperdown-Wal *(M. grayi)*, (5) Layard-Wal *(M. layardii)*, (6) True-Wal *(M. mirus)*.

außerhalb der Festlandssockel. Sie fressen offensichtlich Kalmare und Tiefseefische.

Die meisten Schnabelwale sind auf See schlecht zu erspähen. Man trifft sie meist allein oder in Gruppen von zwei oder drei Tieren, wobei einige von ihnen auch in Schulen von 25—30 Tieren leben. Sie zählen neben dem Pottwal (siehe S. 54) zu den besten Tauchern unter den Walen. Es sind Nördliche Entenwale beobachtet worden, die bis zu zwei Stunden lang unter Wasser waren.

Berichte über die Verbreitung von Schnabelwalen beruhen oft auf Funden gestrandeter Tiere. Dazu zählen auch tote Tiere, die bereits als Leichen angetrieben wurden. Beispiele hierfür sind die Nördlichen Entenwale, die man in der Ostsee und im Weißen Meer gefunden hat, deren Hauptverbreitungsgebiet aber außerhalb des Festlandssokkels liegt. Die Ursache, warum offensichtlich gesunde Tiere stranden, ist noch nicht geklärt (siehe S. 32). Massenstrandungen kommen bei Schnabelwalen selten oder nie vor. Man weiß bisher noch nicht, wie sich Hochseearten über Tausende von Meilen im offenen Meer zurechtfinden, aber möglicherweise tragen Wasserströmungen und Konturen des Meeresbodens zur Orientierung bei.

Die Vorfahren der heutigen Schnabelwale fand man in Fossilien aus dem Miozän (vor etwa 20 Millionen Jahren). Wegen der vielen Ähnlichkeiten zwischen ihnen und den Pottwalen bildeten die beiden Familien früher eine gemeinsame Überfamilie. Spätere Untersuchungen haben gezeigt, daß die Chromosomen von Schnabel- und Pottwal recht unterschiedlich sind, so daß sich diese beiden Tiergruppen vermutlich früh und unabhängig voneinander entwickelt haben.

Der Nördliche Entenwal gehört zu den wenigen Arten, von denen etwas über das Wander- und Sozialverhalten bekannt ist. Das Verbreitungsgebiet im Nordatlantik ist sehr groß und reicht im Norden bis zur Sommereisgrenze. Im Winter zieht er bis zu den Kapverdischen Inseln im Süden sowie von der Küste Westafrikas im Osten bis vor die Küste New Yorks im Westen. Einzelne Entenwalvorkommen vor Spitzbergen und der norwegischen Küste, um Island und Jan Mayen sowie vor Labrador bilden vielleicht isolierte Bestände. Schon im März kann man vor den Färöer-Inseln Entenwale beobachten. Von Ende April bis Anfang Juni sieht man viele zwischen Jan Mayen und Island, aber auch vor Spitzbergen und der Bäreninsel. Die südlichen Wanderungen beginnen Anfang Juli.

Entenwale, die an die europäische Küste angespült wurden, sind meist im Spätsommer und im Herbst gestrandet. Viele von ihnen wurden offenbar bei ihrer Wanderung in den Süden Opfer der seichten Nordsee. Zwischen 1938 und 1972 wurde nur ein einziger Entenwal in der Nordsee gefangen. Trotz der intensiven Bejagung kleinerer Walarten in der Barentssee, hatte man bisher mit Entenwalen in diesem Schelfgebiet noch keinen Erfolg. Diese Feststellung steht im krassen Gegensatz zu Berichten, wonach gerade diese Art in der Barentssee im Osten bis Novaja Semlja verbreitet sein soll. Berichte von norwegischen Walfängern zeigen, daß der größte Teil der von ihnen erbeuteten Entenwale aus Tiefen von mehr als 1 000 m stammen. Eine geographische Trennung von Männchen und Weibchen ist möglich: ausgewachsene Männchen leben oft näher am Eis als Weibchen und jüngere Männchen.

Im Nordatlantik kommen Entenwale in Gruppen von 2 bis 4 Tieren vor, aber es wurden auch schon Schulen von mehr als 20 Tieren gesehen. Gruppen von zwei oder drei Walen bestehen meist aus gleichaltrigen Tieren desselben Geschlechts. In Gruppen von vier Tieren dominieren oft ältere Männchen. Mutter und Kalb leben meist allein; manchmal schließen sich jedoch zwei Weibchen mit ihren Kälbern zusammen. Eine Walgruppe bleibt in der Regel so lange bei einem verletzten Artgenossen, bis er tot ist. Schwimmt ein Kalb zu nah an ein Schiff heran, wird die Mutter versuchen, zwischen Schiff und Kalb zu gelangen.

Männliche Nördliche Entenwale erreichen die Geschlechtsreife bei einer Körperlänge von 7,3—7,6 m und im Alter von 7—9 Jahren. Weibchen werden bei einer Länge von 6,7—7,0 m und einem Alter von 8—14 Jahren (durchschnittlich mit etwa 9 Jahren) fortpflanzungsfähig. Paarung und Geburt liegen meist im April. Das Kalb ist bei der Geburt etwa 3 m lang und wird nach etwa einem Jahr entwöhnt. Alle zwei Jahre können Junge zur Welt kommen.

Auf der Grundlage von Wachstumsschichten in den Zähnen Nördlicher Entenwale (die Zähne werden von außen sichtbar, wenn das Tier 15—17 Jahre alt ist) konnten Wachstumskurven gezeichnet werden, die zeigen, daß Männchen bis zum Alter von etwa 20 Jahren weiterwachsen; das Wachstum der Weibchen endet mit etwa 15 Jahren.

Der dunkle Lebensraum hat die Schnabelwale weitgehend vor Verfolgung geschützt, aber obwohl kaum Bedrohung vom Walfang ausgeht, ist die Zukunft ungewiß. Wie andere primitive, aber stark spezialisierte Arten (hierzu zählen auch die Flußdelphine) könnten sie sich an Änderungen in ihrem Lebensraum kaum anpassen und würden im Konkurrenzkampf mit leistungsfähigeren, modernen Arten unterliegen. IC

1

2

Die 18 Schnabelwal-Arten

Abkürzungen: KSL = Kopf-Schwanz-Länge; G = Gewicht (geschätzt nach dem Gewicht-Längen-Schlüssel für den Nördlichen Entenwal); [S] stark gefährdet.

Gattung *Tasmacetus*

Schnabel lang und schlank; zwei große konische Zähne an der Spitze des Unterkiefers, mit 26—27 konischen Zähnen im Unterkiefer, mit 19—21 entsprechenden Zähnen im Oberkiefer.

Shepherd-Wal

Tasmanischer Wal, *Tasmacetus shepherdi*

Zirkumpolar, nur 10 Exemplare von der Südhalbkugel bekannt, z. B. aus Gewässern vor Neuseeland, Argentinien, Chile und Feuerland. Weibchen KSL 6,6 m; G etwa 5,6 Tonnen, Färbung: dunkelgrau-braun, Flanken heller, Bauch fast weiß.

Gattung *Ziphius*

Kopf leicht konkav; Schnabel weniger entwickelt als bei Entenwalen, ausgesprochen entenartig.

Cuvier-Schnabelwal

Gänseschnabelwal, *Ziphius cavirostris*

Alle Meere außerhalb der hohen Breiten; Strandungen sind bekannt von den Küsten des Nordatlantiks bis zum Cape Cod im Westen, der östlichen Nordsee, des Mittelmeers und des südlichen Atlantik bis zum Kap der guten Hoffnung; von den pazifischen Küsten, nördlich bis zum Beringmeer und bis Alaska, südlich bis Feuerland. Männchen KSL 6,7 m; G etwa 5,6 Tonnen; Weibchen KSL 7 m; KSL bei der Geburt 2,1 m. Geschlechtsreife bei Männchen mit 5,4 m, bei Weibchen mit 6,1 m. Färbung: sehr unterschiedlich; senffarben bis dunkelbraun im Pazifik, grau oder rauchblau im Atlantik; weiße Flecken am Bauch, verursacht von Parasiten.

Gattung *Hyperoodon*

Stirn buckelig, im Alter noch ausgeprägter. Ältere Männchen haben ein einziges Paar birnenförmiger Zähne, die an der Spitze des Unterkiefers durchbrechen.

Nördlicher Entenwal [S]

Dögling, *Hyperoodon ampullatus*

Weitverbreitet im Nordatlantik, im Sommer bis zur Eisgrenze; im Winter bis zu den Kapverdischen Inseln im Süden, im Westen bis vor New York. Männchen KSL 9 m; G etwa 10 Tonnen; Weibchen KSL 7—8,5 m; KSL bei der Geburt 3 m. Männchen werden bei einer Länge von 7,3—7,6 m geschlechtsreif. Färbung: sehr unterschiedlich; grünlich-hellgelb oberseits, rauchgrau unterseits, wird mit zunehmendem Alter ganz beige; Kälber einfarbig dunkelbraun. Tragzeit: 12 Monate. Lebensdauer 37 Jahre.

Südlicher Entenwal

Antarktischer oder Flachköpfiger Entenwal, *Hyperoodoon planifrons*

Gewässer der gemäßigten Zone der Südhalbkugel, Strandungen in Argentinien, auf den Falkland-Inseln, in Brasilien, Chile, Australien, Neuseeland, Südafrika. Weibchen KSL 7 m; G etwa 6,2 Tonnen; Männchen KSL 9,5 m; G etwa 8 Tonnen. Färbung: dunkelgraumetallisch, an den Flanken in Blau übergehend, unterseits blasser. (Farben toter Tiere; lebendige vielleicht mehr braun als blau).

Gattung *Berardius*

Die größten Schnabelwale. Im Gegensatz zu anderen Schnabelwalen brechen bei beiden Geschlechtern 2 Paar stark zusammengepreßte, funktionstüchtige Zähne in der Nähe der Unterkieferspitze hervor. Schwielen und andere Wunden vor allem auf dem Körper älterer Männchen.

Südlicher Schwarzwal

Neuseeländischer Schnabelwal, *Berardius arnouxii*

Im ganzen südlichen Polarmeer südlich von 30° südlicher Breite. Berichte von Strandungen in Süd-Australien, Neuseeland, Südafrika, Argentinien, auf den Falkland-Inseln, Süd-Georgien, den Südlichen Shetland-Inseln, der Antarktischen Halbinsel. KSL etwa 9—9,8 m; G etwa 9,8—10,6 Tonnen; KSL bei der Geburt 3,5 m. Färbung: blaugrau, manchmal auch bräunlich; Flipper, Schwanzfluken und Rücken dunkler; alte Männchen schmutzigweiß vom Kopf bis zur Rückenfinne. Tragzeit: vermutlich 10 Monate.

Baird-Wal

Nördlicher Riesenspitzschnauzendelphin, *Berardius bairdi*

Im Nordpazifik weitverbreitet, von etwa 30° nördlicher Breite bis zum südlichen Beringmeer (von den Pribilof-Inseln und Alaska bis Süd-Kalifornien im Nordostpazifik; von Kamtschatka und dem Ochotskischen Meer bis zum Japanischen Meer im Westpazifik). Küstenferne Gewässer mit Tiefen von über 1000 m. Männchen KSL 11,8 m; G etwa 13,5 Tonnen; Weibchen KSL 12,8 m; G etwa 15 Tonnen; KSL bei der Geburt 4,4 m. Männchen werden bei einer Körperlänge von 9,4 m, Weibchen bei 10 m geschlechtsreif. Färbung bläulich-dunkelgrau, oft mit brauner Tönung; unterseits heller mit weißen Flecken am Hals, zwischen den Flippern und um Nabel und Anus; Weibchen heller. Tragzeit: 17 Monate.

Gattung *Mesoplodon*

Ein einziges Zahnpaar im Unterkiefer (der Name *Mesoplodon* bedeutet »mit einem Zahn in der Mitte des Kiefers ausgerüstet« und wurde abgeleitet von der Stellung der Zähne bei *M. bidens).* Lage, Form und Größe der Zähne, die nur bei älteren Männchen das Zahnfleisch durchbrechen, sind das Unterscheidungskriterium der einzelnen Arten. Färbung: dunkelgrau bis schwarz. Tauchen sehr tief.

Layard-Wal

Mesoplodon layardii

Zirkumpolar in relativ kühlem Wasser auf der Südhalbkugel südlich von 30° südlicher Breite. Strandungen in Neuseeland, Südaustralien, auf den Falkland-Inseln, in Uruguay, Feuerland. KSL etwa 5 m; G etwa 3,4 Tonnen; KSL bei der Geburt etwa 2,2 m.

Camperdown-Wal

Gray-Schnabelwal, *Mesoplodon grayi*

Zirkumpolar in allen kühlen Gewässern der gemäßigten Breiten der Südhalbkugel. Strandungen in Südafrika, Südaustralien, Neuseeland, Patagonien, Argentinien; südlich von 30° südlicher Breite. KSL 6,0 m; G 4,8 Tonnen.

Hector-Schnabelwal

Mesoplodon hectori

Zirkumpolar in allen Gewässern der gemäßigten Breiten der Südhalbkugel. Strandungen in Tasmanien, Neuseeland Feuerland, Südafrika, auf den Falkland-Inseln. KSL 3,7 m; G etwa 2 Tonnen. Hauptsächlich vom Schädel her bekannt.

◄ **Schnabelwale.** (1) Nördllicher Entenwal *(Hyperoodon ampullatus).* (2) Shepherd-Wal *(Tasmacetus shepherdi).* (3) Baird-Wal *(Berardius bairdi).* (4) Cuvier-Schnabelwal *(Ziphius cavirostris).* (5) Sowerby-Zweizahnwal *(Mesoplodon bidens).*

3

4

5

Andrew-Schnabelwal
Mesoplodon bowdoini

Kühle Gewässer der gemäßigten Breiten des zentralen Indo-Pazifik. Strandungen in Neuseeland, Tasmanien und West-Australien. KSL 4,4 m; G 2,6 Tonnen.

Pazifischer Schnabelwal
Longman-Schnabelwal, *Mesoplodon pacificus*

Vermutlich südwestlicher tropischer Pazifik und Indischer Ozean. Nur von zwei Schädeln her bekannt, wobei der erste von einem Exemplar stammt, das 1822 bei Mackay, Queensland (Australien), gestrandet ist; der zweite wurde 1955 in Somalia an der Ostküste Afrikas gefunden.

Blainville-Schnabelwal
Mesoplodon densirostris

Tropische und warme Gewässer der gemäßigten Breiten beiderseits des Äquators; im Atlantik von Madeira bis zur Ostküste von Kanada und Florida; im Nordpazifik Strandungen auf Hawaii und Formosa, im Indischen Ozean auf den Seychellen. KSL 5,2 m; G 3,6 Tonnen. Eine ausgeprägte Beule an der Mundecke ist kennzeichnend für den Kopf ausgewachsener Männchen.

True-Wal
Mesoplodon mirus

Gewässer der gemäßigten Breiten im Nord- und Südatlantik; nördlich und südlich der Verbreitung von *M. densirostris.* Strandungen in Frankreich, Irland, auf den Äußeren Hebriden und den Orkney-Inseln. Umfangreichere Strandungen an der amerikanischen Seite des Nordatlantik, z. B. in Florida, Nord-Carolina, Neuengland, Kanada; weitere Strandungen an der Ostküste Südafrikas, KSL 4,9 m; G etwa 3,2 Tonnen.

Gervais-Zweizahnwal
Antillen-Schnabelwal, *Mesoplodon europaeus*

Tiefe Gewässer in gemäßigten und wärmeren Gebieten des Nordatlantik. Strandungen in Nordamerika von New York bis Florida, im Golf von Mexiko und in der Karibik; eine laut Bericht im Ärmelkanal. Verbreitung überlappt sich teilweise mit der von *M. mirus.* KSL 6,7 m; G etwa 5,6 Tonnen. Schlanker Körper, seitlich etwas zusammengepreßt. Zähne etwa im ersten Drittel zwischen Schnauzenspitze und Mundwinkel.

Sowerby-Zweizahnwal
Nordsee-Schnabelwal, *Mesoplodon bidens*

Nordatlantik. Strandungen in Kanada, Frankreich, den Niederlanden, Großbritannien, Irland, Norwegen, Schweden. Früher vermutete man aufgrund der vielen Strandungen in dem Gebiet eine Verbreitung in der Nordsee, aber die einzigen Beobachtungen in offener See wurden außerhalb des Festlandsockels in Tiefen von 1 000—3 000 m gemacht. KSL etwa 5 m; G etwa 3,4 Tonnen. KSL bei der Geburt etwa 2 m.

Stejneger-Schnabelwal
Beringmeer-Schnabelwal, *Mesoplodon stejnegeri*

Nordpazifik zwischen 40° und 60° nördlicher Breite, aber hauptsächlich zwischen 50° und 60° nördlicher Breite. Strandungen von dem Beringmeer bis Japan im westlichen und bis Oregon im östlichen Pazifik. KSL 6 m; G etwa 4,8 Tonnen. Manchmal von Walfängern in japanischen Küstenregionen gefangen.

Hubb-Schnabelwal
Mesoplodon carlhubbsi

Verbreitung in gemäßigten Gewässern des Nordpazifik von 50° bis 30° nördlicher Breite, südlich bis zum Revier des Stejneger-Schnabelwals. Strandungen in Japan, Washington und Kalifornien. KSL etwa 5 m; G etwa 3,4 Tonnen.

Japanischer Schnabelwal
Gingko-Schnabelwal, *Mesoplodon ginkgodens*

Warme Gewässer des Indo-Pazifik von Ceylon, Japan bis Kalifornien. KSL 5,2 m; G 3,6 Tonnen.

BARTENWALE

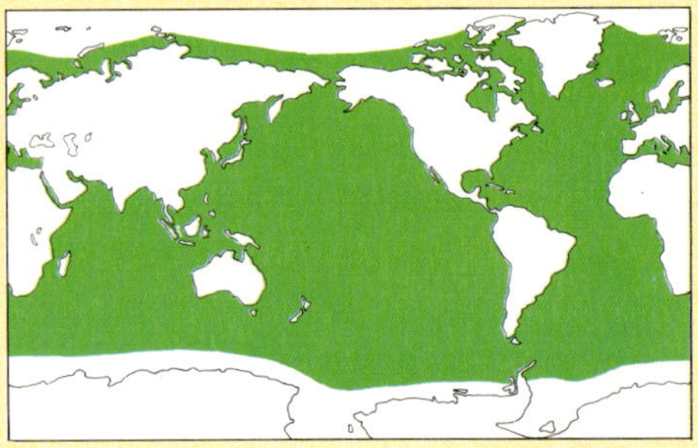

Unterordnung: *Mysticeti* oder *Mystacoceti*
10 Arten; 5 Gattungen; 3 Familien.
Verbreitung: alle Ozeane.
Lebensraum: Hochsee.

Maße: Kopf-Schwanz-Länge von 2 m beim Zwergglattwal bis zu 33 m beim Blauwal; Gewicht von 3 Tonnen beim Zwergglattwal bis zu 150 Tonnen beim Blauwal.

Grauwale (Familie *Eschrichtiidae)*
1 Art in 1 Gattung: Grauwal, *Eschrichtius gibbosus [robustus]*.

Furchenwale (Familie *Balaenopteridae)*
6 Arten in 2 Gattungen, z. B.: Blauwal *(Balaenoptera musculus)*, Buckelwal *(Megaptera novaeangliae)*.

Glattwale (Familie *Balaenidae)*
3 Arten in 2 Gattungen: Glattwal *(Balaena [Eubalaena] glacialis)*, Grönlandwal *(Balaena mysticectus)*, Zwergglattwal *(Caperea marginata)*.

Zur Unterordnung der Bartenwale, *Mysticeti,* gehören ziemlich wenige lebende Arten; um so auffälliger sind sie jedoch durch ihre Größe: Der Blauwal ist das größte Tier, das jemals auf der Erde gelebt hat. Zähne sind bei Bartenwalen nur als rückgebildete Organe im Embryo vorhanden. Stattdessen haben sie eine neue Struktur entwickelt, die Bartenplatten, die überhaupt nichts mit Zähnen gemein haben. Ihre Funktion ist, vor allem kleine Plankton-Krebse, den Krill, den die Wale in großen Mengen zu sich nehmen, aus dem Meerwasser zu filtern. Die Bartenplatten sind mit Bürsten besetzt, und die Plankton-Organismen werden mit der Zunge von den Barten entfernt. Wahrscheinlich haben sich die Bartenwale im westlichen Südpazifik entwickelt, wo in Schichten aus dem Oligozän mächtige Zooplankton-Ablagerungen zusammen mit Fossilien der frühen Bartenwal-Vorfahren gefunden wurden. Damals haben sich vermutlich auch die Barten zum Filtrieren der Nahrung herausgebildet. Von hier aus haben sich die Bartenwale im späten Känozoikum (vor 2—65 Mill. Jahren) in den Gebieten des Pazifiks und Indo-Pazifiks mit hoher Plankton-Produktion ausgebreitet, obwohl der Furchenwal ursprünglich wohl in den warmgemäßigten Zonen des Nordatlantiks zu Hause war. Der Grauwal ist das einzige Mitglied der Familie *Eschrichtiidae;* er lebt heute nur noch im Nordpazifik. In nicht allzu ferner Vergangenheit wurden die Bestände im Nordatlantik durch den Walfang ausgerottet. Der Grauwal hat einen ziemlich schmalen, leicht gebogenen Schnabel, zwei (manchmal auch vier) Halsfurchen und keine Rückenfinne.

Der schlanke, torpedoförmige Furchenwal, Mitglied der Familie *Balaenopteridae* (zu der auch der Buckelwal gehört), hat eine ganze Reihe Hautfalten am Hals, die sich ausdehnen, wenn er planktonreiches Wasser aufnimmt und dann den Hals zusammenzieht, um das Wasser über die Bartenplatten zu pressen. Das Plankton bleibt in der faserigen Matte hängen, die aus den ausgefransten Innenkanten der Platten besteht. Der Buckelwal unterscheidet sich von anderen Furchenwalen dadurch, daß er ziemlich gedrungen gebaut ist, weniger und rauhere Halsfurchen sowie ein Paar lange, kräftige Flipper besitzt. Kopf, Unterkiefer und Flipperkanten sind mit unregelmäßigen Beulen bedeckt, die hintere Rückenlinie ist eingedrückt und gezackt. Außer dem tropischen Brydewal leben Furchenwale in allen Weltmeeren. Der Grönlandwal kommt nur im Nordpolarmeer, der Glattwal im Nordatlantik und der Zwergglattwal im südlichen Polarmeer vor.

Zwei von den drei Arten der Glattwale, Familie *Balaenidae,* Glattwal und Grönlandwal, haben überlange Köpfe (bis zu einem Drittel der Gesamtlänge des Körpers), der Schnauzenfortsatz *(Rostrum)* ist lang und schmal und, im Gegensatz zu den Unterkieferknochen, nach oben gebogen. Die so entstehende Lücke wird von den riesigen Unterlippen gefüllt. Sie setzen am Unterkiefer an und umschließen die langen, schmalen Bartenplatten, die von den Rändern des Schnauzenfortsatzes herabhängen. Nur der Zwergglattwal besitzt eine Rückenfinne. Alle drei Arten haben die typischen sieben Nackenwirbel aller Säugetiere, die aber zu einem einzigen Knochen verwachsen sind. PGHE

► **Ein Südlicher Glattwal,** der Nahrungsorganismen vom Wasser abschöpft, zeigt eine gleichmäßige Reihe von Bartenplatten.

▼ **Bartenformen.** Obwohl die Funktionsweise der Barten bei allen Bartenwalen die gleiche ist, gibt es doch anatomische Unterschiede. Die beiden Extreme werden vom Glattwal (1) und den Furchenwalen wie dem Seiwal (2) veranschaulicht. Der Glattwal hat einen schmalen Schnauzenfortsatz *(Rostrum)* und lange Bartenplatten. Er schöpft die Nahrung von der Wasseroberfläche ab und seiht Organismen aus, die er dann mit der Zunge ableckt. Der Seiwal hat ein breites Rostrum mit kurzen Bartenplatten. Er nimmt riesige Wassermengen im Mundraum auf und preßt anschließend das Wasser mit der Zunge durch die Bartenplatten, so daß die Nahrung dort zurückbleibt. Die Bartenplatten aller zehn Bartenwale sind in folgender Reihenfolge dargestellt: (a) Zwergwal, (b) Brydewal (c) Seiwal, (d) Zwergglattwal, (e) Grauwal, (f) Buckelwal, (g) Finnwal, (h) Blauwal, (i) Glattwal, (j) Grönlandwal.

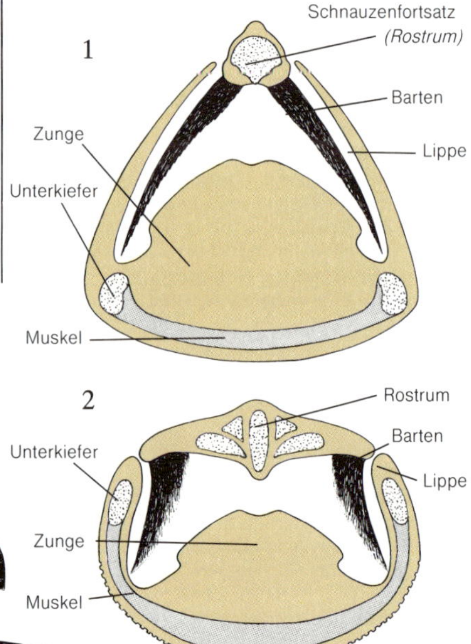

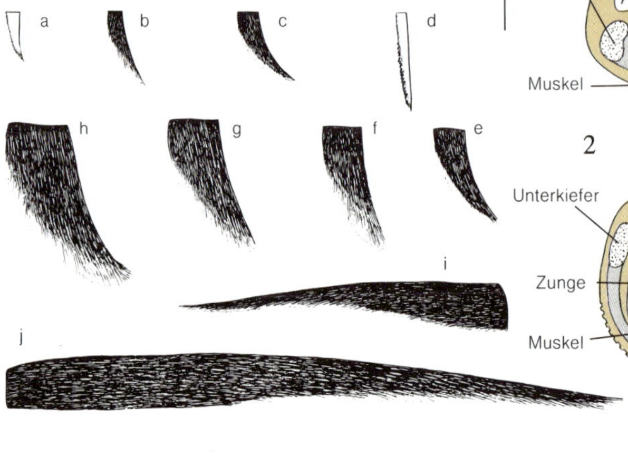

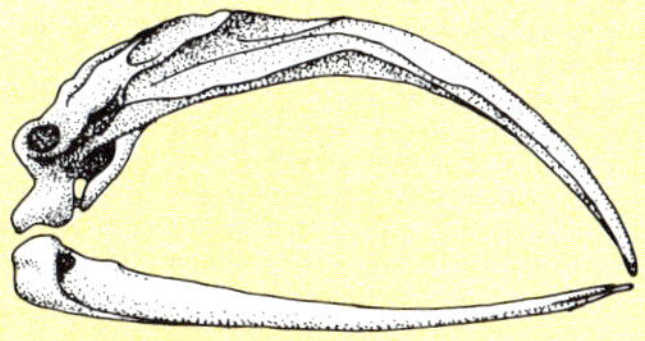

Grönlandwal 500 cm

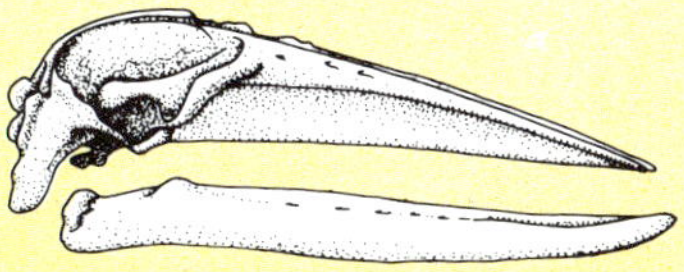

Buckelwal 350 cm

Schädel von Bartenwalen

Bei den Bartenwalen ist der Schädel der einzelnen Gruppen viel stärker abgeändert als bei den Zahnwalen. Man kann zunächst kaum glauben, daß solche Knochen zugleich die Kopfmuskulatur tragen und das Gehirn dieser Wale umschließen kann.

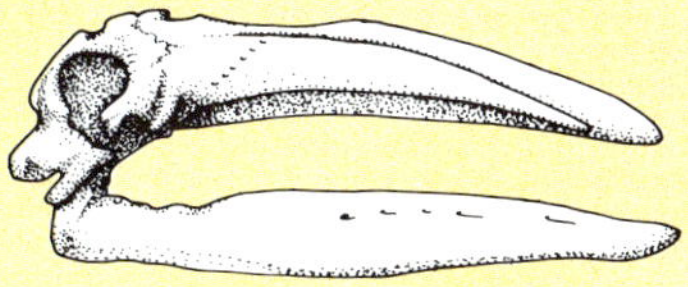

Grauwal 240 cm

Am unterschiedlichsten sind die Verlängerungen der Kiefer gestaltet. Das Hinterhaupt ist nach vorn verschoben, Schädel- und Schnauzenfortsatz *(Rostrum)* des Oberkiefers, an dem die Bartenplatten hängen, sind miteinander verschmolzen, der Unterkiefer ist ebenfalls entsprechend verlängert. Der Schnabel des Grönlandwals ist deutlich gebogen, um den langen Bartenplatten Platz zu schaffen. Bei den Furchenwalen, z. B. dem Buckelwal, ist das Rostrum breiter und nur leicht gebogen. Der Grauwal frißt am Boden und »durchpflügt« den Meeresboden; seine Kiefer sind kürzer und dicker als bei anderen Arten; der Oberkiefer enthält kurze, steife Barten. (Bartenformen der Bartenwale siehe unten links).

GRAUWALE

Grauwal, Teufelsfisch, *Eschrichtius gibbosus [robustus]*
Familie: *Eschrichtiidae*
1 Art in 1 Gattung.
Verbreitung: zwei Bestände, einer von Niederkalifornien entlang der Pazifikküste zur Bering- und Tschuktschensee; koreanischer Bestand von Südkorea zum Ochotskischen Meer. Gewöhnlich in Küstengewässern mit weniger als 100 m Tiefe.

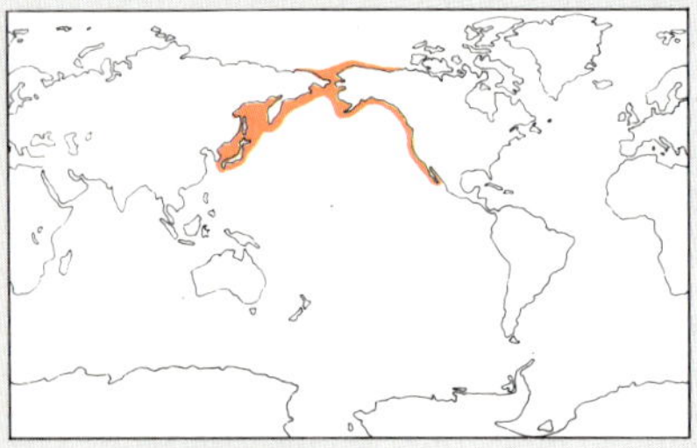

Maße: Kopf-Schwanz-Länge (Männchen) 11,9–14,3 m; Gewicht 16 Tonnen; Kopf-Schwanz-Länge (Weibchen) 12,8–15,2 m; Gewicht (trächtig) 31–34 Tonnen.

Oberfläche: grau gesprenkelt, meist mit Seepocken und Walläusen bedeckt, keine Rückenfinne, aber niedrige Wülste an der hinteren Rückenlinie. Zwei Halsfurchen. Weiße Barten. Blaslöcher paarig, Fontäne kurz und buschig.

Ernährung: bodenlebende Flohkrebse, Vielborster (Polychäten) und andere Wirbellose.

Tragzeit: 13 Monate.

Lebenslauf: Geschlechtsreif mit 8, ausgewachsen mit 40 Jahren; höchstes nachgewiesenes Alter 77 Jahre.

Von allen Bartenwalen bevorzugen Grauwale den Küstenbereich und leben oft sogar in weniger als einem Kilometer Abstand von der Küste. Diese Vorliebe für Küstengewässer und die Zugänglichkeit ihrer Fortpflanzungsgebiete in den seichten Buchten Mexikos machen sie zu den bekanntesten Walen für amerikanische Touristen. Die Grauwale wandern jeweils im Herbst bzw. Frühling an der Westküste Nordamerikas entlang. Denn sie wechseln jährlich von ihren sommerlichen Nahrungsgebieten in der Arktis zu ihren Fortpflanzungsgebieten in den geschützten Buchten Niederkaliforniens und umgekehrt. Tausende von Menschen beobachten jedes Jahr, wie die »Grauen« an den Stränden Kaliforniens vorbeiziehen. Das ist die längste bekannte Wanderung von Säugetieren. Einige Tiere müssen vom arktischen Packeis bis zu den Subtropen und zurück jährlich 20 400 km zurücklegen.

Der Grauwal mißt durchschnittlich 12 m, kann aber auch 15 m lang werden. Er ist dunkel gesprenkelt bis hellgrau und wird von allen Walen am meisten von Parasiten besiedelt. Dazu gehören riesige Mengen Seepocken und Walläuse *(Cyamiden)*. Die Seepocken sitzen hauptsächlich am vorderen Teil des relativ kurzen, gebogenen Kopfes, um das Spritzloch herum und vorn am Rücken, was die Fleckenzeichnung noch mehr betont; eine Seepocken- und drei Wallausarten wurden am Grauwal ausschließlich nachgewiesen. Albinismus (»weiße Wale«) wurde mehrfach beobachtet. Grauwale haben keine Rückenfinne, sondern eine erhöhte Leiste mit 8 bis 9 Beulen am hinteren Drittel des Rückens. Die Barten sind gelblichweiß und viel schwerer und kürzer als bei anderen Bartenwalen; sie werden nie länger als 38 cm. Unter dem Hals findet man im Abstand von etwa 40 cm zwei Längsfurchen von 2 m Länge. Die Furchen erhöhen die Dehnfähigkeit der Kehle, so daß beim Fressen mehr Wasser und damit auch mehr Nahrung aufgenommen werden kann.

Bei ihrer Wanderung schwimmen die Grauwale mit einer Geschwindigkeit von etwa 8 km/h (4,5 Knoten), und können im Höchstfall 20 km/h (11 Knoten) erreichen. Wandernde Grauwale schwimmen gleichmäßig dahin, tauchen alle drei bis vier Minuten auf und blasen dann drei- bis fünfmal. Die Fontäne ist kurz, bauschig und gegabelt, da sie aus zwei paarigen Spritzlöchern ausgestoßen wird. Die Schwanzfluken kommen beim letzten »Blas« häufig aus dem Wasser, bevor der Wal wieder untertaucht.

Das Lautrepertoire des Grauwals umfaßt Grunzen, rhythmische Tonfolgen, Klicklaute, Stöhnen und Klopfen. In den Lagunen von Niederkalifornien senden die Kälber leise, nachschwingende Impulse aus, die die Aufmerksamkeit ihrer Mütter erregen. Trotzdem scheinen die Laute bei Grauwalen nicht so vielfältig und wichtig für das Sozialleben zu sein wie bei anderen Walen.

Zur Zeit gibt es nur zwei Grauwalbestände, nämlich den kalifornischen und den koreanischen bzw. westpazifischen Bestand. Früher lebten die Tiere auch im Nordpazifik, sind aber schon im frühen 18. Jahrhundert, wahrscheinlich durch Walfänger, dort ausgerottet worden.

Der kalifornische Grauwal bekommt seine Jungen im Winter in den seichten Buchten, wie z. B. der »Laguna Ojo de Liebre« und »Laguna San Ignacio« vor der Wüstenhalbinsel von Niederkalifornien in Mexiko. Den Sommer verbringen sie im nördlichen Beringmeer nahe der Saint-Lawrence-Insel und nördlich entlang der Beringstraße bis zur Tschuktschen-See, fast am Rand des arkti-

▲ **Blasender Grauwal.** Grauwale, die genau unter der Oberfläche schwimmen, sehen sehr blaß, fast weiß aus. Die senkrechte Fontäne aus den paarigen Spritzlöchern erscheint manchmal geteilt.

► **Seepocken** bilden auf der Haut des Grauwals eine Welt winziger, mit Edelsteinen besetzter Grotten. Die meisten großen Wale haben Seepocken, aber der Grauwal ist besonders stark von ihnen besiedelt. — Um die Seepocken herum leben Walläuse, blasse, spinnenartige Lebewesen von 2,5 cm Länge (kleines Bild oben).

◄ **Grauwalmutter mit Jungem.** Junge Grauwale sind im Vergleich zu ihren krustenbedeckten Eltern glatt und glänzend.

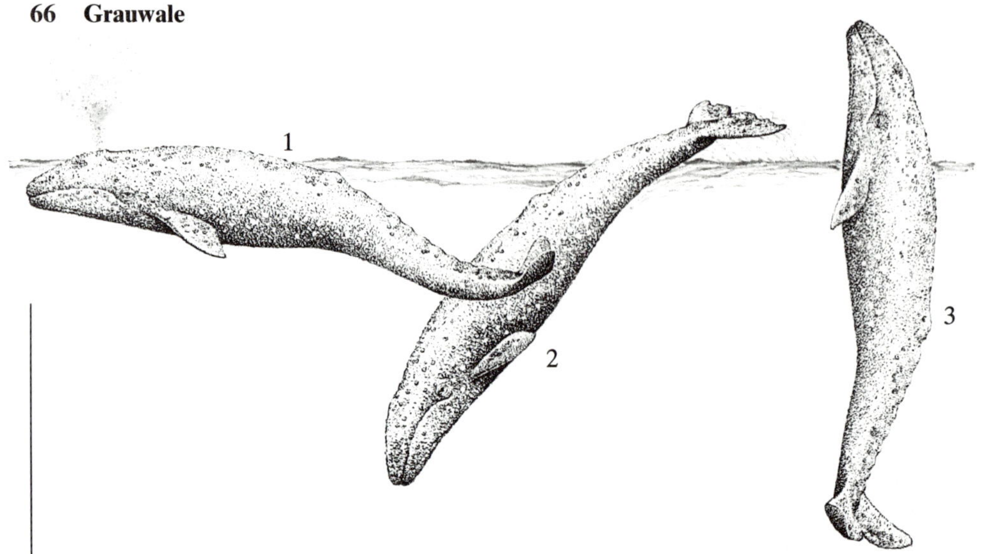

▲ **Charakteristisches Verhalten** der Grauwale. (1) Blasen. (2) Tauchen. (3) Orientierungssprung.

▼ **Zwei Jahre im Leben des Grauwals.** Die Tragzeit des Grauwals beträgt etwas mehr als ein Jahr, genau 13 Monate, so daß der Fortpflanzungszyklus 2 Jahre beträgt. Nicht alle Wale wandern die ganze Strecke; aber die äußerste Entfernung auf der Wanderung zwischen der Arktis und Niederkalifornien bedeutet eine Rundreise von 20 400 km.

schen Packeises. Der koreanische Grauwal verbringt den Sommer im Ochotskischen Meer vor der Küste Sibiriens und wandert jeden Herbst in den Süden, um zwischen den schmalen Buchten und Inseln der südkoreanischen Küste die Jungen zur Welt zu bringen. Die kalifornischen Grauwale hat man eingehender untersucht, und viele der hier dargestellten Tatsachen beziehen sich auf diesen Bestand.

Mit etwa acht Jahren erreichen Grauwale die Geschlechtsreife, wenn die durchschnittliche Länge bei Männchen 11,1 m, bei Weibchen 11,7 m beträgt, und mit etwa 40 Jahren sind sie körperlich ausgereift. Wie bei den anderen Bartenwalen werden die Weibchen größer als die Männchen, vermutlich um den großen körperlichen Anforderungen beim Gebären und Stillen der Jungen besser gerecht werden zu können. Die Weibchen bringen jedes zweite Jahr nach einer Tragzeit von 13 Monaten ein einziges Kalb von etwa 4,9 m Länge zur Welt.

Grauwale sind an ein Wanderleben angepaßt und viele Eigenheiten ihrer Lebensgeschichte und Ökologie spiegeln die jährlichen Züge von der Arktis zu den Tropen wider. Der kalifornische Grauwal verbringt die Zeit von Juni bis Oktober in arktischen Gewässern und ernährt sich hauptsächlich von bodenlebenden Wirbellosen.

Zu Beginn des arktischen Winters frieren ihre Futterplätze zu. Dann wandern die Wale zu den geschützten Buchten des Südens. Die Kälber werden innerhalb von 5—6 Wochen nach der Ankunft dort geboren, der Höhepunkt liegt um den 10. Januar. In den ersten Stunden nach der Geburt sind Atmung und Schwimmbewegungen der Kälber noch nicht aufeinander abgestimmt und mühsam; die Mutter muß dem Jungen manchmal helfen, zum Atmen an die Oberfläche zu kommen. Dazu trägt sie das Kalb auf dem Rücken oder der Schwanzfluke nach oben.

Die Kälber werden etwa sieben Monate lang gestillt; zuerst in den engen, seichten Buchten, wo sie nach und nach lernen, ihre Bewegungen aufeinander abzustimmen, und wo sie wahrscheinlich die engen Mutter-Kind-Beziehungen aufbauen, die bei der Wanderung in den Norden notwendig sind.

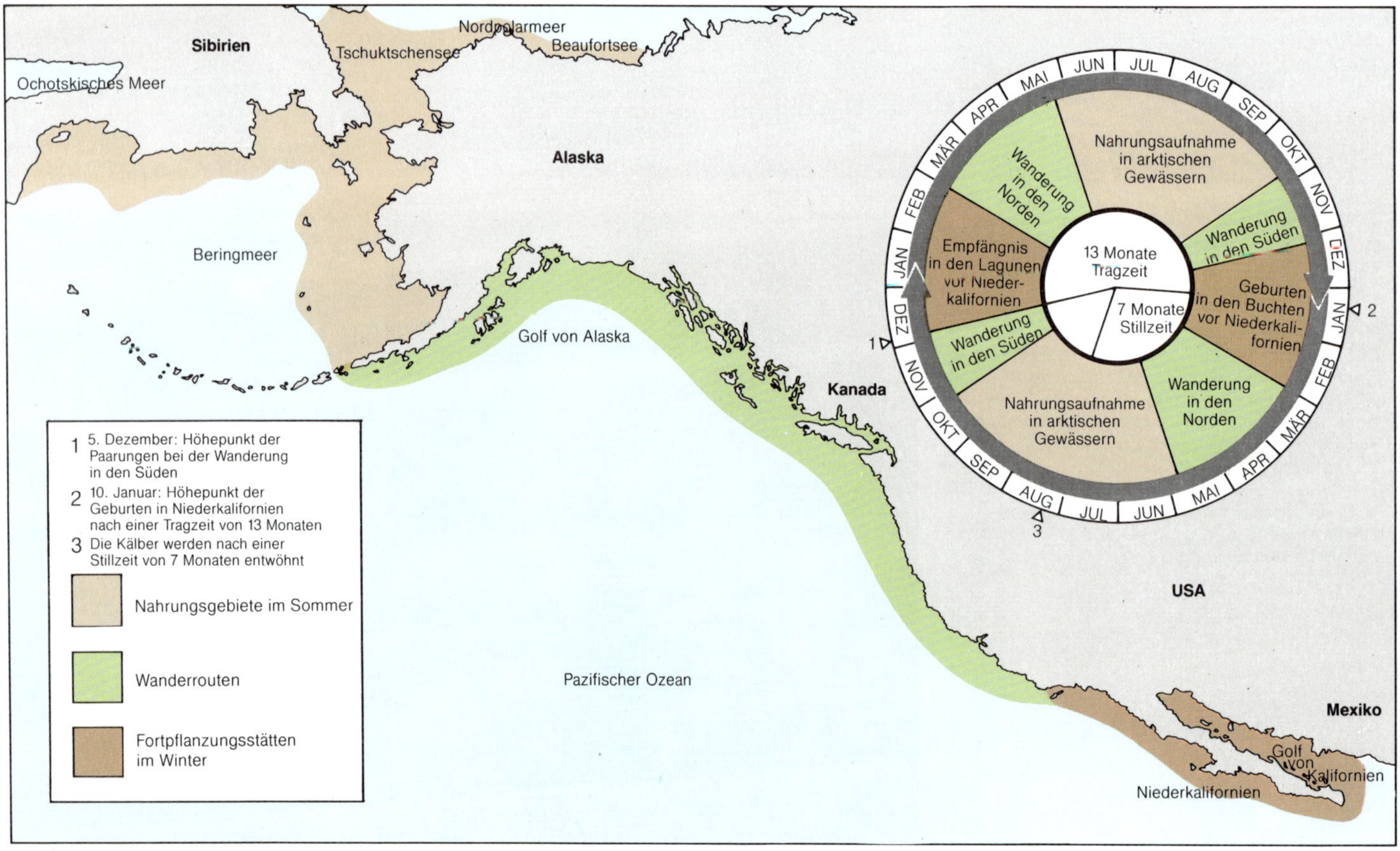

▲ **Grauwale bei der Paarung** in einer warmen Lagune vor Niederkalifornien, Mexiko. Es wurde gelegentlich auch schon von Dreierbeziehungen berichtet, wobei ein zusätzliches Tier das Paar unterstützte.

▼ **Ein junger Grauwal** in der San-Ignacio-Bucht vor Niederkalifornien zeigt sein großes Spritzloch und seine schon beachtliche Sammlung von Seepocken.

►► **Wie ein riesiger Stoßzahn** (siehe S. 68) ragt der Kopf eines Grauwals aus dem Wasser hervor und überblickt seine Umgebung. Obwohl man dieses Verhalten, den Orientierungssprung, bei vielen Walen beobachten kann, ist er beim Grauwal besonders ausgeprägt.

Wenn die Kälber in der Arktis angekommen sind, haben sie bereits mit Hilfe der Milch ihrer Mutter eine isolierende Speckschicht angelegt. In den Lagunen und vor Südkalifornien halten sich die Kälber in unmittelbarer Nähe zur Mutter. Wenn sie aber im späten Mai und Juni die Beringsee erreichen, sind sie schon so gute Schwimmer, daß sie sich mehr und mehr von der Mutter lösen.

Da ihre Wanderroute entlang der Küste führt, können sich die Wale einfach anhand der Küstenlinie orientieren. Auf ihrer Wanderroute sieht man die Grauwale in Küstennähe bei ihren »Orientierungssprüngen«, um bekannte Landmarken zu erkennen. Dabei ragt der Kopf steil aus dem Wasser und sinkt dann, langsam nach hinten fallend, zurück ins Wasser. Im Gegensatz dazu hebt sich der Wal beim richtigen Sprung halb oder noch weiter aus dem Wasser und fällt dann auf die Seite, so daß das Wasser hoch aufspritzt.

Paarung und sonstiges Sexualverhalten sind das ganze Jahr über im gesamten Verbreitungsgebiet beobachtet worden. Besonders heftig ist die geschlechtliche Aktivität Anfang Dezember, bei ihrer Wanderung in den Süden. Zum Sexualverhalten gehört auch, daß fünf oder mehr Tiere sich miteinander drehen und wälzen. Leider weiß man wenig über das Sexualverhalten von Grauwalen, obwohl einige Forscher annehmen, daß zusätzlich anwesende Tiere notwendig sind, um die Paare zusammenzuhalten.

Die Grauwale wandern die kalifornische Küste in einer Reihenfolge entlang, die vom Fortpflanzungszustand, dem Geschlecht und dem Lebensalter bestimmt wird. Die Wanderung in den Norden, zur Arktis, wird von gerade erst gedeckten Weibchen angeführt, die möglichst schnell zu den reichen Nahrungsgründen der Arktis gelangen wollen, um für den im Mutterleib heranwachsenden Fötus die beste Ernährungsgrundlage zu schaffen. Es folgen die erwachsenen Männchen, dann die nicht trächtigen Weibchen und die noch nicht geschlechtsreifen Wale beiderlei Geschlechts. Am Schluß folgen langsam, mit ausladenden Bewegungen, die Kühe mit neugeborenen Kälbern. Am Ziel, in der Arktis, angelangt, kommen manchmal hundert und mehr Wale in derselben Gegend zum Fressen zusammen. Den Wanderzug in den Süden, nach Niederkalifornien, dagegen führen Gruppen von Weibchen im letzten Stadium der Trächtigkeit an, gefolgt von gerade gedeckten Weibchen, die ihre Kälber im vorangegangenen Sommer entwöhnt haben. Am Schluß folgen die noch nicht geschlechtsreifen Männchen. Von einem bestimmten Punkt der Wanderung ab verändern sich Größe und Struktur der Gruppen. An der Spitze des südlichen Wanderzuges schwimmen jetzt einzelne Wale, vermutlich hochtragende Weibchen; diese Gruppen umfassen meist nicht mehr als sechs Tiere. Diese »Leitwale« halten gleichmäßig ihren Kurs ohne abzuweichen. Wahrscheinlich drängt es sie, nach Süden zu kommen, um ihre Jungen zu gebären. Im Mittelteil des Wanderzuges halten sich Gruppen mit bis zu elf Tieren zusammen, während am Schluß viele Wale in Zweiergruppen ziehen. Die weiter hinten schwimmenden Wale haben, vor allem gegen Ende der Wanderung, die Neigung, auf ihrem Kurs regelrecht »herumzubummeln«.

Bei den Fortpflanzungsgründen sammeln sich die Männchen und Jugendlichen beiderlei Geschlechts nahe den Öffnungen seichter Buchten, wo man ein unübersichtliches Umeinanderrollen und -wälzen von Walleibern bei Sexualspielen beobachten kann. Währenddessen halten sich Mütter und Kälber lieber an den seichteren Stellen im Inneren der Lagunen auf.

Manche Tiere machen nicht die ganze Wanderung in den Norden mit. In den Sommermonaten kann man entlang der gesamten Wanderroute Grauwale beobachten. Vor British Columbia bleiben einige Tiere drei Monate und länger in derselben Gegend — offensichtlich um zu fressen. Unter diesen »Seßhaften« findet man Tiere beiderlei Geschlechts und aller Altersgruppen, auch Mütter mit Jungen. Viele Tiere kommen in mehreren aufeinanderfolgenden Sommern in dieselben Gebiete.

Das ist, statt des Zuges in die Arktis, eine zweite Möglichkeit, sich im Winter Speck anzufressen. Doch dürfen sich nur wenige Tiere diese »Strategie« der Ernährung leisten, da reiche Nahrungsgebiete südlich des nördlichen Beringmeers knapp sind und nur einen Bruchteil des gesamten Grauwal-Bestandes ernähren können.

Der einzige natürliche Feind des Grauwals ist — außer dem Menschen — der Schwertwal. Angriffe finden meist auf führende Weibchen statt, vermutlich mit dem Ziel, das wenig geschützte Junge zu erbeuten. Schwertwale greifen die Grauwale häufig an Lippen, Zunge und Schwanzfluke an, da sie dort am leichtesten gepackt werden können. Ausgewachsene Grauwale drängen sich schützend zwischen Angreifer und Kalb. Werden sie angegriffen, schwimmen Grauwale in seichte Küstengewässer mit Seetang, vor denen die Schwertwale zurückschrecken. Vernehmen Grauwale unter Wasser Laute von Schwertwalen, so schwimmen sie schnell weg oder ziehen sich in Seetangbetten zurück.

Der koreanische Grauwal ist von der Ausrottung ernsthaft bedroht. Intensiver Walfang im ersten Drittel des 20. Jahrhunderts, der immer noch nicht restlos eingestellt wurde, ist zweifellos für dessen Rückgang verantwortlich. Über Tausende von Jahren haben walfangende Stämme der Eskimos, Aleuten und Indianer Grauwale aus dem kalifornischen Bestand im nördlichen Teil des Verbreitungsgebietes gefangen. In den 50er Jahren des vorigen Jahrhunderts begannen Nordamerikaner, Grauwale sowohl an den Fortpflanzungsplätzen als auch entlang der Wanderroute zu töten. Charles Scammon, ein Walfangkapitän, sagte schon 1874 voraus, daß der Grauwal bald ausgerottet sein würde. Der Walfang wurde bis etwa 1900 praktisch eingestellt. Der kalifornische Grauwal war bis auf einen Rest seines Bestandes vor dem kommerziellen Walfang, auf etwa 30 000 Tiere, verringert worden. 1913 lebte der Walfang erneut auf und setzte sich vereinzelt fort, bis im Jahre 1946 die »Internationale Walfangkommission« gegründet wurde, die den gewerblichen Fang von Grauwalen verbot. Der Sowjetunion wurde jedoch eine gewisse Quote an Grauwalen für die Eskimos der Tschuktschen-Halbinsel zugestanden. Zur Zeit hat die Sowjetunion eine Jahresquote von 179 Grauwalen. Mit dem Rückgang des Walfangs begann sich der kalifornische Bestand leicht zu erholen. Die heutige Population wird auf 15 000—17 000 Tiere geschätzt und wächst weiter. ABT

Reiche Ernte

Grauwale sind darauf eingestellt, die unglaublich großen Nahrungsmengen arktischer Meere auszubeuten, die entstehen, wenn das Packeis im Frühjahr zurückgeht. Im Polarsommer, wenn 24 Stunden lang das Tageslicht die See erwärmt, steigt nährstoffreiches Tiefenwasser an die Oberfläche auf (arktische Konvergenz, siehe S. 17), und unter der Oberfläche können sich enorme Mengen Planktonorganismen bilden, vor allem riesige Mengen von freischwimmenden kleinen Krebsen. Grauwale bleiben von Juni bis Oktober in der Arktis und legen genug Fett an, um den Rest des Jahres fasten zu können, wenn sie in den warmen Gewässern ihre Jungen zur Welt bringen. Wenn die Grauwale in die Nahrungsgründe zurückkehren, haben sie bis zu einem Drittel ihres Körpergewichts verloren.

Die Wale ernähren sich in seichten Gewässern (5—100 m tief) von Krebstieren wie Meerasseln und Flohkrebsen, Ringelwürmern und Weichtieren, die am Meeresboden oder in den obersten Bodenschichten leben. Flohkrebse wie *Ampelisca macrocephala* sind vermutlich die Hauptnahrung. Zum Fressen tauchen die Grauwale zum Meeresgrund, drehen sich gewöhnlich auf die rechte Seite und schwimmen am Boden entlang, wobei sie ihren Kopf durch die oberste Bodenschicht schieben. Sie saugen Wirbellose an oder schaufeln sie auf, wühlen in Schlamm und Kies und lassen eine große Schlammwolke hinter sich. Dann tauchen die Wale auf, seihen die Ablagerungen durch die Barten und schlucken die ausgefilterte Nahrung hinunter. Sie atmen ein paarmal und tauchen wieder unter. Wenn

Grauwale fressen, hinterlassen sie im Boden eine Furche. Einige Wissenschaftler vermuten, daß sie so den Meeresboden pflügen und möglicherweise seine Produktivität in den nachfolgenden Jahren steigern.

Obwohl die Grauwale hauptsächlich in den Monaten Nahrung aufnehmen, die sie in arktischen Gewässern verbringen, fressen sie bei günstiger Gelegenheit auch in anderen Teilen ihres Verbreitungsgebietes. Man hat schon Grauwale vor der Küste Kaliforniens beobachtet, die sich bei ihrer Wanderung von kleinen Fischen und Spaltfußkrebsen wie *Acanthomysis sculpta* ernährten. Viele Seevogelarten, wie z. B. Papageitaucher, Eismöwen und arktische Seeschwalben, gesellen sich zu den fressenden Grauwalen. Diese Vögel ernähren sich gern auch von den Krebsen, die aus den Barten entweichen, während die Wale an der Oberfläche schwimmen. Diese Nahrungsgemeinschaft erklärt auch, wie die große Anzahl bodenlebender Meerestiere in die Mägen der Seevögel gelangt, die sie durch Tauchen nie erreichen könnten.

FURCHENWALE

Familie: *Balaenopteridae*
6 Arten in 2 Gattungen.
Verbreitung: alle größeren Meere.

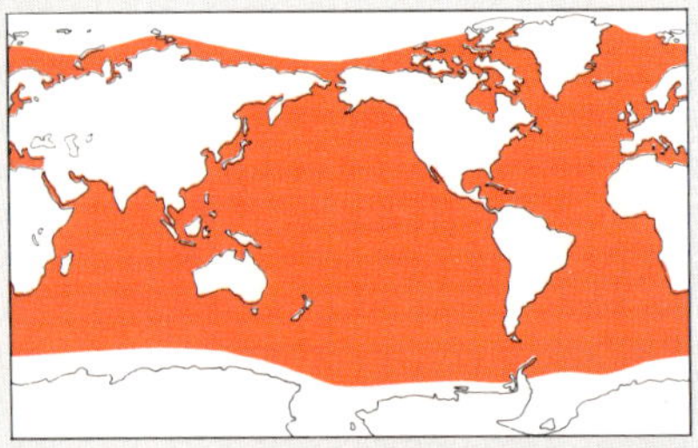

Maße: Kopf-Schwanz-Länge von 11 m beim Zwergwal, bis zu 33 m beim Blauwal; Gewicht von 10 t beim Zwergwal, bis zu 150 t beim Blauwal.

► **Die schlanke, keilförmige Nase** eines Seiwals im Pazifik vor Japan. Im Wasser sind Furchenwale stromlinienförmig. An Land verformt ihr riesiges Gewicht rasch ihre Körperform.

▼ **Der bauchige Hals** eines Furchenwals wird hier von einem Buckelwal vorgeführt, der über Wasser einen Mundvoll Nahrung verschluckt. Bei allen Furchenwalen erlauben die Halsfurchen eine erhebliche Ausdehnung der Mundhöhle. Der Buckelwal ist kein Nahrungsspezialist und frißt sowohl Schalentiere als auch in Schwärmen lebende Fische.

Zu den Furchenwalen gehört das größte Tier, das jemals gelebt hat — der riesige Blauwal mit einer größten Länge von 33 m und einem Gewicht von bis zu 150 Tonnen — und eines der melodienfreudigsten und akrobatischsten — der Buckelwal, der nicht nur auf Menschen unheimlich wirkende und weit tragende Laute hervorbringt (siehe S. 76—77), sondern auch bewundernswerte Kunststücke ausführt und ohne für uns ersichtlichen Grund aus dem Wasser springt. Manche legen bei regelmäßigen jährlichen Wanderungen durch die Weltmeere von den Tropen bis zu den Polarregionen weite Strecken zurück. In den vergangenen 100 Jahren sind die größeren Arten intensiv bejagt worden, und ihre Bestände sind ernstlich gefährdet.

Alle Furchenwale sind stromlinienförmig und haben eine ganze Reihe von Falten oder Gruben, die vom Kinn bis hinunter zum Bauch reichen. Im Gegensatz zu den anderen Arten erreichen sie beim Seiwal nicht den Nabel. Unterwasseraufnahmen zeigen, daß der Körper glatt ist und zur Schnauze hin spitz zuläuft. Sie haben keine sackartige Kehle, wie man früher dachte, nachdem man auf dem Wasser treibende oder an Land gespülte tote Tiere gesehen hatte. Beim Fressen jedoch ermöglichen die Kehlfurchen, daß sich der Hals erheblich ausdehnen kann.

Bei allen Arten wird das Weibchen etwas größer als das Männchen, während die Tiere auf der Südhalbkugel gewöhnlich etwas größer sind als die auf der Nordhalbkugel. Der Kopf mißt etwa ein Viertel der Körperlänge und hat, außer beim Buckelwal, eine deutlich erhöhte Leiste vom Spritzloch bis zur Schnauze. Der Brydewal hat eine weitere Leiste an jeder Seite. Der Kopf ist relativ breit und U-förmig beim Blauwal, deutlich dreieckig beim Finnwal, noch schmaler beim Zwergwal und hat eine Zwischenform beim Sei- und Brydewal. Der Buckelwal hat einen breiten, abgerundeten Kopf mit einer Reihe fleischiger Beulen oder Tuberkel, die auch am Unterkiefer vorkommen. Der Unterkiefer ist gebogen und steht bei allen Arten über das Schnauzenende vor.

Bei allen Furchenwalen mit Ausnahme des Buckelwals sind die Flipper lanzenartig und schmal; bei ihm sind sie kräftiger, messen mit 5 m fast ein Drittel der Körperlänge und sind zumindest an der Leitkante bogenförmig gezackt. Die Rückenfinne sitzt ziemlich weit hinten. Beim Blauwal ist sie extrem klein, beim Buckelwal sitzt sie auf einem fleischigen Gewebestück. Beim Finnwal ist sie größer und bildet mit dem Körper einen engen Winkel, beim Sei- und Zwergwal dagegen wirkt sie aufrechter, mit deutlich nach hinten gebogener Spitze. Die Schwanzfluken sind breit und in der Mitte eingekerbt. Beim Buckelwal sind sie im Vergleich zu anderen Furchenwalen ganz besonders breit ausgebildet. Der Wal bläst beim Ausatmen eine einzige Fontäne aus dem paarigen Spritzloch. Sie ist bei den verschiedenen Arten unterschiedlich hoch und buschig.

Alle Furchenwale, mit Ausnahme des Brydewals, haben ähnliche Verbreitungsgebiete und ein ähnliches Wanderverhalten. Sie kommen nur in gemäßigten und warmen Gewässern vor, hauptsächlich in der Nähe der Küsten des Atlantischen, Pazifischen und Indischen Ozeans. Blau-, Finn-, Sei-, Zwerg- und Buckelwal leben in allen größeren Meeren. Sie verbringen die Sommermonate an den polaren Futterplätzen, die Wintermonate in den Fortpflanzungsgebieten der gemäßigteren Zonen. Buckelwale schwimmen, im Gegensatz zu anderen Furchenwalen, bei ihren Wanderungen in Küstennähe.

Blauwale beginnen ihre Wanderung auf der Südhalbkugel noch vor Finn- und Buckelwalen und viel früher als die Seiwale. Innerhalb jeder Art gibt es Gruppierungen nach Alter und Geschlecht. Im allgemeinen wandern die älteren Tiere und trächtigen Weibchen vor den anderen, wobei die jugendlichen Wale das Schlußlicht bilden. Die Tiere dringen auch unterschiedlich weit in die höheren Breiten ein. Blau- und Zwergwale ziehen bis zur Eisgrenze. Finnwale scheinen nicht so weit zu schwimmen, Seiwale bleiben meist der Antarktis fern. Bei allen Arten nähern sich die größeren, älteren Tiere eher den Polen als die Jungwale. Auf der Nordhalbkugel ist diese Abfolge nicht so klar, vielleicht weil dort die Wasserströmungen durch die Landmassen im Vergleich zu den offeneren Gewässern der Südhalbkugel viel komplizierter sind.

Vermutlich sind die verschiedenen Furchenwalarten in einer Vielzahl von Beständen über alle Weltmeere verteilt. Durch diese Tatsache sind die einzelnen Fortpflanzungsgemeinschaften voneinander isoliert, aber anhand markierter Tiere hat man entdeckt, daß auf jeder Erdhälfte zumindest die bekannten Bestände genetisch nicht ganz unabhängig voneinander sind. Bis auf den Buckelwal, der sich in Küstengewässern fortpflanzt und näher bei den Futterplätzen lebt, sind alle Arten weit über die Ozeane verbreitet.

Der Lebenszyklus von Blau-, Finn-, Sei-, Zwerg- und Buckelwal steht in engem Zusammenhang zu den oben beschriebenen jahreszeitlichen Wanderungen. Obwohl die Tiere fast das ganze Jahr über empfängnisbereit sind und Junge gebären können, sind die Paarungen meist auf eine kurze Zeitspanne innerhalb von 3—4 Monaten beschränkt. Die Wale paaren sich während der Wintermonate in den warmen Gewässern niedriger Breiten und wandern dann zu den entsprechenden polaren Nahrungsgründen, wo sie sich 3—4 Monate lang von den reichlich vorhandenen Plankton-Organismen ernähren. Nachdem sie sich mächtige Speckreserven angefressen haben, wandern die Wale wieder zurück in die gemäßigten Zonen. Elf bis zwölf Monate nach der Paarung bringt das

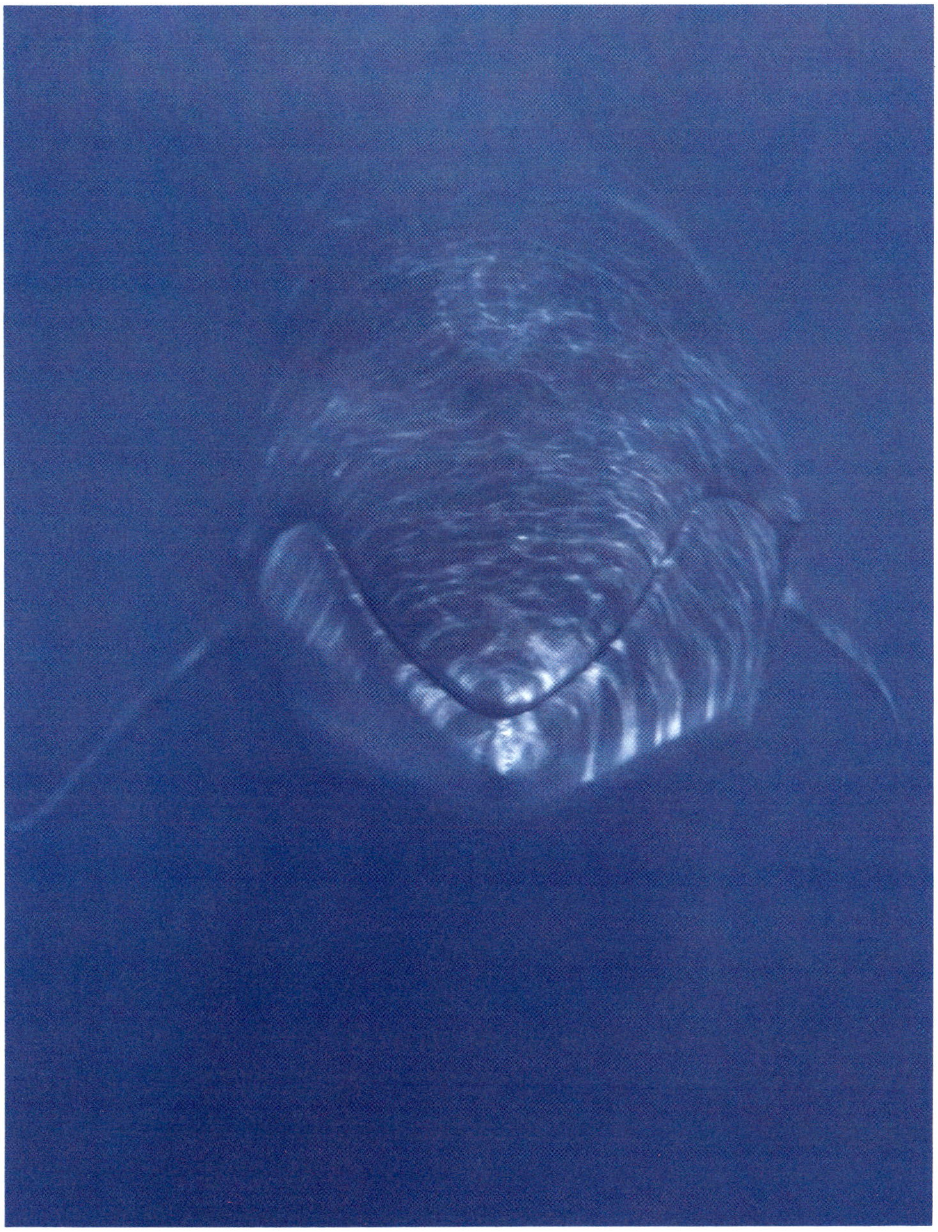

Weibchen hier ein einziges Junges zur Welt. Die neugeborenen Kälber begleiten ihre Mutter noch einmal bei der Frühlingswanderung zu den Polarmeeren und leben von der Muttermilch. Sechs bis sieben Monate nach der Geburt werden sie in den Polargebieten mit den großen Nahrungsvorräten enwöhnt und können nun allein dem normalen Wanderzyklus folgen. Buckelwale säugen ihre Kälber zwölf Monate lang, bevor sie sie außerhalb der Polarmeere entwöhnen. Dasselbe gilt für Zwergwale, deren Tragzeit nur annähernd zehn Monate beträgt. Deshalb ist vermutlich der Zeitraum zwischen zwei Schwangerschaften bei diesen Tieren kürzer als die zwei Jahre, die man für die anderen Arten annimmt. Die Zeiten, in denen sich Zwergwale paaren und ihre Jungen zur Welt bringen, ist ebensowenig bekannt wie der Fortpflanzungszyklus des Brydewals.

Das Geschlechterverhältnis ist bei allen Arten nahezu gleich. Zu verschiedenen Zeiten wandern Männchen und Weibchen in getrennten Gruppen. Daher ist die Anzahl der Männchen und Weibchen in einzelnen Gebieten zu bestimmten Zeiten manchmal unausgewogen. In dieser Walfamilie besteht die Zuchtgruppe in der Regel aus einem Männchen und zwei Weibchen, obwohl man nicht weiß, wie lange die Dreierbindung hält.

Wie bei vielen anderen Tieren ist es für Wale kennzeichnend, daß sie ab einer bestimmten Körpergröße geschlechtsreif werden. Als Maßstab eignet sich die Körperlänge. Da sich auf der Südhalbkugel bei Blau-, Finn, Sei- und Zwergwal das Wachstum der Einzeltiere seit der letzten großen Verringerung der Blau- und Finnwalbestände beschleunigt hat, erreichen diese Arten auch die kritischen

Ernährungsgewohnheiten der Furchenwale

Furchenwale filtern ihre Nahrung, d. h. sie seihen sie mit ihren hornigen Bartenplatten, die von jeder Seite des Gaumendachs in zwei Reihen, mit ausgefransten Innenkanten, herunterwachsen, aus dem Wasser. Der Wal öffnet das Maul sehr weit und nimmt die Nahrungsorganismen zusammen mit einer riesigen Wassermenge auf. Wenn er den Mund schließt, drückt er das Wasser durch die Zwischenräume zwischen den Bartenplatten, die zuvor ausgedehnte Halsregion zieht sich zusammen, die Zunge hebt sich und das Wasser tritt aus dem Maul aus. Die Nahrung wird von den Fransen der Bartenplatten festgehalten und dann hinuntergeschluckt.

Seiwale schöpfen manchmal ihre Nahrung mit halboffenem Maul aus dem Wasser ab. Der Kopf ragt gewöhnlich etwas über die Oberfläche, so daß ständig Wasser und Nahrung durch die Bartenplatten strömt. Hat sich genug Nahrung angesammelt, schließt der Wal das Maul, drückt das Wasser heraus und verschluckt die Nahrung.

Die Ausfransungen der Bartenplatten sind je nach Art unterschiedlich, genau wie Größe und Form der Platten selbst, wodurch die Art der

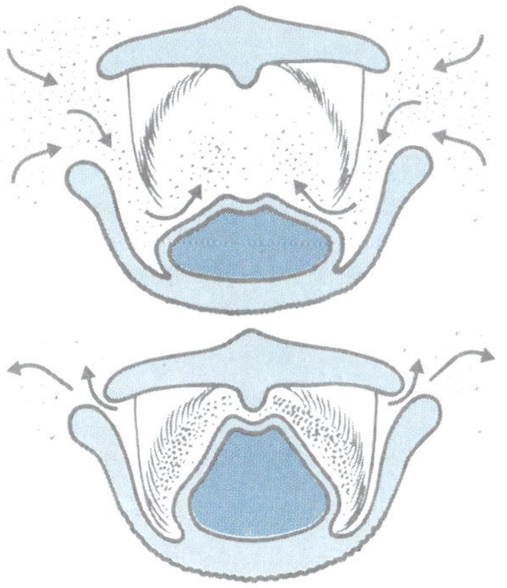

Nahrungsorganismen bestimmt wird. Der Blauwal hat ziemlich rauhe Bartenbürsten und ernährt sich fast ausschließlich von kleinen Krebsen, speziell Krill. Diese Organismen sind die Grundnahrung aller Bartenwale in der Antarktis. In anderen Gebieten, vor allem auf der Nordhalbkugel, ist die Auswahl an Nahrung viel größer.

Finnwale mit ihren mittelharten Bartenbürsten fressen hauptsächlich Krill und Ruderfußkrebse, aber auch Fische, obwohl es je nach Gebiet und Jahreszeit erhebliche Unterschiede gibt. Seiwale haben viel dünnere Bartenränder und ernähren sich primär von Ruderfußkrebsen, aber auch von Krill und anderen Schalentieren. Zwerg- und Buckelwal fressen auf der Nordhalbkugel hauptsächlich Fische und im Süden Krill, während Brydewale fast nur Fische fressen und nur ganz selten Krebse zu sich nehmen.

Die Fische, die als Walbeute in Frage kommen, leben gewöhnlich in Schwärmen. Zu ihnen gehören Hering, Dorsch, Makrele, Kapelan und Sardine. Buckel- und Zwergwal zeigen ein eigentümliches Sprungverhalten, das vermutlich dazu dient, die Beutefische zu erschrecken und zusammenzutreiben. Die Wale kreisen sie dann ein und schießen senkrecht mit offenem Maul aus dem Wasser, um die Nahrung wie mit einem Kescher aufzunehmen. Buckelwale treiben manchmal ihre Beute zusammen, indem sie in einem Kreis um die Fische herum Luftblasen aufsteigen lassen.

Abkürzungen: KSL = Kopf-Schwanz-Länge. G = Gewicht.
B bedroht S stark gefährdet

Blauwal B
Balaenoptera musculus

Polare bis tropische Meere. KSL bis 33 m; G 150 t. Färbung: gefleckt bläulichgrau; Brustflossen unterseits blaß. Bartenplatten: 270—395, blauschwarz. Halsfurchen: 55—88. Lebensdauer: 80 Jahre.
2 Unterarten: Blauwal *(B.m. musculus)*; Zwergblauwal *(B.m. brevicauda)*. Südlicher Indischer Ozean, Südpazifik. KSL 24 m; G 70 t. Färbung: silbriggrau; Bartenplatten: 280—350, schwarz; Halsfurchen: 76—94. Lebensdauer: 65 Jahre.

Finnwal S
Balaenoptera physalus

Polare bis tropische Meere. KSL 25 m; G 80 t. Färbung: oberseits grau, unterseits weiß, unsymmetrische Kiefer. Bartenplatten: 260—470, blaugrau mit weißlichen Rändern, aber linke Vorderseite weiß. Halsfurchen: 56—100.

Seiwal
Balaenoptera borealis

Polare bis tropische Meere. KSL 18 m; G 30 t. Färbung: dunkelstahlgrau, weiße Furchen am Bauch. Bartenplatten: 320—400, grauschwarz mit blassen Rändern. Halsfurchen: 32—62.

Brydewal
Balaenoptera edeni

Tropische und subtropische Meere. KSL 13 m; G 26 t. Färbung: dunkelgrau. Bartenplatten: 250—370, grau mit dunklen Rändern. Halsfurchen: 47—70.

Zwergwal
Balaenoptera acutorostrata

Polare bis tropische Meere. KSL 11 m; G 10 t. Färbung: oberseits dunkelgrau, Bauch und Flipper unterseits weiß; weißes oder blasses Band an den Flippern, vor allem bei Tieren der Nordhalbkugel; blasse Streifen hinter dem Kopf. Bartenplatten: 250—350, gelblichweiß, einige schwarz. Halsfurchen: 50—70. Lebensdauer: 45 Jahre.

Buckelwal S
Megaptera novaeangliae

Polare bis tropische Meere. KSL 16 m; G 65 t. Färbung: oberseits schwarz, Furchen weiß; Schwanzfluken unterseits mit schwarzem Muster. Bartenplatten: 270—400, dunkelgrau. Halsfurchen: 14—24. Lebensdauer: 95 Jahre.

▲ **Die Arten der Furchenwale.** (1) Buckelwal *(Megaptera novaeangliae)*, (2) Zwergwal *(Balaenoptera acutorostrata)*, (3) Brydewal *(Balaenoptera edeni)*, (4) Finnwal *(Balaenoptera physalus)*, (5) Blauwal *(Balaenoptera musculus)*. Der Seiwal, hier nicht dargestellt, ähnelt dem Brydewal. Den Unterschied zeigt die Kopfspitze, die beim Brydewal (a) drei schmale, erhöhte Streifen, beim Seiwal (b) aber nur einen hat.

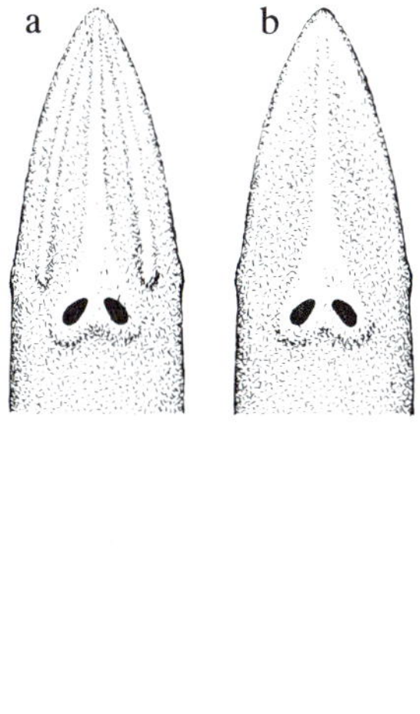

Größen, bei denen sie geschlechtsreif werden, früher als vorher.

Bei Finnwalen, die vor 1930 geboren wurden, lag das Durchschnittsalter der Geschlechtsreife bei etwas über 10 Jahren. Seit Mitte der 1930er Jahre hat das entsprechende Durchschnittsalter abgenommen und liegt jetzt bei etwa 6 Jahren. Bis 1935 wurden Seiwale mit gut 11 Jahren geschlechtsreif. Dieses Alter fiel bis 1945 auf etwas unter 10 Jahre und liegt heute in einigen Gebieten bei 7 Jahren. Selbst bei südlichen Zwergwalen kann man noch einen Rückgang feststellen. Das Alter der Geschlechtsreife lag 1944 bei etwa 14 Jahren, heute bei 6 Jahren.

Die Zukunft der Furchenwale hängt von dem Schutz ab, der ihnen seit einigen Jahren gewährt wird, sowie auf der Südhalbkugel von der Erhaltung ihrer Nahrungsgrundlage, dem Krill. Einige Arten nehmen schon wieder zahlenmäßig zu, aber wegen ihrer niedrigen Geburtenraten und ihres riesigen Verbreitungsgebietes, in dem sich die Geschlechter oft nicht mehr finden, kann es Jahrzehnte dauern, bis die Bestände sich ganz erholt haben — wenn überhaupt. RG

Auf den Spuren der Riesen

Die ökologischen Konsequenzen der Überjagung des Blauwals

Die gigantische Größe des Blauwals machte ihn besonders häufig zum Opfer der Verfolgung. Das Öl aus seinem Körper wurde zur Lebensmittelgewinnung verwendet. Sehr bald wurde er zum Hauptziel der Walfänger, nachdem sie eine Technik entwickelt hatten, das Tier zu jagen, zu töten und den schweren Kadaver festzuhalten, der sonst sofort sank. Diese Techniken wurden in den 1860er Jahren entwickelt. Norwegische und andere europäische Walfänger hatten bald so viele Blau- und andere Großwale im Nordatlantik und den angrenzenden Gewässern gefangen, daß sie gezwungen waren, neue Fanggebiete zu erschließen.

Furchenwale sind gleichermaßen in nördlichen wie in südlichen polaren Gewässern zu Hause, wo sie aber erst 1906 entdeckt wurden. Innerhalb kürzester Zeit beuteten europäische Walfänger die riesigen Walbestände der Antarktis aus. Die Buckelwale an den Küsten wurden von Walfangstationen von subantarktischen Inseln und tropischen Küsten aus reduziert, bevor der ozeanische Blauwal zum Hauptziel wurde. Der Walfang beschleunigte sich Mitte der 1920er Jahre mit der Entwicklung des frei beweglichen Fabrikschiffs, auf dem die Wale, die von einer Flotte schneller Fangschiffe aus getötet wurden, verarbeitet werden konnten. Die Insel Südgeorgien wurde zum Mittelpunkt der Walfangindustrie.

1930/31 wurden über 29 000 Blauwale in einem einzigen Sommer gefangen; die Bestände konnten einer so großen Schlachtaktion nicht standhalten. Die Akte über den Blauwalfang in der Antarktis ist eine dramatische Darstellung für die Vernichtung großer Ressourcen durch gewissenlose Ausbeutung. Trotz aller Warnungen von Wissenschaftlern bejagten die Walfangnationen weiterhin die Blauwalbestände, bis nur noch ein Dreißigstel der ursprünglichen Menge übrig blieb. Die Industrie in der Antarktis konzentrierte sich

▲ **Die überschäumende Lebenskraft** des Blauwals auf See — ein Anblick, der schon zu Anfang dieses Jahrhunderts fast zur Vergangenheit gehörte.

◀ **Der letzte Riese.** Ein Blauwal wartet darauf, in einer Walfangstation auf Südgeorgien zerteilt zu werden. Das war im Jahre 1926, als der Blauwalfang auf seinem Höhepunkt war.

▼ **Die Fänge werden knapper.** Finnwale in Grytviken, Südgeorgien, im Jahre 1961. Als sich der Blauwalfang nicht mehr lohnte, richtete sich die Aufmerksamkeit auf die kleineren Furchenwale, bis auch sie kurz vor der Ausrottung standen.

nun auf den kleineren Finnwal, und so konnte der Blauwal überleben. Erst 1965 wurde er auf der Südhalbkugel völlig unter Schutz gestellt. Damals war der ursprüngliche Bestand von etwa 200 000 Blauwalen auf etwa 6 000 zurückgegangen. Gleiche Zahlen galten für den Zwergblauwal, der als eigene Unterart klassifiziert worden ist. Seine Färbung ist blasser, er hat eine kürzere Schwanzregion und kürzere Bartenplatten als der eigentliche Blauwal. Der Zwergblauwal wurde zuerst im südlichen Teil des Indischen Ozeans entdeckt, dann aber auch in den Gewässern vor Chile.

In der Antarktis besteht ein Großteil der Nahrung aller Furchenwale aus Krill. Daher ist es nicht verwunderlich, daß der verminderte Bestand der großen Blau-, Finn- und Bukkelwale besondere Auswirkungen auf die kleineren Sei- und Zwergwale hat, ebenso wie auf das Fortpflanzungspotential der größeren Wale selbst. Heute sind etwa 50—55 % der ausgewachsenen, nicht-stillenden Blauwalweibchen trächtig. Dies ist nahezu eine Verdoppelung der Rate von vor 1930 und bedeutet gleichzeitig, daß sich der durchschnittliche Abstand zwischen zwei Geburten halbiert hat. Dieselben Veränderungen können wir bei Finn- und Seiwalen feststellen, während bei Zwergwalen bis zu 90 % der Weibchen, die beim Fang in der Antarktis untersucht wurden, trächtig waren. Diese sehr hohe Zahl könnte auch das Ergebnis von Fängen aus entsprechend zusammengesetzten Schulen (trächtiger Weibchen) sein, die in keinem Fall beispielhaft für die Gesamtpopulation ist. Es wird noch sehr lange dauern, bis sich unsere Walbestände, besonders die der großen Furchenwale, wieder einigermaßen erholt und gefestigt haben — wenn es nicht dazu schon zu spät ist. Da viele Furchenwale in der Vergangenheit bis an den Rand der Ausrottung »bejagt« wurden, hat die »Internationale Walfangkommisson« sie in den letzten Jahren geschützt. Dadurch sollen sich die Bestände so schnell wie möglich erholen. Die zur Zeit noch großen Bestände, wie die des Zwergwals (mehr als 425 000 Tiere) und des Brydewals (90 000 Tiere), dürfen nur in solchen Mengen gefangen werden, daß die Bestände nicht verringert werden, und es besteht die Aussicht, daß der gewerbliche Walfang 1986 eingestellt wird.

Wenn Blauwale häufiger Nachwuchs bekommen und schon früher mit der Fortpflanzung beginnen als in den vergangenen Jahren, könnte theoretisch ihre Zahl wieder ansteigen. Andere Forscher dagegen halten die Blauwalbestände für biologisch ausgestorben, weil die zur Erhaltung des Erbgutes erforderliche Mindestzahl unterschritten ist. Es gibt auch Berichte von Forschungsschiffen, nach denen die Anzahl der Blauwale auf der Südhalbkugel und im Nordatlantik leicht ansteigen soll, während die Bestände im Nordpazifik stabil sein sollen.

Es ist sehr unwahrscheinlich, daß der Schutz der Furchenwalpopulationen zu einem Anstieg auf das Niveau von vor 1906 führen wird. Das Freisetzen riesiger Krillmengen, die früher die Wale nutzten, führte zu einer Zunahme von Populationen anderer krillfressender Arten, vor allem der Krabbenfresser-Robben (siehe S. 128—129), der antarktischen Seebären (siehe S. 108—109), der Pinguine und anderer Seevögel. Innerhalb dieser vielfältigen Nahrungskette mit Krill als Grundlage werden die Auswirkungen des Schutzes für die Wale mit großem Interesse verfolgt. RG

Walgesang

Die Lieder des Buckelwals

Schnarchen, Stöhnen, Huhs, Japsen, Zirpen, Ihs und Uhs . . . Das sind einige »Wörter«, mit denen der Mensch versucht hat, die einzigartigen Lieder des Buckelwals zu beschreiben. Obwohl sie sehr komplex sind, werden sie nach erkennbaren Mustern wiederholt. Einige können sogar auf eine Entfernung von mehr als 100 Seemeilen (185 km) mit einem Unterwassermikrophon registriert werden.

Wie bei so vielen Entdeckungen ist die Wissenschaft fast durch Zufall auf die Lieder des Buckelwals gestoßen. Zuerst wurde man auf den Gesang aufmerksam, als er Störungen bei akustischen Messungen von Schiffen verursachte. Die Existenz der Lieder war den Seeleuten vermutlich seit Jahrhunderten bekannt, da der Schall auf den Schiffsrumpf übertragen wird. Die Tatsache jedoch, daß diese Geräusche von Walen stammen, wurde erst kürzlich durch gezielte Untersuchungen mit Unterwassermikrophonen und gleichzeitige Überwasserbeobachtungen bestätigt. Geschlechtsbestimmungen anhand von Hautproben ergaben, daß die singenden Tiere jungerwachsene Männchen sind, die in den traditionellen Paarungsgründen der subtropischen Küstengebiete vielleicht erstmalig nach einem Geschlechtspartner suchen.

Der Schall erreicht in der Regel Frequenzen zwischen 40 Hz und 5 kHz, das Lied selbst ist eine richtige Melodie, die genau wie bei Vögeln aus einer geordneten Folge von Themen, Motiven und Sätzen besteht. Es dauert zwischen 6 und 35 Minuten und ist Teil eines »Liederreigens«, der den ganzen Tag und die ganze Nacht anhalten kann und nur von einigen kurzen Atempausen von etwa einer Minute unterbrochen wird. In einer Folge ist jedes Lied klar begrenzt, hat Anfang und Ende, das in der Regel durch einen sogenannten Ratsch-Laut angezeigt wird, gefolgt von einem »Blas« zur Erneuerung der Atemluft. Wird der Gesang zeitweilig unterbrochen, beginnt der Wal an genau der Stelle, an der er unterbrochen hatte, so daß die Tonfolge erhalten bleibt.

Ein Lied besteht aus 6 Grundthemen, die, in absteigender Reihenfolge ihrer Länge, aus sogenannten Phasen, Motiven und annähernd 20 Silben zusammengesetzt sind, die oft lautmalerisch beschrieben werden. Bei allen Themen gibt es eingestreute einzelne »Zirplaute« und »Schreie« und etliche andere Klänge und Silben. Die Motive und Phrasen werden beliebig oft wiederholt (eine Erscheinung, die man Redundanz nennt), und während die Grundmelodie ständig wiederholt wird, können die einzelnen Phrasen erhebliche Unterschiede in der Länge aufweisen, wodurch sich die großen Unterschiede in der Lieddauer erklären lassen.

Während die Lieder einzelner Tiere ihre eigene Charakteristik haben, singen zu einer bestimmten Jahreszeit alle Wale in einem Gebiet eindeutig dasselbe Lied. Es gibt mindestens drei regionale Dialekte: (a) im Nordpazifik (Hawaii und pazifisches Mexiko), (b) im Nordatlantik (Westindische und Kapverdische Inseln) und (c) vor den Tongainseln auf der Südhalbkugel. Im Lauf der Jahreszeiten ändert sich das Lied allmählich. In jeder Jahreszeit wechselt der Inhalt der Phrasen innerhalb eines Themas, neue Motive werden aufgenommen und alte weggelassen. In Ausnahmefällen kann ein ganzes Thema eines Tieres von einer Jahreszeit zur anderen gestrichen werden.

Einzelne Wale haben Stimmerkmale, die ihren Liedern eine persönliche Note verleihen. Die Unterschiede zwischen den einzelnen Tieren bleiben erkennbar, selbst wenn Änderungen des Liedes vorgenommen wurden. So können Weibchen ihren Partner jederzeit an jedem Ort erkennen.

Die Vielseitigkeit und akustische Bandbreite der Lautäußerungen eines Liedes können dazu beitragen, in einer geräuschvollen Umgebung Informationen zu übertragen und Eintönigkeit zu vermeiden. Die Wiederholung der Phrasen verbessert wahrscheinlich die Verständigung. Die Lieder können noch in Entfernungen von 17 Seemeilen (31 km) wahrgenommen werden. Die niederfrequenten Schnarch- und Stöhnlaute haben eine hohe Amplitude, d. h. Lautstärke (60 dB). Die Reichweite solcher Laute beträgt über 100 Seemeilen (185 km). Während die Tiere meist in seichteren Küstengewässern singen,

► **Buckelwal-Gesang.** Die Grundeinheit der Lieder ist die Silbe, die lautmalerisch als »Japsen«, »Schrei«, »Zirpen" u.ä. beschrieben werden kann. Sie entsprechen den Noten unserer Musik und werden hier in einem Sonagramm wiedergegeben. Motive, die diese Silbengruppen aufnehmen, werden zu Phrasen zusammengefügt, die wiederum die Themen bilden. Es gibt 6 Grundthemen.

▼► **Die Unterwasserwelt der Buckelwale** wirkt durch deren Lieder und elegante Bewegungen unheimlich schön. Die äußerst langen Flipper haben eine weiße Leitlinie, die im Dunkelblau des Wassers aufleuchtet.

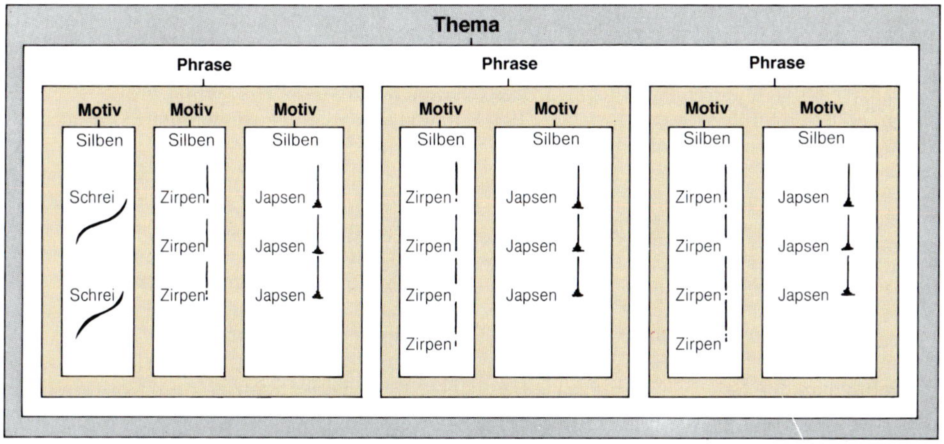

konnten Rufe (wenn solche ausgestoßen wurden) im Bereich von 20—100 Hz in kälteren, tieferen Gewässern über noch größere Entfernungen wahrgenommen werden. Die wechselnden Frequenzen könnten auch dazu dienen, Reichweite und Richtung festzulegen, so daß die Wale einander finden können.

Aus der Stetigkeit und der geordneten Folge der Lieder läßt sich schließen, daß sie sehr viele Informationen enthalten, obwohl deren genaue Funktion nicht bekannt ist. Im Moment spricht viel dafür, daß sie hauptsächlich mit dem Sexualverhalten zusammenhängen.

Zur Brutzeit im Winter wandern Buckelwale in 24—28° C warme, subtropische Gewässer (10—22° südliche Breite). Die engsten Beziehungen bestehen zwischen Kühen und Kälbern. Mit oder ohne Kalb ist das Weibchen der Kern jeder Gruppe, die sich in diesem Gebiet bildet. Offensichtlich wandern alle Wale Jahr für Jahr zu denselben Stellen. Sobald die Männchen ankommen, beginnen sie ihren Gesang. Die seichten Küstengebiete mit Tiefen von nur 20—40 m und sanften Geländeformen fördern wahrscheinlich die Schallübertragung. Die Anziehungskraft der Weibchen für die Männchen wechselt im Laufe des Jahres. Sicher spielt ihr geschlechtlicher Zustand, ob sie Kälber führen, trächtig oder gar brünstig sind, dabei eine bedeutende Rolle. Einige Fachleute glauben, daß die Weibchen in den Paarungsgebieten mehrere Hitzeperioden durchmachen können, je nachdem, ob sie bei der ersten Paarung trächtig werden oder nicht. Damit verbessert sich die Aussicht auf einen Fortpflanzungserfolg.

Zuerst zieht das Weibchen die Aufmerksamkeit eines einzigen Männchens auf sich, das an diesem Tag oder nur für ein paar Stunden ihr hauptsächlicher Begleiter ist. Wenig später drängen sich andere Männchen heran und suchen die Nähe des Weibchens. Sie versuchen, sich gegenseitig mit Schwanzschlägen, Stößen und Luftblasen zu verdrängen. Ein bis sechs Männchen können derart um ein Weibchen buhlen. Der Hauptbegleiter kann während dieser Zeit täglich oder noch häufiger wechseln. »Treue« zu einem bestimmten Partner gibt es in der Zeit vor der Paarung daher nicht.

Wenn sich Buckelwale einem Tier anschließen, das dem Rang nach im Mittelpunkt einer Gruppe steht, singen sie häufig. Wenn sie aber wieder davonziehen, stellen sie ihren Gesang ein, um ihn erst später wieder aufzunehmen. Da es sich bei den im Mittelpunkt stehenden Walen oft um Mütter mit Kälbern, bei den singenden Begleitern jedoch um einzelgängerische Bullen handelt, dient vermutlich der Walgesang ganze allgemein der Werbung der Männchen um eine Geschlechtspartnerin.

Auch dem menschlichen Ohr erklingen die Walgesänge so melodisch, daß sie sogar auf Schallplatten festgehalten sind. CL

GLATTWALE

Familie: ***Balaenidae***
3 Arten in 2 Gattungen.
Verbreitung: Gewässer der arktischen und gemäßigten Breiten. Eine Art nur im Norden, eine nur im Süden, eine in beiden Hemisphären.

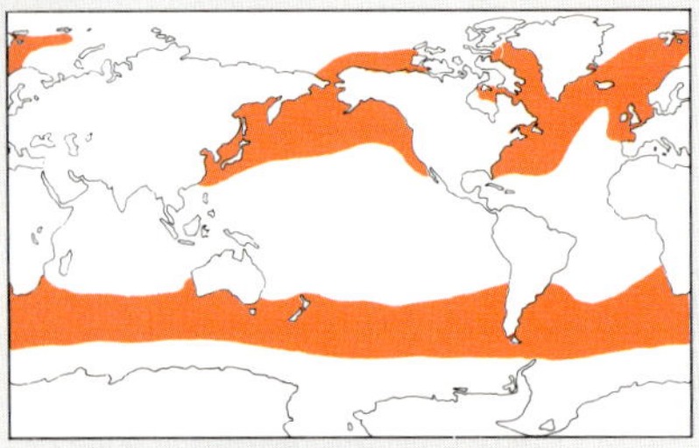

Glattwal 🄱
Balaena [Eubalaena] glacialis
Verbreitung: Gewässer der gemäßigten Breiten beider Erdhalbkugeln, nördliche Verbreitung bis Florida im Süden, südliche bis Südbrasilien im Norden.

Maße: Länge 5—18 m, ausgewachsen etwa 15 m; Gewicht etwa 50—56 t.

Färbung: schwarz, mit weißen Flecken am Kinn und Bauch, manchmal noch weiter ausgedehnt. Kopf und Kiefer haben als Kennzeichen mehrere große, unregelmäßige Hautschwielen, die mit Parasiten übersät sind. Barten grau oder gräulichgelb, bis zu 2,5 m lang.

Tragzeit: etwa 10—11 Monate.

Lebensdauer: vermutlich länger als 30 Jahre.

3 Unterarten (vielfach auch als selbständige Arten betrachtet): Nordkaper, *B.g. glacialis;* Nordatlantik. Nordpazifischer Glattwal, *B.g. japonica;* Nordpazifik. Südkaper, Südlicher Glattwal, *B.g. australis;* Südpolarmeer.

Grönlandwal ⊡
Balaena mysticetus
Verbreitung: Arktisches Becken, mit Winterwanderung zu Beringmeer und Labradorsee.

Maße: Länge 3,5—20 m, ausgewachsen etwa 17 m; Altier wiegt vermutlich 60—80 t.

Färbung: Körper schwarz, bis auf weiße oder ockerfarbene Flecken; keine Schwielen. Barten schmal, dunkelgrau bis schwärzlich, bis zu 4 m lang.

Tragzeit: 10—11 Monate.

Lebensdauer: vermutlich länger als 30 Jahre.

Zwergglattwal
Caperea [Neobalaena] marginata
Verbreitung: zirkumpolar in südlichen, gemäßigten und subantarktischen Gewässern. Keine antarktische Art im eigentlichen Sinn.

Maße: Länge 2—6,5 m, ausgewachsen durchschnittlich etwa 5 m; Gewicht etwa 3—3,5 t.

Färbung: Körper grau, oberseits dunkler, unterseits heller, mit einigen unterschiedlich blassen Streifen vom Auge zu den Flippern. Bartenplatten im Verhältnis zur Größe lang; weißlich, mit dunklen Außenkanten.

Tragzeit: vermutlich 10—11 Monate.

Lebensdauer: nicht bekannt.

🄱 bedroht; ⊡ aufgeführt im Washingtoner Artenschutzübereinkommen (WA)

Der Glattwal wurde auf Englisch, d. h. in der Sprache der Walfänger, »Right Whale« (= der »richtige Wal») genannt. Oft mag er sich einen anderen Namen gewünscht haben. Denn er wurde so benannt, weil er der »richtige« Wal zum Jagen war. Er schwamm langsam, blieb auf dem Wasser liegen, wenn er tot war, und lieferte reichlich Barten und Öl. Folglich ist es sehr unwahrscheinlich, daß irgendein anderer Wal, einschließlich des Blauwals, so lange gejagt wurde, bis er einen so bedenklich niedrigen Bestand erreicht hatte wie der Glattwal — und sein naher Verwandter, der Grönlandwal. Selbst heute, nach jahrzehntelangem Schutz vor industriellem Walfang, zählt der gesamte Grönlandwal-Bestand nur noch etwa 3 000 Tiere, zählen die verstreuten Zuchtherden des Glattwals vielleicht nur noch 4 000 Wale.

Es gibt drei Arten der Glattwale: den (eigentlichen) Glattwal (dessen 3 Unterarten, Nordkaper, Nordpazifischer Glattwal und Südkaper, oft als selbständige Arten angesehen werden), den Grönlandwal und den Zwergglattwal, die sich durch gemeinsame Merkmale von den Furchenwalen unterscheiden. Dazu gehört auch ein gewölbtes *Rostrum* (Schnauzenfortsatz), das eine stark gebogene Kieferlinie ergibt, im Gegensatz zum geraden Kiefer der Furchenwale; Glattwale haben lange, schlanke Bartenplatten im Gegensatz zu den relativ kurzen bei Furchenwalen; außerdem hat der Zwergglattwal nur zwei Kehlfurchen, die größeren Arten gar keine, alle Furchenwale dagegen weisen, ihrem Namen entsprechend, eine große Anzahl davon auf. Es gibt auch deutliche Unterschiede in den Schädelmerkmalen, die bei lebenden oder gestrandeten Tieren nicht direkt zu sehen sind. So ist der Oberkieferknochen bei Glattwalen schmal, bei Furchenwalen breit. Bei allen drei Arten ist der Kopf im Verhältnis zum übrigen Körper groß. Die beiden großen Arten sind im Vergleich zu den Furchenwalen ausgesprochen dickbäuchig.

Einzigartig bei Glattwalen sind die Ausbuchtungen oder Schwielen am Kopf vor dem Spritzloch. Diese Auswüchse sind durch Kolonien von Seepocken, Parasitenwürmern und Walläusen verursacht. Der größte Fleck auf der Schnauze wurde von den Walfängern »Kappe« genannt. An diesem Merkmal können die Tiere auf See leicht erkannt werden. Die Form der Beulen hilft den Walexperten, einzelne Tiere zu identifizieren. Der Grönlandwal hat den am stärksten gebogenen Kiefer, der Kopf kann 40 % der gesamten Körperlänge ausmachen. Der Zwergglattwal ist klein und schlank und ähnelt äußerlich eher einem Furchenwal als den beiden großen Glattwalarten, von denen ihn auch die kleine, dreieckige Rückenfinne unterscheidet.

Man weiß nichts über die Lautäußerungen von Zwergglattwalen und wenig von Grön-

▲ **Glattwale beim Sonnenbad** vor der Halbinsel Valdés, Argentinien. Die Schwielen geben ihnen ein befremdliches, krokodilartiges Aussehen.

◀ ▼ **Die Haube des Glattwals** (links) und andere Schwielen (unten). Im Gegensatz zu Grau- und Buckelwalen, bei denen sich die Parasiten wahllos über den ganzen Körper verteilen, konzentriert sich der Befall beim Glattwal auf bestimmte Stellen. Eine davon, die »Haube«, sitzt immer am Vorderende des Kopfes. Das Aussehen der Schwielen ist bei allen Tieren unterschiedlich, so daß die Wissenschaftler einzelne Wale daran wiedererkennen können.

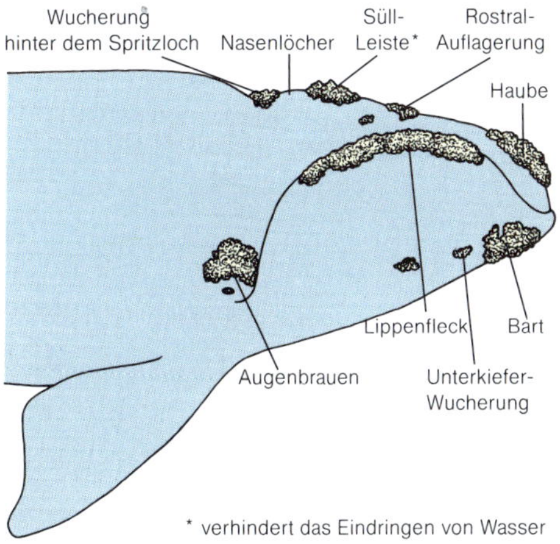

landwalen, nur vom Glattwal kennen wir ein großes Lautrepertoire. Einen Laut, den man am besten als »Muhen« oder »Bellen« beschreibt, gibt das Tier ab, wenn sein Kopf (oder zumindest die Nasenlöcher) über Wasser ist. An einem ruhigen Tag kann man ihn mehrere hundert Meter weit hören. Niederfrequente Töne hat man unter Wasser schon auf Wanderungen, bei Paarung und Spielen festgestellt. Allem Anschein nach sind die Tiere nachts am stimmfreudigsten. Glattwale erzeugen vermutlich keine Tonsequenzen, wie die »Lieder« der Buckelwale (siehe S. 76—77), sondern viele einzelne Laute und Lautgruppen im Frequenz-Bereich von 50—500 Hz. Einige davon dauern sogar eine Minute und werden unterschiedlich mit »Rülpsen« oder »Stöhnen« umschrieben. Das »Stöhnen« ist manchmal auch über Wasser zu hören. Es gibt auch einen rhythmischen Laut mit einer breiten Frequenz von 30—2 100 Hz. Die Bedeutung dieser Laute ist bisher noch nicht bekannt. Man weiß aber, daß Töne von 2—3 kHz entstehen, wenn das Wasser durch die teilweise sichtbaren Bartenplatten schäumt.

Alle drei Arten ernähren sich hauptsächlich von Ruderfußkrebsen, wobei der nordatlantische Glattwal auch die Larven von Krill frißt; die Population im Südpolarmeer nimmt offensichtlich regelmäßig auch ausgewachsenen Krill zu sich. Die Nahrungsaufnahme des Grönlandwals ist gewöhnlich an Gebiete hoher Plankton-Produktion in der Arktis gebunden. Ein Beispiel dafür ist die Randzone des Mackenzie-Deltas. Hier sorgen Tageslicht und nährstoffreiches, klares Wasser für beste Bedingungen zur Bildung von Pflanzengrün (Photosynthese Chlorophyll und Stärke). Dadurch entsteht pflanzliches Plankton (z. B. Algen), von dem wieder Massen von tierischem Plankton (z. B. kleine Krebse wie Krill) leben. Glattwale schöpfen diese Nahrung mit offenem Maul von der Wasseroberfläche ab. Im Gegensatz dazu nehmen die Furchenwale (außer dem Seiwal) riesige Wassermassen mit großen Mengen Kleinkrebsen oder Fischen im Maul auf, um sie dann durch die Barten zu filtern. In der Fundy-Bucht, Ostkanada, fressen Glattwale genauso oft unter wie über Wasser und tauchen jedesmal 8—12 Minuten lang. Einige Nahrungsplätze enthalten Massen von treibendem Seegras. Die Mahlzeiten an der Oberfläche dauern daher nur kurze Zeit. Denn die Wale müssen häufig innehalten, um die Barten von Abfällen zu reinigen. Sie können offenbar den Unrat zu einem Klumpen zusammenrollen und ihn wie einen ausgekauten Priem Kautabak ausspucken. Ist die Nahrungsdichte hoch, fressen Glattwale gesellig, ist sie geringer, ist es für diese großen Tiere günstiger, allein zu fressen; denn nach Untersuchungen bei Furchenwalen liegt der Nahrungsbedarf bei 1 000—2 500 kg pro Tag. Der Zwergglattwal kann etwa 50—100 kg täglich aufnehmen. Man weiß wenig über seine Freßgewohnheiten, außer daß zwei von Russen gefangene Tiere die Mägen voll Ruderfußkrebsen hatten.

Bisher ist noch nichts Allgemeingültiges über das Wanderverhalten der Glattwale bekannt. Nur über die Populationen, die im Sommer in der Fundy-Bucht und der Cape-Cod-Region im Nordatlantik leben, und über die Vorkommen über dem patagonischen

1

Festlandsockel im Südatlantik liegen Untersuchungen vor: Danach kommen die Jungen im späten Frühjahr bis Spätsommer der Nord- bzw. Südhalbkugel zur Welt; die erfolgreichen Paarungen fallen in den mittleren bis späten Sommer. Im Winter dient das Sexualverhalten offensichtlich nur der Stärkung der sozialen Bindungen und nicht der Fortpflanzung. Die Wanderungen der Glattwale sind, entsprechend dem weniger abgegrenzten Lebensraum in den gemäßigten Zonen, nicht sehr ausgeprägt. Die südlichen Populationen überwintern in der Regel vor den Küsten Südamerikas, Südafrikas, Australiens und Neuseelands und suchen ihre Nahrung im Sommer im Südlichen Polarmeer. Die nordatlantische Population versammelt sich im Winter vermutlich irgendwo zwischen Cape Cod und Carolina und verbringt den Sommer zwischen Cape Cod und dem südlichen Neufundland; sie lebt verstreut am Rand der Nordatlantik-Drift.

Die soziale Grundeinheit des Glattwals ist klein, zwei bis neun Tiere, und in ihrer Zusammensetzung offen. Gekennzeichnete Tiere wurden an manchen Tagen allein beobachtet, am selben oder an anderen Tagen innerhalb einer Gruppe. In der Fundy-Bucht verteilen sie sich zum Fressen manchmal kilometerweit. Aufspringen aus dem Wasser und Schlagen der Wasseroberfläche mit den Schwanzfluken kommen bei dieser Art häufig vor, z. B. beim Paarungsspiel, vermutlich aber auch, um den eigenen Standort bekanntzugeben, vor allem, wenn die Geräusche an der Meeresoberfläche durch Störungen verstärkt werden und damit die Reichweite von Lautäußerungen verkürzt ist. Dieses Verhalten zeigen auch besonders die Kälber, die sehr verspielt sind (siehe S. 84—87). Die Sexualpartner gehen offensichtlich keine dauerhafte Bindung ein. Der Fortpflanzungszyklus beträgt mindestens zwei, eher drei Jahre, so daß weniger als die Hälfte der erwachsenen Weibchen in einem bestimmten Gebiet jedes Jahr empfängnisbereit sind. Ein Weibchen kann von zwei bis sechs konkurrierenden Männchen umgeben sein. Dreierbeziehungen sind üblich, bei denen ein Männchen das Weibchen von unten stützt, während das andere Männchen kopuliert. Das Weibchen ist sehr »kapriziös«. Sie dreht sich und taucht weg, wobei die beiden Männchen sie begleiten. Das Ganze sieht aus wie ein regelrechter »Hochzeits-Tanz«. Manchmal weist sie die Annäherungsversuche auch ab; sie schwimmt dann einfach fort oder legt sich mit den Flippern in der Luft rücklings auf die Wasseroberfläche, so daß ihre Geschlechtsöffnung unerreichbar ist. Die Männchen versuchen dann,

sie umzudrehen — manchmal erfolgreich, manchmal nicht. Viele Narben und Furchen auf der Haut dieser Tiere stammen von Hieben und Kopfstößen. Die schon erwähnten Schwielen sind hart und können jederzeit Hautabschürfungen verursachen.

Die Glattwale der Fundy-Bucht paaren sich eigenartigerweise im Sommer, wenn man erwarten könnte, daß sie ihre volle Aktivität auf die Nahrungsaufnahme richten, und zwar in über 200 m tiefen Gewässern. Dagegen paaren sich die Tiere an den Küsten der südlichen Kontinente ausschließlich in seichten, 5—20 m tiefen Gewässern. Vielleicht ist die Paarung im Winter in den seichten Gewässern des Südens von Natur aus nicht zur Fortpflanzung bestimmt. In den letzten Jahren wurden keine Paarungsaktivitäten in den seichten Gewässern des Nordatlantik beobachtet. Ist die nördliche Population zwischen der Fundy-Bucht und dem Golf von Maine ein Restbestand, der sich an den Verlust des früheren Niedrigwasser-Lebensraums angepaßt hat, seitdem die Ostküste Nordamerikas dicht besiedelt ist? Oder floh diese Population, die sich nun fern von der Küste paart und ihre Jungen großzieht, vor den Raubzügen der Walfänger? Diese Fragen bleiben unbeantwortet.

Den jährlichen Wanderzyklus der Grönlandwale kann man am besten an der Beringmeer-Beaufortsee-Population beobachten, die den größten noch lebenden Bestand aufweist und die bekannteste arktische Art ist. Die jeweilige Verbreitung ist eng mit den jahreszeitlichen Veränderungen, der Lage und dem Ausmaß der eisfreien Zonen verbunden. Route und Zeitpunkt der Wanderung richten sich danach, wie weit während der Frühjahrs- und Sommermonate die Passagen zwischen den Eisschollen vom nördlichen Beringmeer östlich bis zum Amundsen-Golf offen sind.

Grönlandwale überwintern im Beringmeer, und zwar in der Nähe der St. Lawrence- und St. Matthew-Inseln, wo auch ihre Jungen zur Welt kommen. Sie paaren sich im Frühjahr während des ersten Abschnitts ihrer Nordostwanderung. Luft- und Satellitenaufnahmen zeigen, daß das Eis im nördlichen Beringmeer und in der südlichen Tschuktschensee im April zuerst in Richtung Kap Lisburne, dann zum Nordkap Alaskas (Point Barrow) hin aufbricht. Die Wasserrinnen liegen relativ nah an der Küste, so daß der größte Teil der Population auf dem Weg zur

▲ **Die drei Glattwalarten.** (1) Der Glattwal *(Balaena glacialis)* zeigt seine riesigen Barten und die Zunge, den stark nach unten gebogenen Unterkiefer und die Wucherungen. (2) Grönlandwal *(Balaena mysticetus)* mit einer noch deutlicheren Wölbung des Unterkiefers als beim Glattwal, aber ohne Wucherungen. (3) Zwergglattwal *(Caperea marginata)* mit einer Rückenfinne und einer leichten Wölbung des Unterkiefers.

◄ **Das Treiben bei der Paarung.** Nördliche Glattwale paaren sich in der Fundy-Bucht, Kanada (oben). Ein südliches Glattwalweibchen wird im Flachwasser des José-Golfes vor Patagonien von drei Männchen verfolgt (unten).

Beaufortsee am Nordkap vorbeiwandert. Dahinter jedoch öffnen Wind und Wasserströmungen große, küstenferne Wasserrinnen, so daß die Wanderung nach Osten immer weiter vom Land wegführt. Schon im Mai erreichen die Wale Kap Bathurst und den Amundsen-Golf. Das langsame Aufbrechen des Küsteneises östlich von Alaska hält die Grönlandwale davon ab, vor der zweiten Julihälfte zum Mackenzie-Delta oder zum Yukon zu schwimmen.

Eskimo-Walfänger behaupten, daß sich die Tiere bei ihrer Wanderung nach Alter und Geschlecht trennen (genau wie die australischen Buckelwale). Sie wandern in mehreren »Schüben«, wobei die Tiere im Mai und Juni immer wieder von der Route zwischen dem Nordkap und den südwestlichen Banks Inseln abweichen. Die Rückwanderung zum Beringmeer im Spätsommer bis Frühherbst geht nicht nur recht schnell vor sich (laut alten Walfangberichten), die Route liegt auch weiter von der Küste entfernt, so daß man sie nicht so leicht beobachten kann.

Bis vor kurzem zählte der Zwergglattwal, gemeinsam mit den selteneren Schnabelwalen, zu den unbekannten Walen. Auf See wird er leicht mit dem Zwergwal verwechselt. In den 1960er Jahren entdeckten südafrikanische Biologen für sie ungewöhnliche Wale in der False Bay, die später als Zwergglattwale identifiziert werden konnten. Früher stammten die meisten Informationen von in Südaustralien, Tasmanien und dem südlichen Neuseeland gestrandeten Tieren. 1967 wurde diese Art wieder in Südafrika, in der Plettenberg Bucht, gesichtet und auf einem Unterwasserfilm festgehalten.

Die Art ähnelt dem Glattwal in seiner zeitweisen Vorliebe für relativ seichte Gewässer. Man vermutet, daß die Paarung auch während dieser Zeit stattfindet. Dennoch wurden Zwergglattwale fast das ganze Jahr über in allen Gebieten beobachtet, aus denen schon vorher Berichte über sie vorlagen. Daraus kann gefolgert werden: Die Populationen sind möglicherweise örtlich begrenzt und wandern nur wenig. Hierin ähneln sie nicht mehr ihren entfernten Verwandten.

Man hat sie nie für längere Zeit tief tauchen sehen, obwohl man früher vermutete, daß die merkwürdig abgeflachte Unterseite der Rippen von langen Tauchgängen am Meeresboden herrührt. Beim Zwergglattwal gibt es kein überschwengliches Aufschlagen mit den Schwanzfluken, keinen plötzlichen Sprung aus dem Wasser, wie bei den großen Arten. Er schwimmt recht langsam, oft ohne daß die Rückenfinne aus dem Wasser herausragt. Gewöhnlich kommt beim Auftauchen die ganze Schnauze aus dem Wasser, genau wie bei Zwergwalen. Der Atemrhythmus entspannter Tiere ist regelmäßig, sie blasen seltener als einmal pro Minute, atmen etwa fünfmal nacheinander und tauchen nach jedem Atemholen 3—4 Minuten lang. Das Verhalten wird allgemein als »unauffällig« bezeichnet — ein weiteres Merkmal, das außer seiner kleinen Körpergestalt zu unserem Mangel an Wissen über den Zwergglattwal beigetragen hat. Er ist kein Tier der ausgesprochen kalten Gewässer und lebt offensichtlich in nicht besonders hohen arktischen und südlichen gemäßigten Breiten, d. h. in Gebieten mit relativ geringen Landmassen und niedriger menschlicher Bevölkerungsdichte.

Alle verbleibenden Grönland- und Glattwalvorkommen sind lediglich Überbleibsel ehemals viel größerer Populationen. Die erste bekannt gewordene Glattwaljagd durch die Basken begann kurz nach dem Einfall der Normannen in England (1066), der letzte Glatt- und Grönlandwalfang durch die Europäer und Amerikaner war im Jahr 1930. Die Restbestände wurden 1936 fast vollständig unter Schutz gestellt und dürfen nur noch von Eskimos gejagt werden. Die meisten Glattwale wurden in den Buchten der Südhalbkugel gejagt. Die besten Fänge wurden an den Küsten Neuseelands gemacht, manchmal auf die Gefahr hin, von kriegerischen Maori-Stämmen, z. B. an der berüchtigten Cloudy Bay, angegriffen zu werden. Traditionsgemäß versuchten die Walfänger, zuerst das Junge zu fangen, um dadurch die Mutter an die Küste zu locken und leichte Beute zu machen. Bei dieser Taktik konnten sich die bejagten Bestände kaum erholen. Der Kadaver wurde an Land oder ins Flachwasser geschleppt und die Barten abgeschnitten. Falls man für das Öl Verwendung hatte, schnitt man den Speck stückweise ab, um ihn in großen eisernen Schmelztiegeln auszulassen. Einige dieser Tiegel mit mehreren Metern Durchmesser sind erhalten geblieben, wie z. B. in Kaikoura an der Ostküste der Südinsel Neuseelands,

▲ **Die Bedeutung des Grönlandwals** für die Eskimos von Alaska symbolisiert dieses Bild »One Chance« (frei übersetzt »Nur ein Versuch zum Harpunieren«) von Bernard Katexac, 1974.

► **Ein Grönlandwal wird zerteilt.** Eskimos in Alaska sind immer noch sehr vom Grönlandwal abhängig (siehe Text S. 83).

▼ **Abwärts.** Der Schwanz des südlichen Glattwals verschwindet in den Wellen. Glattwale sind dafür bekannt, daß sie überschwenglich mit der Schwanzfluke auf die Wasseroberfläche schlagen.

Jagd nach Grönlandwalen vor Alaska

Seit Tausenden von Jahren jagen die Eskimovölker von Alaska von mit Robbenfell bespannten Flößen aus den Grönlandwal. Sie verwenden Harpunen, deren Spitzen aus Elfenbein oder Stein gearbeitet sind. Als die Walpopulation im Beringmeer noch aus über 10 000 Tieren bestand, waren die Auswirkungen der dörflichen Jagd auf den Walbestand noch ohne Bedeutung. Im 19. Jahrhundert verringerten amerikanische und europäische Walfänger innerhalb von Jahrzehnten die westlichen und östlichen Grönlandwal-Populationen auf höchstens noch einige Hundert. Diese Art des Walfangs wurde in den 1930er Jahren eingestellt, aber die Eskimos jagen weiter, was Auswirkungen zumindest auf die westliche Grönlandwal-Population (Beringmeer) haben könnte. Andere Faktoren, wie z. B. die Verfolgung durch den Schwertwal, Tod durch Zusammenstöße mit dem Eis oder Ersticken unter dem Eis, das sie nicht mehr durchbrechen konnten, tragen wahrscheinlich ebenfalls dazu bei, daß die östliche Population nicht mehr die einstige Größe erreicht.

Die alten Fangmethoden der Eskimos wurden ersetzt durch moderne Gewehre und Sprengkopfharpunen, sog. »heiße Harpunen«. Dadurch wurden die Fangergebnisse verbessert, und auch die Zahl der verwundeten und nicht geborgenen Tiere ist entgegen anfänglichen optimistischen Erwartungen noch angestiegen. Einige verwundete Tiere überleben zwar, aber der Großteil der nicht geborgenen Tiere verendet; daher ist die Gesamtzahl der tatsächlich durch die Jagd getöteten Wale erheblich höher als die der angelandeten Tiere. Im Frühjahr folgen die Grönlandwale den Wasserrinnen im Packeis ostwärts und fallen somit den wenigen, aber gut ausgerüsteten Jägern in Alaska in die Hände.

Viele Naturschutzverbände sowie das wissenschaftliche Komitee der »Internationalen Walfangkommission« fordern immer wieder, die Jagd völlig einzustellen. Die Eskimos von Alaska bestehen energisch darauf, daß die Jagd auf Wale für ihre eigenständige Existenz von sehr hoher wirtschaftlicher und kultureller Bedeutung und deshalb unverzichtbar ist. Nach Feststellungen von Biologen läßt die derzeitige Bestandsgröße und die jährliche Fortpflanzungsrate des westlichen Grönlandwals nur sehr beschränkte Fangquoten zu, damit die Population nicht zusammenbricht — wenn dies nicht bereits geschehen ist.

Die Chancen für eine Erholung des Bestandes sind sehr gering, denn Grönlandwale wachsen nur sehr langsam und die Weibchen bringen nur alle 2 bis 3 Jahre ein Junges zur Welt. Diese Tatsachen gebieten eigentlich ein völliges Fangverbot. Die Regierung der USA ist damit gezwungen, früher oder später eine in jedem Fall unpopuläre Entscheidung zu treffen, nämlich zwischen dem »Überleben der Kultur« der waljagenden Ureinwohner und dem Überleben des Grönlandwals. Die Ansicht, Walprodukte seien heute noch für das materielle Überleben der Eskimo-Stämme unverzichtbar, wurde von der Regierung zurückgewiesen. Die Frage nach der kulturellen Notwendigkeit des Walfangs bedarf noch einer genaueren Klärung. Die Verfasser dieses Artikels meinen jedoch, daß der ersatzweise Fang geringer Mengen des viel zahlreicheren Grauwals, der den Sommer in arktischen Gewässern verbringt (siehe S. 66), sowohl die wirtschaftlichen als auch die kulturellen Bedürfnisse der Eskimos decken könnte.

wo sie als Ausstellungsstücke zu besichtigen sind.

Obwohl Glattwale eigentlich weltweit unter Schutz stehen, wird der Grönlandwal nach wie vor von einigen Eskimos an der Küste Alaskas gejagt. Außerdem ist ihr Lebensraum im Flachwasser der Küsten stellenweise bedroht. Die relativ große Population im südwestlichen Atlantik lebt im patagonischen Golfo Nuevo und Golfo San José in gefährlicher Nähe von Bohrinseln und anderen Offshore-Projekten.

Wie sind also ganz allgemein die Aussichten für den Glattwal? Es wurden inzwischen auch Untersuchungen vorgelegt, denen zufolge die Glattwalbestände im Südpolarmeer und im westlichen Nordatlantik wachsen, aber in allen Fällen konnten die Daten nicht überzeugen. Die nordatlantische Population hat sich anscheinend auf ein paar hundert Tiere eingependelt. Die Grönlandwal-Population der westlichen nordamerikanischen Arktis ist in einer bedrohlichen Lage, hat aber wohl doch noch mehr Überlebenschancen als die Restbestände in der sowjetischen und europäischen Arktis. Die Gewohnheit der beiden großen Arten, im Küstenbereich zu leben, setzt sie den Gefahren aus, die mit der Ausweitung der menschlichen Wohngebiete und den damit verbundenen Störungen und Verschmutzungen einhergehen. Obwohl Glattwale in einigen besonders gefährdeten Gebieten aktiv geschützt werden, wird möglicherweise nur der Zwergglattwal das 21. Jahrhundert erleben.

DEG

Leben in der Kinderstube

Das verspielte Glattwaljunge

Bei Glattwalen ist die Stillzeit verlängert. Das Verhalten der Kälber ist sichtlich ungestüm und verspielt. Die Weibchen der südlichen Glattwal-Vorkommen bringen alle drei Jahre ein Junges zur Welt. Der $5^{1}/_{2}$ m lange Säugling wird nach einer Tragzeit von etwa einem Jahr mitten im Winter geboren und bleibt bis zu 14 Monate lang bei der Mutter. Ein größeres Gebiet, in dem die Jungen zur Welt kommen, liegt bei der Halbinsel Valdés, Argentinien. Sie werden in den geschützten Buchten dieser Halbinsel geboren und bleiben mit der Mutter etwa 4 Monate lang dort. Hier eignen sich die Wal-Säuglinge eine Menge nützlicher Fertigkeiten an.

Bisher hat noch niemand die Geburt eines Glattwals mit eigenen Augen gesehen, aber vermutlich werden sie genau wie andere Wale auch mit dem Schwanz zuerst geboren und dann von der Mutter zum Atmen an die Wasseroberfläche gebracht. Der Schwanz des Neugeborenen ist bei der Geburt noch faltig, da er im Mutterleib zusammengelegt war, und recht biegsam, wird aber beim Schwimmen, das das Kalb vermutlich innerhalb weniger Stunden erlernt, schnell starr.

Glattwaljunge müssen zum Saugen zur Bauchseite ihrer Mutter hinuntertauchen. Es ist möglich, daß die Mutter die Milch aktiv in den Mund des Jungen spritzt.

Am Anfang schwimmt das Neugeborene an der Seite seiner Mutter. Es atmet stoßweise und unbeholfen, wirft dabei den Kopf nach hinten, um sicherzugehen, daß die Spritzlöcher frei von Wasser sind, bevor es einatmet. Die Mutter dagegen taucht elegant und wirft nur kleine Wellen in dem ruhigen Wasser auf, wenn sie zum Atmen hochkommt. Nach etwa drei Wochen entfernt sich das Junge zum ersten Mal ein Stück von der Mutter. Anfangs kehrt es sehr schnell wieder zurück, aber später entwickelt sich ein regelrechtes Spiel aus abwechselndem Fort- und Heranschwimmen. Wenn das Kalb lernt, aus dem Wasser zu springen, entwickelt es gleichzeitig die Drehbewegungen. Beim Springen hebt es drei Viertel seines Körpers gerade aus dem Wasser, dreht sich und landet auffällig platschend mit dem Rükken auf der Wasseroberfläche. Die Jungen erproben diese Sprungtechnik zum ersten Mal, wenn sie schnell hinter der Mutter, in den Wellen ihres »Kielwassers«, herschwimmen. Zur senkrechten Schubkraft des Kopfes beim Atmen kommt die schnelle Vorwärtsbewegung, so daß der Körper aus dem Wasser schnellt. Später springen die Kälber oft mehrmals hintereinander, wenn sie unabhängig von der Mutter ihre eigenen Kreise ziehen; dabei springen sie bis zu 80mal oder mehr pro Stunde.

Die allerersten Aktivitäten der Jungen beziehen sich ganz auf die Mutter: um sie Kreise ziehen, sie berühren, auf ihrem Rücken liegen. Später spielt das Kalb in der Nähe der Mutter, beachtet sie aber kaum. Das selbständige »Sich-auf-den-Rücken-Drehen« ist eine solche das Kalb völlig in Anspruch nehmende Übung. Mit $1^{1}/_{2}$ Monaten hat das Kalb das gelernt. Dabei hält es geschickt sein Gleichgewicht, indem es seinen Brustraum durch An- oder Entspannen verkleinert oder vergrößert. Zuerst bringt es nur eine schnelle ganze Rolle zustande, aber mit der Zeit lernt es auch, einige Minuten lang auf dem Rücken liegenzubleiben. Eine andere Beschäftigung, die sich nicht auf die Mutter bezieht, ist das Aufschlagen der Flipper oder der Schwanzfluke auf das Wasser. Dadurch entsteht ein lautes Platschen oder sogar ein scharfer Knall.

Beim Spiel lernt und übt das Kalb viele Verhaltensmuster, die für sein späteres Leben wichtig sind. Werbende ausgewachsene Glattwale rollen sich oft auf den Rücken, um den Bauch des Geschlechtspartners mit ihrem Bauch zu berühren. Sie tasten sich mit den Flippern ab und nähern sich einander genauso wie das Kalb seiner Mutter. Ausgewachsene Wale schlagen mit ihren Flippern und Schwanzfluken, um sich gegen Schwertwale zu wehren, und eine aufgebrachte Walmutter schlägt mit den Flippern um sich, wenn sie von ihrem Kalb getrennt wird.

Die Verhaltenselemente folgen im Spiel anders aufeinander als im Ernstfall. Anstatt seine Annäherung mit einer Rolle unter den Partner zu beenden, was bei einem Erwachsenen der Fall wäre, wenn er sich einem Geschlechtspartner nähert, schwimmt das Glattwaljunge an die Mutter heran und streichelt sie mit den Flippern, wendet sich dann aber ab und wiederholt seine Annäherung mehrmals. Anstatt mit seinen Brustflossen nach einem Schwertwal oder einem Nebenbuhler zu schlagen, klopft das Kalb mit seinem Flipper auf den Rücken der Mutter.

▲ Ein enges Band. Die südliche Glattwal-Mutter bleibt mit ihrem Kind bis zu 14 Monate zusammen. Dann wird das Junge entwöhnt, und die Mutter wandert allein in die Nahrungsgründe.

► Flachwasser-Spielplatz. Ein südliches Glattwal-Weibchen und ihr Kalb im warmen, grünblauen Flachwasser vor Argentinien. Am Strand sonnen sich See-Elefanten.

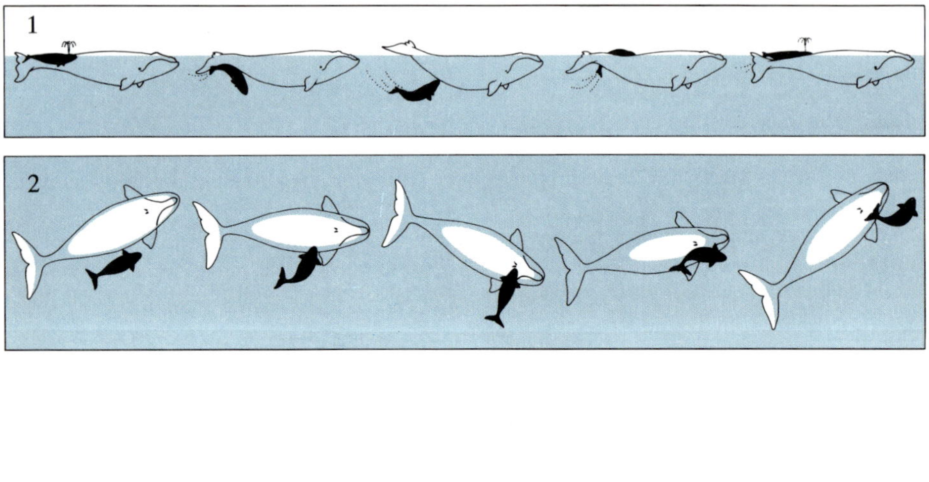

◄ Saugen und Kreisen. Das Kalb muß zum Saugen unter die Mutter schwimmen, um dann wieder über Wasser Luft zu holen (1). Mit etwa 3 Wochen schwimmt das Kalb oft spielerisch zur Mutter hin und wieder von ihr weg (2). Zuerst zaghaft, dann immer übermütiger lernt das Kalb, sich auf die Seite zu drehen. Es läßt sich rasch umkippen, bringt sich wie ein Flugzeug in die Querlage, wobei die Flipper aus dem Wasser ragen. Zu den immer wiederholten und ständig verwickelter werdenden Kreisen und Achter-Figuren gesellt sich das Drehen um die eigene Achse, das Auflegen des Kinns auf die Flanke der Mutter und das Schlagen mit den Flippern auf die Wasseroberfläche.

Obwohl man mehrere Kilometer entlang der Küste einige Mutter-Kalb-Paare beobachten kann, bleibt jedes Paar doch weitgehend für sich und nimmt kaum Kontakt mit anderen Paaren, mit denen es eine große, lockere Herde bildet, auf. In derselben Gegend, gewöhnlich etwas abseits von Müttern und Kälbern, leben Gruppen von bis zu zehn Erwachsenen und Jugendlichen, die oft mit sozialen und sexuellen Handlungen beschäftigt sind. Mütter und Kälber meiden in der Regel diese Gruppen und bleiben näher am Strand.

Mitte November, wenn die Wale sich anschicken, die geschützten Buchten zu verlassen, um den Sommer in den Nahrungsgründen auf hoher See zu verbringen, ändert sich das Verhalten von Mutter und Kalb. Die Kälber stellen ihr übermütiges Spiel ein; Mutter und Kalb beginnen schnell an den Küsten der Halbinsel auf und ab zu schwimmen. Dieses Training stärkt die Muskeln des Jungen für die weite Wanderung und gewöhnt das Kalb daran, neben der zunehmend schneller schwimmenden Mutter zu bleiben. Der enge Kontakt ist nicht nur für Ernährung und Schutz wichtig, sondern auch für die Einteilung der Kräfte, denn das Kalb muß im Sog der schwimmenden Mutter viel weniger Kraft aufwenden — genau wie eine Gans, die im Flug Energie spart, wenn sie neben oder unmittelbar hinter einer anderen fliegt. Es ist nicht bekannt, ob sich die Kälber in ihrem ersten Sommer in den Nahrungsgebieten auch von Plankton ernähren, da sie mit Sicherheit noch weiterhin gesäugt werden. Die Mutter frißt jetzt wieder zum ersten Mal, seit ihr Kalb vor 4—6 Monaten geboren wurde. Die Mütter verbrauchen in der ersten Zeit nach der Geburt in den warmen Buchten nur wenig Energie, indem sie dort rund ein Viertel der Zeit ruhig im Flachwasser liegen. Allerdings müssen sie zu dieser Zeit auch viel Energie spenden. Denn allein mit Hilfe der Muttermilch können die Jungen einen Meter pro Monat wachsen und ausgelassen spielen (Kälber verbringen bis zu 28 % ihrer Zeit mit Spielen). Die Nahrungsaufnahme im Sommer ist entscheidend für die Mütter, wenn sie die erschöpften Fettreserven, die sie während der Aufzuchtsaison verloren haben, wieder aufbauen müssen.

Nach sechs Monaten in tieferen Gewässern kehren die Mütter mit ihren einjährigen Jungen zur Halbinsel Valdés zurück und entwöhnen sie. Wenn das Kalb von der Seite der Mutter wegschwimmt, macht sie keine Anstalten mehr, es zurückzuholen. Jetzt hält das Kalb von sich aus den Kontakt aufrecht. Bemerkenswerterweise verläßt ein Weibchen sein Kalb ein ganzes Jahr, bevor es sich wieder paart. Es braucht wohl dieses Jahr, um neue Kräfte zu sammeln und sich auf die nächste Trächtigkeit und Stillzeit vorzubereiten. In dem Jahr vor der Paarung wird die Mutter, frei von den Bedürfnissen ihres Jungen, vermutlich intensiv Nahrung aufnehmen. Die Belastungen, denen der weibliche Walkörper ausgesetzt ist, erklären auch, warum Weibchen größer sind als Männchen. Nur durch die relativ größeren Fett- und damit Energiereserven, können Walkühe die Trag- und Stillzeit unbeschadet überstehen.

Es besteht ein Konflikt zwischen dem Bedürfnis der Mutter, sich körperlich auf eine neue Schwangerschaft einzustellen, und den Vorteilen, die das Kalb hat, wenn es weiterhin Nahrung und Schutz von der Mutter bekommt. Die Mutter löst diesen Konflikt, indem sie nach 2—8 Wochen das Gebiet bei Valdés verläßt. Das Kalb bleibt in den geschützten Gewässern, nähert sich Gruppen älterer Tiere, die ausgelassen spielen, schließt sich gelegentlich mit anderen einjährigen Tieren zusammen oder spielt ruhig in der Nähe von Erwachsenen. Im späten Frühjahr wandert der Einjährige, wahrscheinlich mit den anderen, in die Nahrungsgebiete. POT

ROBBEN

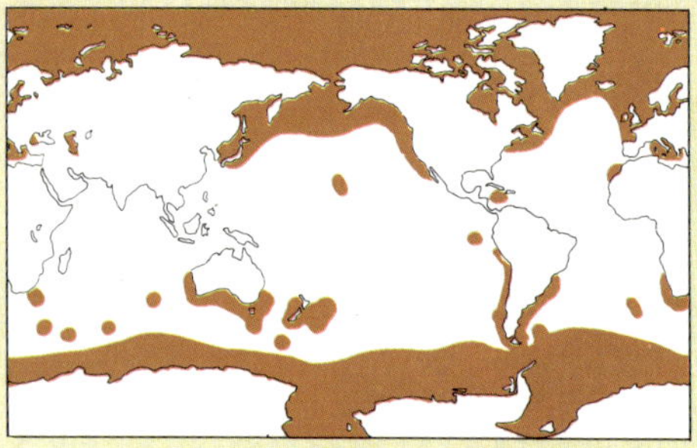

ORDNUNG: PINNIPEDIA
3 Familien; 18 Gattungen; 34 Arten.

Ohrenrobben
Familie: *Otariidae*
14 Arten in 7 Gattungen;
z. B.: Kerguelen-Seebär *(Arctocephalus gazella)*, Kalifornischer Seelöwe *(Zalophus californianus)*, Nördlicher Seebär *(Callorhinus ursinus)*, Mähnenrobbe *(Otaria byronia [flavescens])*.

Walroß
Familie: *Odobenidae*
1 Art: Walroß *(Odobenus rosmarus)*.

Hundsrobben
Familie: *Phocidae*
19 Arten in 10 Gattungen;
z. B.: Bartrobbe *(Erignathus barbatus)*, Krabbenfresser *(Lobodon carcinophagus)*, Kegelrobbe *(Halichoerus grypus)*, Seehund *(Phoca vitulina)*, Bandrobbe *(Phoca [Histriophoca] fasciata)*, Sattelrobbe *(Pagophilus groenlandicus)*, Seeleopard *(Hydrurga leptonyx)*, Nördlicher See-Elefant *(Mirounga angustirostris)*, Ross-Robbe *(Ommatophoca rossi)*, Weddell-Robbe *(Leptonychotes weddelli)*.

Nur wenige Menschen haben Schwierigkeiten, eine Robbe zu erkennen. Ein geschmeidiger, stromlinienförmiger Körper und vier in Flossen umgewandelte Gliedmaßen reichen aus, um jedes Mitglied dieser Gruppe zweifelsfrei der Ordnung *Pinnipedia,* den Robben im weiteren Sinne, zuzuordnen. Das Wort »Pinnipedia« verweist auf diese Umformung und stammt von zwei lateinischen Wörtern: »pinna«, die Feder oder (hier) die Flosse, und »pes« (Genitiv: »pedis«) der Fuß. Also sind die *Pinnipedia* die Flossenfuß-Säugetiere oder Flossenfüßer. Zur Ordnung Pinnipedia gehören drei Familien: die Walrosse, *Odobenidae,* die heute als einzige Art das Walroß umfaßt; die Ohrenrobben, *tariidae,* zu denen 14 Arten gehören und die Hundsrobben, *Phocidae,* mit 18 Arten (oder möglicherweise 19, falls die Karibische Mönchsrobbe doch noch nicht ausgerottet ist). Die Ähnlichkeiten zwischen den Walrossen und den Ohrenrobben rechtfertigen es, sie in einer Überfamilie zusammenzufassen: den Ohrenrobbenartigen oder *Otarioidae.* Diese beiden unterscheiden sich recht stark von den Hundsrobben. Deshalb glauben manche Forscher, daß sich die beiden Gruppen getrennt aus den Raubtieren entwickelt haben: die Ohrenrobben vor etwa 25 Millionen Jahren und die Hundsrobben vor etwa 15 Millionen Jahren (siehe S. 101, 113, 119). Der Verwandtscchaftsgrad zwischen Robben und Raubtieren ist stark umstritten. Einige Fachleute halten sie für so nah miteinander verwandt, daß die *Pinnipedia* als Unterordnung zu den Raubtieren, und zwar in die Verwandtschaft der Bären, gestellt werden sollten. Hier werden sie getrennt behandelt.

Zwischen Ohren- und Hundsrobben bestehen mehr Ähnlichkeiten als Unterschiede. Daher kann man eine »Robbe« leicht erkennen. Der Grund für diese Übereinstimmung ist einfach: alle Flossenfüßer mußten ihren für ein Leben an Land bestimmten Säugetierkörper an das Leben in der dreidimensionalen Umwelt des Wassers anpassen. Wasser ist viel dichter und zäher als Luft. Das bedeutet, daß sich Körperform und Bewegungsart ändern mußten. Ebenso sind die Wärmeverluste im Wasser höher als in der Luft. Um also schädliche Energieverluste zu vermeiden, mußten die Robben Organe zur Wärmespeicherung entwickeln. Und da schließlich der in Wasser gelöste Sauerstoff von Säugetieren nicht verwertet werden kann, mußten die Flossenfüßer eine Reihe von Anpassungen durchlaufen, um die Lungentätigkeit und damit die Atmung atmosphärischer Luft aufrechtzuerhalten, selbst wenn sie nur in größeren Zeitabständen möglich ist — alles in allem gehört dazu die Technik des Tauchens.

Alle drei meerlebenden Säugetiergruppen sahen sich vor dieses Problem gestellt. Während jedoch die Wale und die Seekühe alle Landverbindungen abgebrochen haben, sind die Flossenfüßer doch noch ans Land gebunden, wo sie ihre Jungen zur Welt bringen und säugen und den Haarwechsel durchmachen

▲ **Unterwasser-Akrobaten.** Alle Robben sind beweglich und anmutig im Wasser, aber nicht so sehr an Land. Das Bild zeigt Australische Seelöwen.

► **Die charakteristischen Eigenschaften** der Robben. (1) Der Seehund *(Phoca vitulina)*, eine typische Hundsrobbe, hat (1 a) ein glattes Fell und keine äußeren Ohrmuscheln. Hundsrobben bewegen sich an Land schwerfällig (1 b), wobei ihre Vordergliedmaßen nicht zur Fortbewegung dienen. (2) Der Südafrikanische Seebär *(Arctocephalus pusillus)*, eine typische Ohrenrobbe, besitzt (2 a) schneckenartige äußere Ohren und ein dickes Fell; das hier abgebildete Männchen hat eine besonders dicke Mähne. An Land (2 b) stützen sich Ohrenrobben auf ihre Vorderflossen und ziehen die Hinterflossen unter den Körper. (3) Das Walroß *(Odobenus rosmarus)* mit seinen eigentümlichen Stoßzähnen (3 a), die an Land (3 b) oft als Hebel oder »Steigeisen« eingesetzt werden.

2 b
2 a
3 a
1 a
3 b
1 b

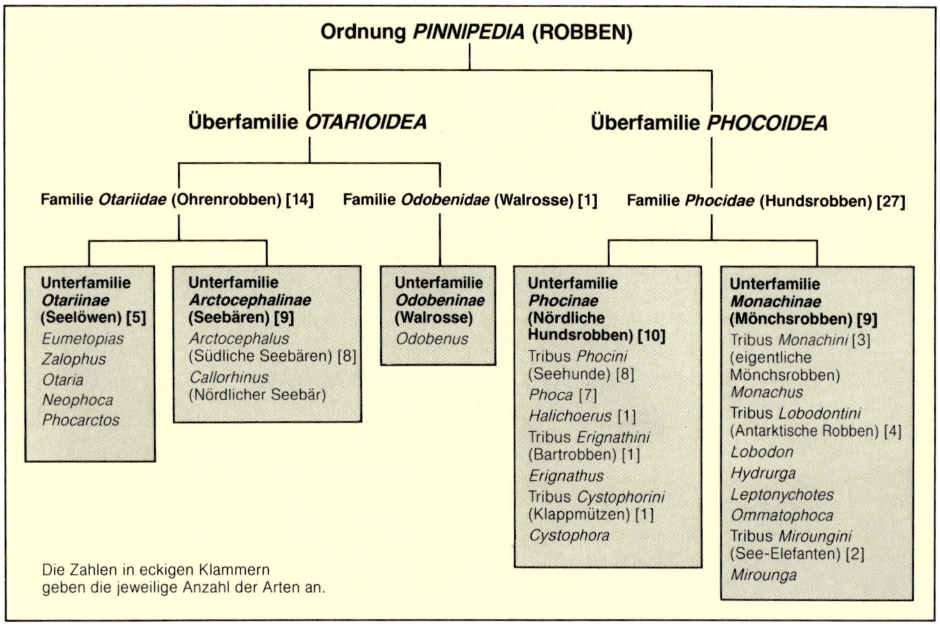

müssen. Diese beiden Merkmale — Nahrungsaufnahme im Meer, Geburt an Land — haben in mancherlei Hinsicht Spuren im Leben und Körperbau der Flossenfüßer hinterlassen.

Bauplan der Robben

Der schlanke Robbenkörper ist spindelförmig, der Kopf ist rund und geht allmählich, ohne abrupte Verengung am Nacken, in den Rumpf über. Äußere Körperanhänge wurden möglichst verkleinert. Bei den Ohrenrobben (Seelöwen und Seebären) bilden die äußeren Ohrmuscheln nur noch kleine, längliche Schnecken. Sie geben der Gruppe den Namen, abgeleitet von dem griechischen Wort »otarion« (= kleines Ohr). Hundsrobben und Walroß verzichten ganz auf dieses Außenohr. Bei diesen beiden Gruppen liegen auch die Hoden im Körperinneren, während bei allen Flossenfüßern der Penis in einer inneren Scheide liegt und nach außen nicht vorragt. Die innenliegenden Hoden (ohne Hodensack) der Hundsrobben werden vor einem Hitzestau geschützt, indem sie von kühlem Blut aus den Gefäßen der Hinterflossen versorgt werden. Entsprechend sind die Zitzen der Robben (zwei bei Hundsrobben außer Bart- und Mönchsrobben, die, genau wie Ohrenrobben, vier haben) eingezogen und liegen mit der Körperoberfläche in einer Ebene. Die Milchdrüsen bestehen aus einem Gewebe, das sich über den Unterkörper und die Flanken zieht und so im Fettgewebe eingelagert ist, daß die Drüsen äußerlich nicht erkennbar sind, selbst wenn die Tiere aktiv Milch abgeben. Die allgemeinen Körperformen werden von einer Schicht Fettgewebe oder Speck unter der Haut geglättet, die, wie wir später sehen werden, eine noch wichtigere Rolle spielt, als nur die Stromlinienform herzustellen.

Die Flossen, auch Flipper genannt, stehen natürlich vom Körper ab, allerdings nicht so stark wie die Gliedmaßen der anderen Säugetiere. Die Arm- und Beinknochen sind relativ kurz und liegen innerhalb des Körpers, die *Axilla* (die der Achsel des Menschen entspricht) mit der Gelenkgabel liegt in Höhe des Handgelenks (Vorderarm bei Ohrenrobben); entsprechend sind die Verhältnisse bei den Hinterextremitäten. Allerdings sind die meisten Finger- und Zehenknochen stark verlängert. Sie sind durch ein Hautnetz und Bindegewebe miteinander verbunden. Die dadurch entstehenden Ruder geben den Tieren beim Schwimmen die nötige Schubkraft. Die Fortbewegung funktioniert bei Ohren- und Hundsrobben sehr unterschiedlich, das Walroß nimmt eine Mittelstellung ein. Ohrenrobben machen beim Schwimmen lange Auf- und Abwärtsbewegungen mit den Vorderflossen, sie »fliegen« durch das Wasser wie Pinguine. Die Vorderflossen bilden ein breites Blatt mit verlängerten Fingern, von denen der erste viel länger ist als die anderen. Die Hinterflossen scheinen beim Schwimmen keine Rolle zu spielen (außer vielleicht als Ruder), aber in engen Passagen oder bei langsamen Bewegungen können sie sich spreizen und auch als Paddel dienen.

Hundsrobben dagegen benutzen fast ausschließlich die Hinterflossen zum Schwimmen. Die Fortbewegung kommt durch schlängelnde Seitwärtsbewegungen zustande. Die Zehen sind dabei immer auf den inneren Bogen der Körperkrümmung gerichtet, um dem Wasser den größten Widerstand zu bieten. Gewöhnlich werden die Vorderflossen eng an den Körper angelegt, wo sie sich durch das elastische Unterhautfett der Oberfläche anschmiegen. Sie können allerdings beim langsamen Schwimmen auch als Paddel verwendet werden.

BAUPLAN DER ROBBEN

▼ **Schädel** vom Walroß, Kalifornischen Seelöwen (einer Ohrenrobbe) und Seehund (einer Hundsrobbe). Die Schädel von Hunds- und Ohrenrobbe sind bis auf die Hinterhauptsregion gleich.

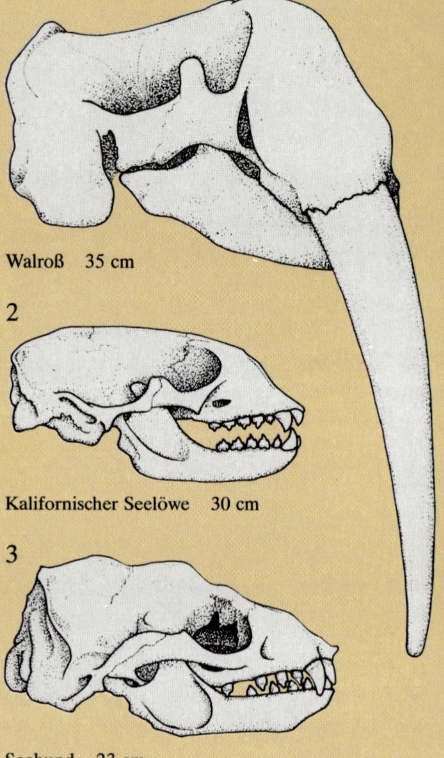

1 Walroß 35 cm

2 Kalifornischer Seelöwe 30 cm

3 Seehund 23 cm

▼ **Die Anzahl der Zähne** ist bei Flossenfüßern variabler als bei den meisten Landraubtieren. Die Zähne des Krabbenfressers (a) haben recht ausgeprägte Höcker, die bei geschlossenen Kiefern nur kleine Lücken freilassen. Diese Zähne sind optimal an den Fang seiner fast ausschließlichen Nahrung, dem Krill, angepaßt. Im Gegensatz dazu besitzt die Weddell-Robbe (b), die sich von Fischen und einfachen Wirbellosen am Meeresboden ernährt, viel einfachere Zähne. Die Zahnformel von Krabbenfressern und Weddel-Robbe ist I1/1 oder 2, C1/1, P5/5, die des Südamerikanischen Seelöwen (c) I3/2, C1/1, P6/5 (I = Schneide-, C = Eck-, P = Vorderbackenzähne in der Hälfte von Ober-/Unterkiefer)

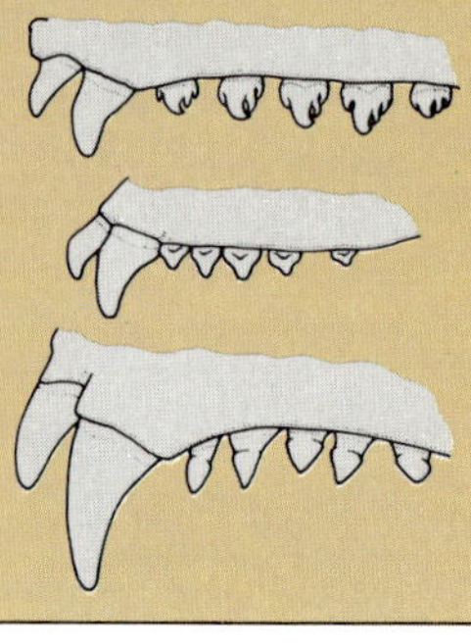

a b c

Das Walroß, ein langsamer und schwerfälliger Schwimmer, benutzt bis zu einem gewissen Grad seine Vorderflossen, bezieht seine Hauptantriebskraft aber aus den hinteren Gliedmaßen. Die Flossen sind denen der Ohrenrobben ähnlich, obwohl die vorderen kürzer und eckiger sind.

Körperpflege, eine wichtige Nebenfunktion der Gliedmaßen, führen die Ohrenrobben mit den Hinterflossen, die Hundsrobben jedoch mit den Vorderflossen aus. Wie sich die Ross-Robbe, die praktisch keine Klauen hat, putzt, ist unbekannt.

Die unterschiedlichen Schwimmtechniken der Ohren- und Hundsrobben spiegeln sich in ihrem Körperbau wider. Die meiste Kraft geht bei den Ohrenrobben vom Vorderkörper aus, wo sich die Muskelmassen konzentrieren. Hundsrobben dagegen besitzen die meisten Muskeln in der Rumpfregion. Die Aufgabe der Hinterbeinmuskeln liegt in ihrer Eigenbewegung sowie im Spreizen und Zusammenziehen der Zehen. Für die Kraftentwicklung beim Schwimmen spielen sie nur eine kleine Rolle. An Land sind Ohrenrobben viel beweglicher als die anderen Gruppen. Die Masse des Körpers wird von den nach außen gerichteten Vorderflossen getragen, die Hinterflossen werden unter den Körper gestellt. Wenn das Tier langsam robbt, werden die Vorderflossen abwechselnd bewegt, wobei die Hinterflossen der entgegengesetzen Seite mitziehen (Kreuzgang). Nur die Fersen der Hinterbeine stehen auf dem Boden, die Zehen werden hochgehalten. Wird das Tempo beschleunigt, werden erst die Hinterflossen, dann die Vorderflossen gleichzeitig vorgesetzt, und das Tier läuft galoppartig. Bei dieser Form der Fortbewegung ist die Gegensteuerung durch die Nackenmuskulatur sehr wichtig, wobei der Körper durch die Vorderflossen im Gleichgewicht gehalten wird. Wahrscheinlich könnten sich Ohrenrobben gar nicht an Land fortbewegen, wenn der Hals nur halb so lang wäre. Walrosse bewegen sich an Land in einer ähnlichen, wenn auch viel unbeholfeneren Art fort.

Seehunde bewegen sich an Land ausschließlich durch rhythmische Kontraktionen ihrer Bauchmuskeln vorwärts. Vorder- und Hinterbeine berühren dabei den Boden nicht. Einige Arten, wie z. B. See-Elefanten oder Kegelrobben, tragen ihr ganzes Körpergewicht auf den Vorderflossen. Wenn sich Kegelrobben über felsigen Grund bewegen, klammern sie sich mit den letzten Fingern der Vorderflossen fest. Andere Hundsrobben, wie z. B. die Weddell-Robbe, benutzen die Vorderflossen überhaupt nicht. Bandrobben und Krabbenfresser kommen auf Eis oder festem Schnee gut voran, indem sie abwechselnd mit den Vorderflossen in den Grund greifen, diese nach hinten drücken sowie mit den Hinterflossen und dem Hinterkörper kräftig ausschlagen — fast so, als wollten sie auf der Eisoberfläche schwimmen.

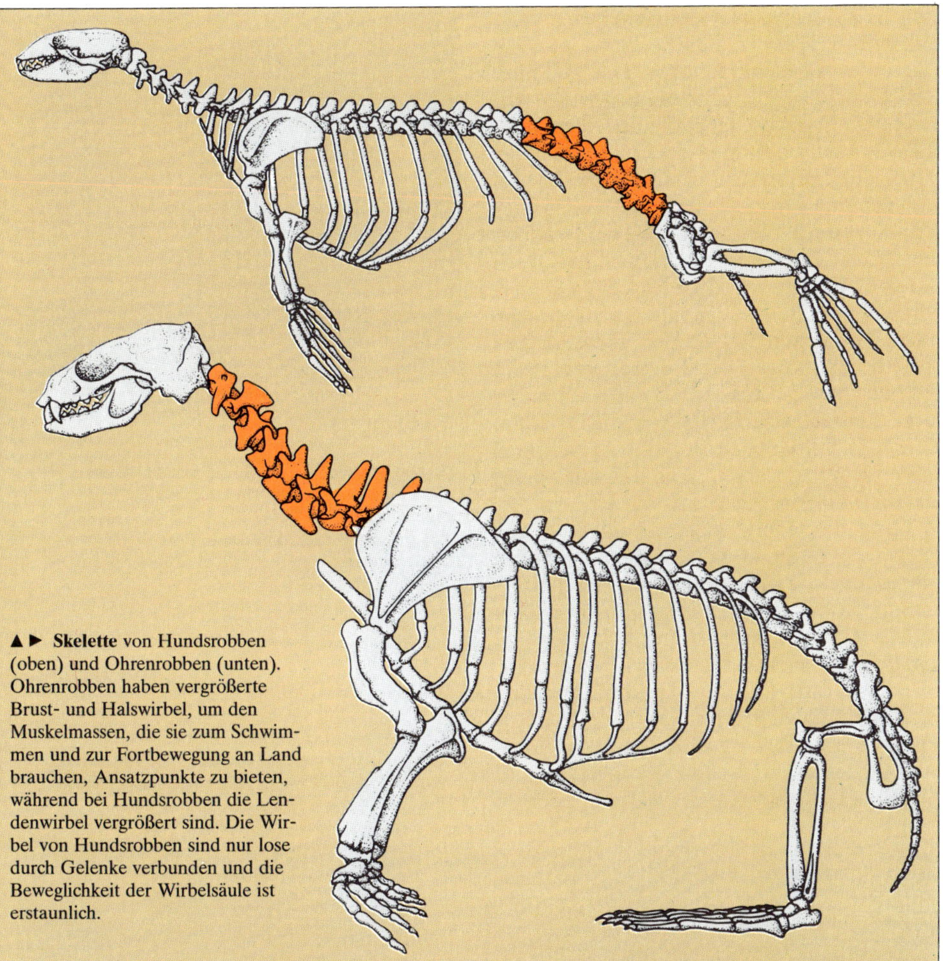

▲► **Skelette** von Hundsrobben (oben) und Ohrenrobben (unten). Ohrenrobben haben vergrößerte Brust- und Halswirbel, um den Muskelmassen, die sie zum Schwimmen und zur Fortbewegung an Land brauchen, Ansatzpunkte zu bieten, während bei Hundsrobben die Lendenwirbel vergrößert sind. Die Wirbel von Hundsrobben sind nur lose durch Gelenke verbunden und die Beweglichkeit der Wirbelsäule ist erstaunlich.

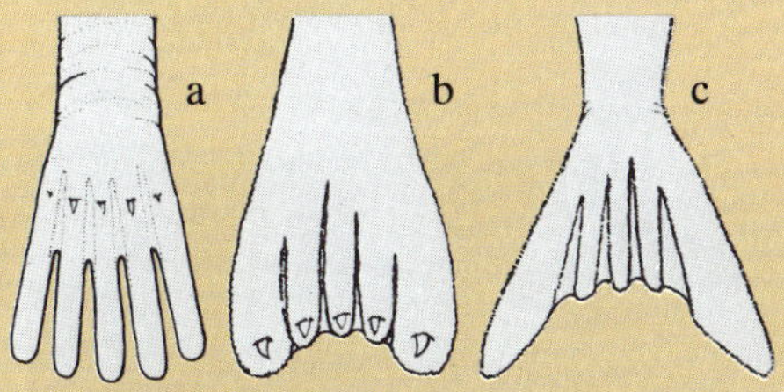

▲ **Hinterflossen** von (a) einem Seelöwen, (b) einem Seehund und (c) einem See-Elefanten. Bei den Seelöwen sind die Fingerkuppen knorpelig verlängert und die Krallen sitzen ziemlich weit von der Spitze entfernt und sind zu funktionsuntüchtigen Nägeln zurückgebildet. Seehunde haben, wie alle nördlichen Hundsrobben, lange Krallen, die wiederum bei südlichen Robben, wie z. B. See-Elefanten, zurückgebildet sind; zwischen den Zehen haben sie bindegewebsartige Schwimmhäute, die die Oberfläche der Flossen vergrößern.

▼ **Vordere Gliedmaßen** von Robben und Landraubtieren. Verglichen mit dem Greyhound (Windhund) (a) haben Hundsrobben (b) und Ohrenrobben (c) breitere und verlängerte Finger. Bei Ohrenrobben nehmen die Finger vom 1. zum 5. Finger an Größe ab. Die Vorderflossen von Hundsrobben sind diesbezüglich variabler: Der fünfte Finger der nördlichen Hundsrobbe ist nicht viel kleiner als der erste, doch bei der hier dargestellten Mönchsrobbe ist der fünfte Finger erheblich verkürzt, während die anderen vier etwa gleich lang sind.

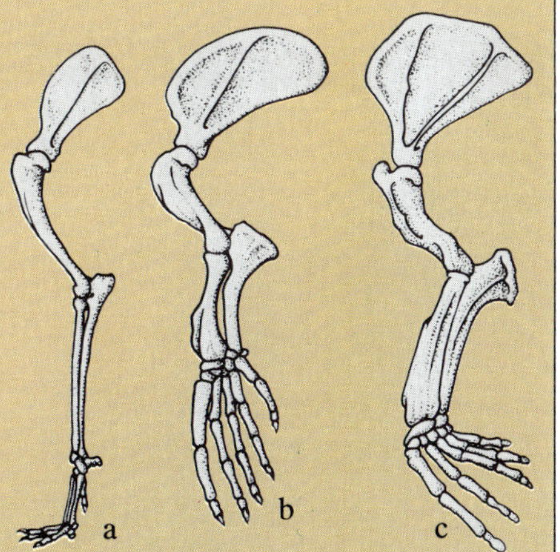

Wärmespeicherung

Da Meerwasser immer kälter, oft sogar viel kälter als die Bluttemperatur (fast 37°C) ist, und Wärme schneller an Wasser als an Luft abgegeben wird, brauchen Robben Anpassungen, die einen übermäßigen Wärmeverlust an der Körperoberfläche vermeiden helfen. Die Stromlinienform des Robbenkörpers, bei dem keine wärmeabgebenden Anhangsgebilde vorstehen, trägt dazu bei. Ein anderes Verfahren besteht darin, das Verhältnis zwischen (wärmeabgebender) Oberfläche und (wärmeproduzierendem) Rauminhalt zu verbessern: Von Körpern derselben Form haben größere relativ weniger Oberfläche bei relativ mehr Volumen. Die Robben sind insgesamt gesehen verhältnismäßig große Säugetiere, d.h. es gibt keine ausgesprochen kleinen Formen, so wie es etwa kleine Nagetiere, Insektenfresser oder Raubtiere gibt.

Eine weitere Methode, die Körpertemperatur konstant zu halten, besteht in der Isolierung der Oberfläche. Die Luftschicht im Fell der Säugetiere ist ein an der Luft wirksamer Isolator. Im Wasser verliert das Haar allerdings diese Eigenschaft, da die Luftschicht entweicht, sobald das Tier untertaucht. Aber auch so ist das Haar von entscheidender Bedeutung, indem es an der Körperoberfläche eine mehr oder weniger gleichbleibende Wasserschicht erhält. Bei den Seebären sind die Haare der wirksame Isolator. Das Fell aller Robben besteht aus vielen Einheiten, die sich aus einem Haarbüschel und einem Paar Talg-(Öl-)Drüsen zusammensetzen. Jedes Haarbüschel besteht aus einem langen, dicken, tief verwurzelten Deckhaar und mehreren feineren, kürzeren Wollhaaren. Bei Hundsrobben und Seelöwen wachsen nur wenige (1—5) dieser Wollhaare in jedem Büschel, bei Seebären aber bilden sie eine dichte Unterhaarmatte. Die feinen Spitzen der Fellfasern und die Absonderungen der Talgdrüsen machen das Fell wasserabstoßend, so daß das Wasser nicht zur Hautoberfläche vordringen kann. Theoretisch könnte ein Nördlicher Seebär 2 Jahre im Wasser leben, ohne daß seine Haut auch nur im geringsten naß würde.

Wenn die Robbe taucht, wird die Luftschicht im Fell pro 10 m Tauchtiefe durch den Wasserdruck jeweils um die Hälfte zusammengepreßt. Deswegen haben Robben eine andere Art der Wärmeisolierung entwickelt, nämlich ein dickes Unterhaut-Fettgewebe, den Speck oder Blubber, das zusätzlich eine Fettreserve für Zeiten geringer Nahrungsaufnahme wie die Still- und Haarungszeit bereitstellt. Fett ist ein schlechter Wärmeleiter, und eine Speckschicht ist an der Luft nur ein halb

Kühlung

▲ **Das errötende Walroß.** Bei heißem Wetter wird die Haut des Walrosses stark durchblutet und bekommt eine ziegelrote Farbe. Im Gegensatz dazu können alte Bullen, deren natürliche Pigmentierung verblaßt ist, nach einem Tauchgang in kaltem Wasser leichenblaß aussehen.

▼ **Flossen-Fächer.** Bei sehr warmem Wetter fächeln Robben die Luft mit ihren Flossen, um die Wärmeabgabe zu verstärken. Hier demonstrieren dies Kalifornische Seelöwen.

so guter Isolator wie ein gleich dickes Fell. Im Wasser wird die isolierende Wirkung des Specks sogar auf ein Viertel ihres Wertes an der Luft reduziert; dabei spielt allerdings die Tauchtiefe keine Rolle. Robben haben gewöhnlich eine Spechschicht von mehr als 7–10 cm Speck, der einen Wärmeverlust aus dem Körperinneren verhindert. Hundsrobben legen dickere Speckschichten an als Ohrenrobben.

Bei großer Kälte muß der Wärmeverlust an den Flossen, die keinen isolierenden Schutz haben, möglichst gering gehalten werden. Deshalb wird der Blutzufluß zu den Gliedmaßen so weit herabgesetzt, daß die Zirkulation gerade ausreicht, um Frostschäden zu verhindern. Unter dem feinen Adernetz der Haut liegen spezielle Nebenschlüsse zwischen den kleinsten Adern (*Arteriolen*) und den kleinsten Venen (*Venolen*), die sogenannten *arteriovenösen Anastomosen* oder AVA. Werden die AVA geöffnet, kann mehr Blut durch die oberen Hautschichten fließen, und bei Bedarf kann Wärme abgegeben werden.

Eine Isolierung, die im Wasser funktioniert, kommt auch an der Luft zum Tragen. Die Weddell-Robbe zum Beispiel hält auf dem Eis ohne weiteres Lufttemperaturen von –40°C aus. Die Temperatur auf der Hautoberfläche kann natürlich viel höher sein als die Lufttemperatur, solange die Sonne scheint. Dadurch können die meisten Robben gut ein kaltes Klima ertragen, da sie kühle Lufttemperaturen aushalten und Wasser niemals kälter als –1,8°C werden kann. Die Robben sind daher auch Charaktertiere beider Polarregionen. Aber nicht alle Flossenfüßer leben im kalten Klima. Für Tiere der gemäßigten oder tropischen Breiten (hauptsächlich Ohren- und Mönchsrobben) ist die große Hitze außerhalb des Wassers ein großes Problem. Mönchsrobben auf Hawaii meiden an sonnigen Tagen trockene Strände. Das andere Extrem geben die Seehunde von Neuschottland ab, die zum »Aufwärmen« ins Wasser gehen, wenn die Lufttemperatur an Land unter –15°C sinkt.

Für Seebären kann ein Hitzestau nach längeren Bewegungsphasen ernste Folgen haben. Hitze kann nur über die Oberfläche der nackten Flossen abgegeben werden. Dazu werden die AVA erweitert, so daß mehr Blut durch die oberste Hautschicht geleitet wird und mehr Hitze von der schwarzen Oberfläche der Flossen abstrahlt. Eine Hilfe kann in dem Zusammenhang auch sein, die Flossen weit auszustrecken, Luft mit ihnen zu fächeln oder sie mit Urin zu befeuchten, der durch Verdunstung kühlt.

Hundsrobben haben am ganzen Körper AVA. Das Fettgewebe enthält Blutgefäße, und eine Hundsrobbe kann durch das Fett hindurch Blut zur Hautoberfläche leiten und so Wärme abgeben. Umgekehrt dient dieses System dazu, bei niedrigen Temperaturen Wärme aus der Sonnenstrahlung zu gewinnen. Walrosse besitzen ebenfalls Blutgefäße und AVA an der Körperoberfläche, die bewirken, daß die Haut einer Herde in der Sonne liegender Walrosse ganz rosa gefärbt sein kann.

In regelmäßigen Abständen müssen alle Robben ihre Haare und die oberste Hautschicht erneuern. Bei Ohenrobben ist der Haarwechsel ein relativ langer Prozeß. Zuerst wird die Unterwolle abgestoßen; bei Seebären bleiben einige der abgestorbenen Wollhaare im Haarkanal. Das Deckhaar wird kurz danach abgeworfen, allerdings werden nicht immer alle Graunenhaare gewechselt. Bei Hundsrobben geht der Haarwechsel viel abrupter vonstatten. Um den neuen Haarwuchs einzuleiten, wird die Blutversorgung der Haut verstärkt, was gleichzeitig einen größeren Wärmeverlust bedeutet. Daher bleiben die meisten Robben fast während des gesamten Fellwechsels außerhalb des Wassers; einige, wie z. B. See-Elefanten, liegen in großen Mengen beieinander und halten dadurch ihre Körpertemperaturen.

Tauchen

Ein luftatmendes Säugetier muß im Wasser vor allen Dingen verhindern, daß Wasser in die Lunge eintritt. Beim Untertauchen schließen Robben reflexartig ihre Nasenlöcher, die, nachdem sie erst einmal durch einen Schließmuskel verschlossen wurden, durch den Wasserdruck in diesem Zustand bleiben. Entsprechend trennen der weiche Gaumen und die Zunge die Mundhöhle von Kehlkopf und Speiseröhe ab, wenn die Robbe unter Wasser das Maul öffnen muß, z. B. um Beute zu fangen. Die Anpassung an das Tauchen macht es

▲ **Fellwechsel.** Während des Fellwechsels ähnelt die Haut von See-Elefanten einer Karte der Meere, die sie bewohnen. Als einzige Robbenart stoßen See-Elefanten die oberste Hautschicht in großen Schuppen und Lappen, zusammen mit dem spärlich daran sitzenden Haar, ab.

▼ **Haarbüschel** einer Hundsrobbe (links) und eines Seebären (rechts). Bei Hundsrobben ist ein Grannen-, Leit- oder Primärhaar nur von wenigen Woll- oder Sekundärhaaren umgeben, während bei Seebären 50 Wollhaare auf ein Grannenhaar kommen und ihm eine Felldichte von 57 000 Haaren pro cm^2 geben. Die dichte Haardecke wird von den Schäften der Grannenhaare in ihrer Lage gehalten, wie der Fellausschnitt (unten) zeigt.

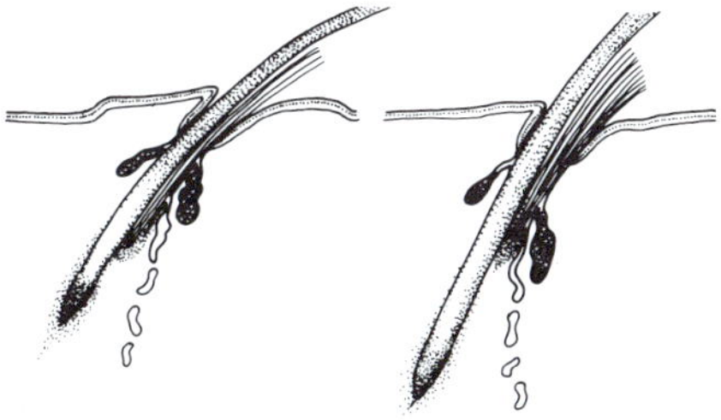

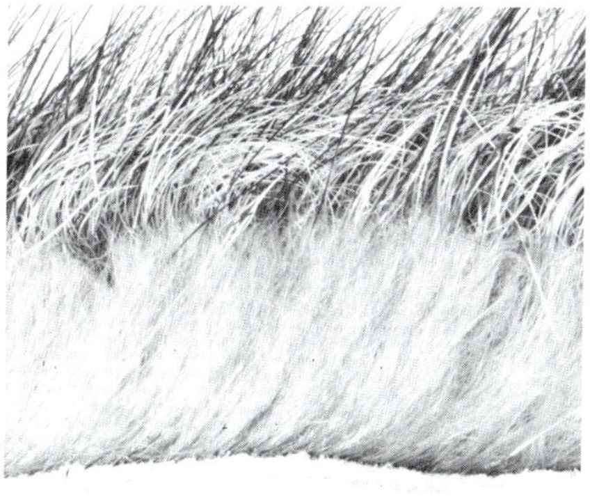

▲ **Die stromlinienförmigen Umrisse** eines Galapagos-Seelöwen unter Wasser. Im Gegensatz zu Hundsrobben, die die Lunge vor dem Tauchen entleeren, tauchen Seelöwen mit etwas Luft in der Lunge (erkennbar an den aufsteigenden Luftblasen), so daß sie unter Wasser Lautäußerungen von sich geben können. Diese Fähigkeit wenden Männchen an, wenn sie ihre Unterwasser-Territorien durchstreifen. Obwohl sie nicht solche hervorragenden Taucher wie die Hundsrobben sind, konnten sie schon auf Tauchtiefen von 250 m dressiert werden.

erforderlich, den Atem möglichst lange anzuhalten. Hundsrobben können das besser als Ohrenrobben, die selten länger als fünf Minuten tauchen. Trotzdem haben Südafrikanische Seebären ihre Beute schon in Tiefen von über 100 m gejagt, Kalifornische Seelöwen haben unter natürlichen Bedingungen 73 m, unter Dressur 250 m erreicht. Im Vergleich dazu können Hundsrobben viel länger tauchen. See-Elefanten bleiben mindestens 30 Minuten lang unter Wasser, bei einer Weddell-Robbe wurden in freier Wildbahn über 70 Minuten gemessen.

Die Fähigkeit, Luft anzuhalten, kann gesteigert werden, wenn bei jedem Tauchgang mehr Sauerstoff mit hinunter genommen wird. Robben erhöhen Frequenz und Amplitude ihrer Atmung, d. h. sie atmen schneller und tiefer, bevor sie tauchen; sie tauchen jedoch nicht mit vollen Lungen, da sich sonst Auftriebsprobleme ergeben würden. Hundsrobben atmen vor dem Tauchen fast vollständig aus. Seelöwen hingegen scheinen oft mit zumindest teilweise luftgefüllten Lungen zu tauchen. Hundsrobben haben oft eine größere Blutmenge pro Kilogramm Körpergewicht als andere Säugetiere; bei der Weddell-Robbe ist sie zweieinhalbmal so groß wie bei einem entsprechend großen Menschen. Zudem enthält das Blut mehr sauerstoffbindendes Hämoglobin (roten Blutfarbstoff), so daß der Sauerstoffgehalt des Blutes dreimal so hoch ist wie beim Menschen. In den Muskeln von Robben sind zusätzlich höhere Konzentrationen eines anderen sauerstoffbindenden Eiweißstoffes, des Myoglobins (des Muskelproteins). Myoglobinkonzentrationen bei Weddell-Robben sind zehnmal höher als beim Menschen.

Selbst diese großen Sauerstoffvorräte würden für das lange Tauchen nicht ausreichen, wenn sie nicht mit physiologischen Änderungen einhergingen. Wenn eine Robbe taucht, setzen gleichzeitig viele verschiedene Körperreaktionen ein, von denen die auffälligste die Verlangsamung des Herzschlags ist. Die Leistung des Herzens fällt um 10—20 % ihres Wertes vor dem Tauchgang, und der Blutfluß wird größtenteils zum Gehirn geleitet. Dadurch kann die Robbe den verfügbaren Sauerstoff gezielt dort einsetzen, wo er den größtmöglichen Nutzen bringt. Gleichzeitig wird der Sauerstoffbedarf verschiedener Organe, wie z. B. von Leber und Niere, deutlich eingeschränkt.

Bei der Weddell-Robbe sind die Tauchgänge unter normalen Bedingungen recht kurz — sie dauern weniger als 20 Minuten — und der Stoffwechsel läuft ganz normal aerob (d. h. sauerstoffverbrauchend) mit Kohlendioxid als Abfallprodukt ab. Dauern die Tauchgänge länger als 30 Minuten, wird der Stoffwechsel (außer im Gehirn) anaerob (d. h. ohne Beteiligung von Sauerstoff), und in den Muskeln sammelt sich Milchsäure als Abfallprodukt. Robben sind äußerst widerstandsfähig gegen hohe Konzentrationen von Milchsäure und Kohlendioxid in ihrem Blut. Trotzdem ist nach einem solchen Tauchgang eine Erholungsphase nötig, weshalb das Tier eine Zeitlang keine ausgedehnten Tauchgänge unternimmt. Nach ca. 45 Minuten unter Wasser bedarf es einer Erholungszeit von etwa 60 Minuten über Wasser. Folglich sind derartig lange Tauchgänge eher die Ausnahme.

Das Tauchen in große Tiefen stellt die Robben auch vor Druckprobleme. Weddell-Robben tauchen gewöhnlich 300—400 m tief und können auch 600 m Tiefe erreichen. Dort beträgt der Druck auf die Robbe etwa 62,8 MPa, verglichen mit dem Luftdruck in Meereshöhe von 0,98 MPa. Da Flüssigkeiten fast nicht zusammengepreßt werden können, sind die meisten Organe davon nicht betroffen. Deutlich macht sich jedoch der Druck bei einem mit Gas gefüllten Raum wie dem Mittelohr bemerkbar. Das Mittelohr der Robben ist von einem Netz venöser Blutgefäße umgeben. Wenn die Robbe taucht, schwellen die gefüllten Adern durch den steigenden Wasserdruck an, nehmen dadurch den Luftraum ein und wirken so dem Druck entgegen. Der weitaus größte gasgefüllte Raum ist das

Atmungssystem. Wenn eine Robbe taucht, entleert sie teilweise die Lungen. Ein Rest Luft verbleibt in den winzigen Lungenbläschen und den Bronchien. Steigt der Druck, wird die Luft aus den Lungen in die oberen Luftwege gedrückt, in denen kein Gasaustausch mit dem Blut stattfindet. Dadurch sinkt das Risiko, daß Stickstoff vom Blut absorbiert wird, was beim Auftauchen zur sogenannten »Taucherkrankheit» führen würde. Trotzdem könnte wiederholtes Tauchen die Stickstoffkonzentration auf ein gefährliches Niveau anwachsen lassen. Rein rechnerisch könnte — wegen der Tiefe und Dauer einiger ihrer Tauchgänge — die Taucherkrankheit bei Weddell-Robben schon durch einen einzigen Tauchgang ausgelöst werden. Als letzte Rettung verhindert ein Zusammenpressen der Lungenbläschen, daß sich zu hohe Stickstoffkonzentrationen in Blut und Geweben ansammeln und dadurch die Taucherkrankheit eintritt.

▲ **Die kräftigen Schnurrhaare** stellt hier ein gähnender Galapagos-Seelöwe zur Schau. Vermutlich nimmt er mit seinen Schnurrhaaren Wasserbewegungen wahr, die von Beutetieren verursacht werden.

Sinnesleistungen

Gesichts-, Gehör- und Tastsinn sind bei Robben gut entwickelt, nur über den Geruchssinn der Tiere ist wenig bekannt. Ohr- und Hundsrobben produzieren in der Paarungszeit starke Düfte; die Geschlechtspartner wie auch die Mütter erkennen einander und ihre Jungen am Geruch. Daher nimmt man an, daß dieser Sinn in angemessener Weise entwickelt ist. Ein Geruchssinn ist unter Wasser natürlich nutzlos.

Die Augen sind groß und bei manchen Arten, z. B. der Ross-Robbe, sogar sehr groß. Da sie keinen Tränennasengang besitzen, der die Tränenflüssigkeit in die Nase ableitet, sieht man häufig Tränen über das Gesicht laufen, was bei vielen Menschen unangebrachte Sympathien erweckt. Die Netzhaut ist an gedämpftes Licht gewöhnt. Sie enthält nur Stäbchen (daher haben die Tiere vermutlich keinen Farbsinn) und hat im Hintergrund eine reflektierende Schicht, das *Tapetum* (wie bei Katzen), das das Licht ein zweites Mal durch die Sinneszellen reflektiert. Robben können in Luft und Wasser gleichermaßen deutlich sehen. Da die Hornhaut unter Wasser keinen Brechungseffekt aufweist, ist die Linse stärker gekrümmt als bei landlebenden Säugetieren. An der Luft zieht sich die Pupille zu einem senkrechten Schlitz zusammen. Da außerdem die Hornhaut besondere Anpassungen aufweist, werden Schwierigkeiten für die Augen beim Wechsel vom Wasser zur Luft weitgehend vermieden.

Das Hörvermögen der Robben ist gut. Abgesehen vom Fehlen äußerer Ohrmuscheln bei Walroß und Hundsrobben und den bereits erwähnten Anpassungen, die durch das Tauchen bedingt sind, ähnelt die Struktur des Ohrs derjenigen der meisten anderen Säugetiere. Einige Robben erzeugen unter Wasser, vermutlich mit dem Kehlkopf, Klicklaute, und man vermutet schon, daß sie wie bei Walen zur Echo-Orientierung gebraucht werden. Beim Seehund gibt es dafür einige Hinweise, aber Versuche mit dem Kalifornischen Seelöwen sind fehlgeschlagen. Viele Robben können jedoch nicht ihre Augen einsetzen, um z. B. in schlammigen Flußmündungen oder im Polarwinter unter dem Eis ihre Nahrung zu finden. Man hat auch schon viele wohlgenährte, aber auf beiden Augen blinde Robben entdeckt. Es ist also eindeutig, daß sie andere Mittel als das Sehvermögen haben müssen, um ihre Beute aufzuspüren. Hier muß auch ihr ausgezeichneter Druck- und Strömungssinn erwähnt werden, der sie auf feinste Luftzüge und Wasserbewegungen reagieren läßt.

Die Schnurrhaare von Robben sind gewöhnlich gut entwickelt und möglicherweise sind sie in der Lage, Vibrationen im Wasser wahrzunehmen. Die Schnurr- oder Tasthaare sind bei Ohrenrobben, Walrossen, Bart- und Mönchsrobben äußerlich glatt; bei den anderen Arten haben sie perlschnurförmige Umrisse. Die Sinustasthaare beiderseits der Nasenlöcher sind am längsten; bei Kerguelen-Seebären messen sie bis zu 48 cm. Andere Tasthaargruppen, z. B. über der Nase und an der Stirn, sind kürzer. Jedes Tasthaar sitzt in einem Bläschen, das von einer reichlich mit Nervenfasern ausgestatteten Bindegewebskapsel umgeben ist. Aus ihrer Struktur läßt sich vermuten, daß ihre Hauptaufgabe darin besteht, Druckwellen zu registrieren, die von schwimmenden Fischen ausgehen. Das Entfernen der Tasthaare beeinträchtigt viele Fähigkeiten von Robben, z. B. die, Fische zu fangen.

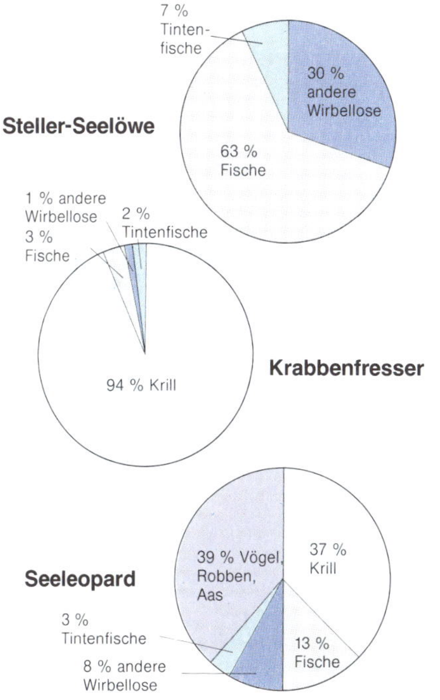

▲ **Die unterschiedliche Ernährungsweise** von Steller-Seelöwe, Krabbenfresser und Seeleopard.

Nahrung und Nahrungsaufnahme

Als die Flossenfüßer im mittleren Miozän (vor 25 Millionen Jahren) zum ersten Mal auftraten, bildeten sich innerhalb relativ kurzer Zeit die verschiedenen Arten heraus, vermutlich als Folge einer Anpassung an die großen Nahrungsbestände im Meer zu jener Zeit. Dies könnte einhergegangen sein mit gewaltigen Auftriebsprozessen (Konvergenzen), verursacht durch klimatische Ereignisse oder Bewegungen der Erdkruste, die nährstoffreiches Tiefenwasser an die Oberfläche brachten und so die Entfaltung von Organismen im Meer begünstigten. Auftrieb ist in polnahen

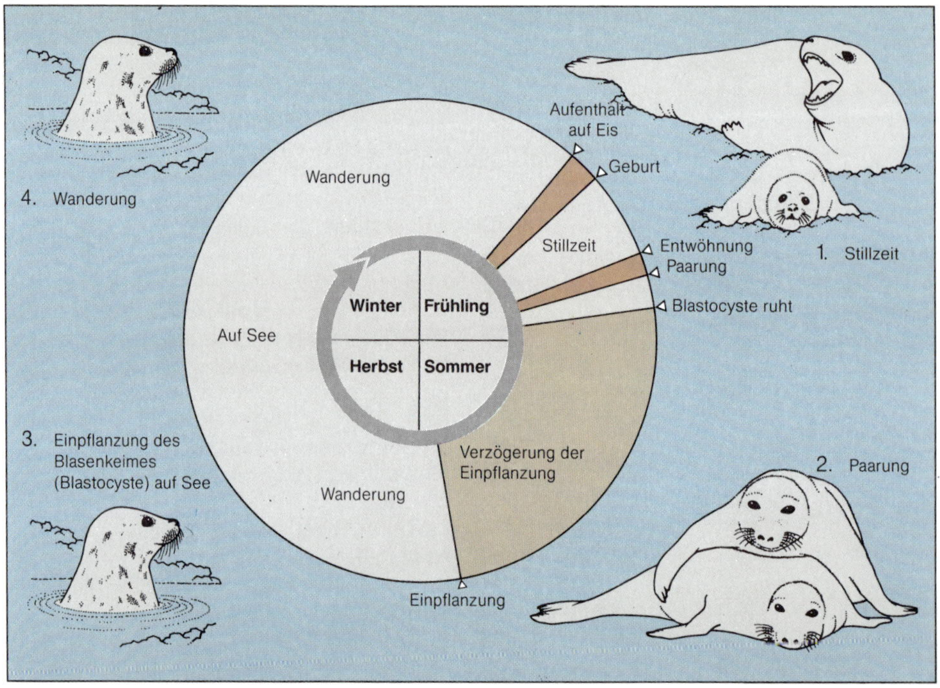

Gebieten entlang der westlichen Küsten sowie bei Gegenströmungen nichts Ungewöhnliches. Dort finden wir auch heute große Mengen Robben.

Flossenfüßer sind vielseitig und ernähren sich von unterschiedlichsten Beutetieren. Das kann man vor der Küste von British Colombia gut beobachten, wo drei Flossenfüßer — Seehund, Stellers Seelöwe und Nördlicher Seebär — in unterschiedlichen Lebensräumen vorkommen. Um große Beute zu fressen, tauchen Robben auf, kleinere Beute verschlingen sie unter Wasser.

Nicht alle Ruderfüßer sind so vielseitig. Einige, wie z. B. der Krabbenfresser, sind extreme Spezialisten (siehe S. 128—129). Die Nahrung der Krabbenfresser besteht zu 94 % aus kleinen, krabbenartigen Schalentieren, dem antarktischen Krill. Die Eismeer-Ringelrobbe der Arktis ernährt sich ebenfalls überwiegend von Schalentieren. Der Südliche See-Elefant und die Ross-Robbe jagen bevorzugt Tintenfische. Walroß und Bartrobben ernähren sich hauptsächlich von bodenlebenden Wirbellosen, z. B. Muscheln. Einige Flossenfüßer fressen auch warmblütige Beute. Seelöwen nehmen gelegentlich Vögel, einige auch unbewachte Jungtiere anderer Robben. Der konsequenteste Jäger ist der Seeleopard, der sich bevorzugt von jungen Krabbenfressern ernährt, aber auch Fische, Krill und Vögel nicht verachtet (siehe S. 138—139).

Kiefer und Zähne der Robben sind darauf ausgerichtet, Beute zu greifen, nicht zu kauen. Die meisten Beutetiere werden ganz verschluckt, zu große Tiere werden erst in Stücke gerissen. Planktonfresser wie Krabbenfresser oder Eismeer-Ringelrobben haben ausgesprochen spitze Zähne, durch die das Wasser gesiebt werden kann, bevor sie die ausgefilterte Beute hinunterschlucken. Bei vielen Robben sind die Backenzähne zurückgebildet. Der Kerguelen-Seebär ist zwar ein Krillfresser, besitzt aber stark verkleinerte Backenzähne. Die Zähne der Bartrobbe sind zwar lang, haben aber nur kurze Wurzeln und können schon in jungen Jahren ausfallen.

Der Magen ist einfach und in Richtung der Körperachse langgestreckt, was beim Verschlingen großer Beute hilfreich ist. Der Dünndarm ist oft sehr lang. Bei der Mähnenrobbe kann er 18 m messen, während er bei ausgewachsenen Bullen des Südlichen See-Elefanten 202 m erreichen kann. (Zum Vergleich: Der Dünndarm beim Menschen ist etwa 7 m lang.) Blinddarm, Dickdarm und Mastdarm der Robben sind relativ kurz.

Über das Ernährungsverhalten von Robben in freier Wildbahn gibt es kaum Berichte. Aktivität und Körpertemperatur üben großen Einfluß aus. Man hat errechnet, daß der Nördliche Seebär allein für seinen Erhaltungsstoffwechsel 14 % seines Körpergewichts täglich an Nahrung braucht. Im Gegensatz dazu können Robben in

◄ ▲ **Ein Jahr im Leben einer Robbe.** Robben haben einen jährlichen Zyklus, der damit beginnt, daß sie aus dem Wasser kommen, um die Jungen zur Welt zu bringen. (1) Die Stillzeit variiert zwischen 9—10 Tagen bei einigen auf Eis züchtenden Hundsrobben, z. B. Seehunde, und einem Jahr bei einigen Ohrenrobben wie den Australischen Seelöwen (oben links). (2) Die Paarung folgt bei Hundsrobben unmittelbar nach der Entwöhnung, beim Nördlichen See-Elefanten findet sie einen Monat nach der Geburt des Jungen statt (oben). (3) Nach der Befruchtung folgt bei allen Robben eine $2^1/_2$—$3^1/_2$ Monate dauernde Verzögerung der Einpflanzung des Keimes, während der sich die Blastocyste nicht entwickelt. Nach der Entwöhnung kehren Hundsrobben ins Wasser zurück. Das Geburtsfell *(Lanugo)* der Robben ist anders als das Fell der Erwachsenen. Zwei junge, fette Kegelrobben nehmen ein Sonnenbad (unten). Hundsrobben verlieren ihr Wollhaar nach 2—3 Wochen, Ohrenrobben nach 2—3 Monaten. Dieser junge Australische Seelöwe (unten links) wird bald sein zweifarbiges Fell gegen das dunkelbraune Fell der Erwachsenen tauschen. Auf See nistet sich das befruchtete Ei in die Gebärmutter ein, und der Zyklus beginnt von vorn (4).

Gefangenschaft bei einer Ration von nur 6—10 % des Körpergewichts gehalten werden. Jungtiere brauchen proportional mehr Nahrung als Erwachsene, um Wachstum zu ermöglichen und um die größeren Wärmeverluste der kleineren Tiere auszugleichen. Die meisten Flossenfüßer können in Verbindung mit Fortpflanzung und Fellwechsel lange Fastenzeiten durchmachen. Dafür ist die Speckschicht sehr wichtig, die als Nahrungsvorrat und Isolator dient.

Fortpflanzungsverhalten

Die Robben haben den Übergang vom Land zum Wasser noch nicht ganz geschafft. Die Anpassungen, die sie so hervorragend zu einem Leben im Meer befähigen, machen sie an Land, auf das sie sich zur Fortpflanzung zurückziehen müssen, schwerfällig und angreifbar. Da Robben landlebenden Raubtieren ausgesetzt sind, mußten sie sich vielfältig anpassen, um während der Zeit der Geburten und der Abhängigkeit der Jungen die nötige Sicherheit zu gewährleisten. Davon sind die Auswahl sicherer Fortpflanzungsplätze, die Sozialstruktur der Zuchtgruppen und die Dauer der Abhängigkeit der Jungen betroffen.

Gewöhnlich züchten Robben im Frühjahr oder Frühsommer. Nach einer Zeit intensiver Nahrungsaufnahme kommen sie an den traditionellen Fortpflanzungsplätzen zusammen. Alle nördlichen Hundsrobben außer Seehund und Mönchsrobbe sowie alle südlichen Hundsrobben außer Nördlicher und Südlicher See-Elefant pflanzen sich auf dem Eis fort, im Gegensatz zu den Ohrenrobben. Aber auch Walrosse gebären, gewöhnlich nicht weit von der Küste entfernt, auf Eis.

Oft kommen die Männchen einige Tage oder Wochen vor den Weibchen zur Paarungsstätte und erkämpfen sich Territorien auf dem Festland oder Eis (dies trifft immer für Ohrenrobben zu). Die fortpflanzungsfähigen Weibchen, die einen Fötus aus der vorangegangenen Paarungszeit in sich tragen, gehen erst kurz vor der Niederkunft an Land. Sie kann bei See-Elefanten eine Woche dauern (siehe S. 132—133), bei Seehunden aber, die ihre Jungen auf Sandbänken oder Felsen in der Gezeitenzone zur Welt bringen, handelt es sich in der Regel nur um wenige Minuten. Die Geburt ist bei allen Robben ein schneller Vorgang, da das Junge ein praktisches, torpedoförmiges Bündel bildet, das genauso gut mit dem Kopf wie mit dem Schwanz voran herausgleiten kann. Gewöhnlich kommt ein einziges Junges zur Welt. Zwillinge sind sehr selten und werden vermutlich nie erfolgreich aufgezogen. Das neugeborene Junge ist mit einem speziellen Geburtsfell, der *Lanugo,* überzogen. Es ist wolliger als das zweite Fell und hat oft eine andere Farbe (z. B. schwarz bei Seebären, weiß bei den meisten im Eis gebärenden Hundsrobben). Hundsrobben wechseln das Fell nach 2—3 Wochen, Ohrenrobben nach 2—3 Monaten, wenn das Junge schon etwas Speck angesetzt hat und eher fähig ist, Wärmeverluste auszugleichen. Erwartungsgemäß wird bei einigen Hundsrobben, z. B. den Seehunden, das Wollhaar bereits im Mutterleib abgestreift, da die Jungen bereits kurz nach der Geburt schwimmfähig sein müssen.

Gewöhnlich vergehen ein paar Stunden, bevor die Mutter das Junge zum ersten Mal säugt. Das Stillverhalten kann sehr unterschiedlich sein. Auf Eis züchtende Hundsrobben, z. B. die Sattelrobbe (siehe S. 134—135), stillen die Jungen nur 9 oder 10 Tage lang; die Veränderlichkeit des Lebensraumes gibt dafür wohl den Ausschlag. Bei anderen Hundsrobben ist die Stillzeit länger, etwa 3 Wochen bei Kegelrobben und See-Elefanten bzw. 6 Wochen bei Eismeer-Ringelrobben. Viele Hundsrobbenmütter fressen selber nichts, solange sie ihre Jungen säugen. Bereits kurze Zeit nach der Geburt wird die Mutter erneut brünstig und paart sich am Ende der Stillzeit. Das Junge wird jetzt sofort entwöhnt und alleingelassen. Danach gibt es allenfalls zufällige Kontakte zwischen Mutter und Kind. Bei Ohrenrobben ist die Mutter-Kind-Beziehung etwas dauerhafter (siehe S. 104). Wenige Tage bis eine Woche nach der Geburt wird das Weibchen brünstig und paart sich mit dem »Haremsbullen«, der eine mehr oder weniger große Anzahl Weibchen um sich gesammelt hat und sie gegen jedes andere Männchen verteidigt. Dann geht sie mehrmals auf Nahrungssuche und füttert nach der Rückkehr ausgiebig ihr Junges. Das Junge wird nach 4—6 Monaten entwöhnt.

Bei Ohren- und Hundsrobben entwickelt sich das befruchtete Ei anfangs nur zu einer hohlen Zellkugel, der *Blastozyste.* Diese ruht im Mutterleib, bis die Säuglingszeit des vorhergehenden Jungen abgeschlossen ist. Das ist in der Regel ca. 4 Monate nach der Geburt

der Fall. Danach pflanzt sich das Ei in der Gebärmutterwand ein, entwickelt einen Mutterkuchen (*Plazenta*) und beginnt die normale Entwicklung. Diese Erscheinung, die verzögerte Einpflanzung oder Keimruhe, dient dazu, Fellwechsel, Geburt und Paarung in einen einzigen Zeitraum zu legen und damit die notwendige, aber gefährliche Zeit an Land abzukürzen.

Einige Robben bleiben das ganze Jahr über in der Nähe ihres Fortpflanzungsgebietes, die meisten ziehen jedoch weg oder wandern, wie z. B. der Nördliche Seebär, Tausende von Meilen an südliche Küsten. Während dieser Zeit bauen die Robben Fettreserven auf, um sicher die nächste Zuchtperiode überstehen zu können. Jungtiere und Heranwachsende folgen entweder den Traditionen der Eltern oder suchen sich andere Nahrungs- und Fortpflanzungsgebiete. Leider wissen wir sehr wenig von dem Leben der Robben auf See.

Robben und Mensch

Die Beziehungen zwischen Robbe und Mensch sind eng und tragisch, seit er sich an den Küsten ausbreitete, wo es große Mengen Robben gab: an der Nordküste Europas, den Küsten Asiens, von Japan nordwärts, sowie den arktischen Küsten Nordamerikas und Grönlands. Für die Jäger und Sammler waren sie eine ideale Beute, teilweise gerade wegen der Anpassungen, die sie für das Leben im Wasser geeignet sein lassen. Sie waren groß genug, so daß das Verfolgen und Töten eines einzigen Tieres lohnte, aber nicht so groß und gefährlich, daß damit ein Risiko verbunden gewesen wäre. Aus ihren Fellen wurden für jedes Wetter geeignete Kleidungsstücke gefertigt. Die Speckschicht unter der Haut diente neben Fleisch und Eingeweide nicht nur als Nahrung, sondern konnte auch, zu Tran geschmolzen, in Lampen verbrannt werden, und brachte damit Licht in die langen arktischen Winternächte.

◄▲ **Ideale Einsamkeit.** Zur Fortpflanzung suchen viele Robben abgelegene und unzugängliche Stellen auf. Viele paaren sich auf isolierten Felsen oder kleinen Inseln, wo es keine natürlichen Feinde gibt, oder an Festlandküsten, die vom Landesinneren her unzugänglich sind. Die hier abgebildeten Kegelrobben paaren sich an einem felsenumsäumten Strand an der Küste von Kardigan, Wales (links). Andere Robben, wie dieses Krabbenfresser-Paar (oben), ziehen sich auf das jahreszeitlich bedingte Packeis zurück. Für züchtende Robben hat das Eis viele Vorteile. Es bietet unmittelbaren Zugang zum tiefen Wasser, ein praktisch unbegrenztes Gebiet zur Zucht, und auf Eis eine höhere Beweglichkeit als auf Sand oder Felsen.

Steinzeitjäger haben uns Beweise ihrer Beziehungen zu Robben in Form von Gravuren auf Knochen und Zähnen sowie von aus Robbenskeletten gefertigten Harpunen überliefert. In der Arktis hing das Überleben der Eskimo-Kultur hauptsächlich von den Robben ab. Die Eskimos jagten Eismeer-Ringelrobben, Bartrobben, Walrosse und andere Arten. Sie entwickelten dafür, nur mit Kajak und Harpune ausgerüstet, eine vielseitige Jagd-Technologie. Auch nordamerikanische Indianer von British Columbia jagten Robben. An der äußersten Spitze Südamerikas, in Feuerland, jagten die Kanu-Indianer Seebären. Als aber europäische Robbenjäger die Tiere fast vollständig ausgerottet hatten, mußten die Indianer hungern.

Der für das Überleben notwendige Robbenfang, wie ihn die Urvölker oder die europäischen Fischer noch bis zu diesem Jahrhundert praktizierten, hatte einen relativ geringen Einfluß auf die Robbenbestände. Das Bestreben, durch Verbesserung der Jagdausrüstung und Vermehrung der Schiffsmannschaften einen möglichst großen Robbenfang zu garantieren, der dann zu Bargeld gemacht werden konnte, führte zu einer Robbenjagd ganz neuen Ausmaßes. Sattelrobben waren die ersten, die der Gewinnsucht zum Opfer fielen. Ihre Angewohnheit, sich während der Paarungszeit in riesigen Herden zusammenzufinden, machte sie für den Fang besonders lohnend. Die Jagd begann im frühen 18. Jahrhundert. Auch heute noch werden Sattelrobben aus den stark verringerten Beständen entnommen (siehe S. 134—135). Walrosse wurden ähnlich bejagt, und zwar in der Hauptsache von arktischen Walfängern (siehe S. 116—117).

Ein nicht weniger grausames Schicksal ereilte die Ohrenrobben. Auf beiden Erdhalbkugeln herrschte eine ungezähmte Jagd auf Seebären. Die Jagd auf den Nördlichen Seebär begann im späten 18. Jahrhundert. Zwischen 1786 und 1867 wurden auf den Pribilof-Inseln $2^1/_2$ Millionen Tiere getötet. Nach dem Verkauf von Alaska an die USA durch Rußland begann man, den Robbenfang von den Küsten aus zu kontrollieren. Das reichte jedoch nicht aus, um die drastische Verringerung des Bestandes zu verhindern, da man hauptsächlich säugende Weibchen fing. Ab 1886 begann man, die Robben in regelrechten Raubzügen nahezu auszurotten. 1911 wurde die »North Pazific-Seal-Convention« (Nordpazifisches Robben-Abkommen), das erste internationale Abkommen zum Schutz von Robben, unterzeichnet, das den Robbenfang auf offener See verbot. Unter gewissenhafter Aufsicht hat sich der Bestand auf den Pribilof-Inseln wieder zufriedenstellend erholt. Der Robbenfang wird auf einer der Inseln, St. Paul, auch heute noch fortgesetzt. Die andere Insel, St. George, ist Schutzgebiet und dient der Forschung.

Auf der Südhalbkugel ging die Seebärenjagd einher mit der Jagd nach dem Tran der See-Elefanten. Die See-Elefanten-Bestände haben sich in diesem Jahrhundert gut erholt. Zwischen 1910 und 1964 bildeten sie die Basis einer genau kontrollierten und lukrativen Industrie auf der Insel Südgeorgien. Heute gibt es keinen gewerblichen Elefantenrobbenfang mehr. Der Kerguelen-Seebär, der im 19. Jahrhundert fast ausgerottet war, hat seine frühere Bestandszahl mittlerweile wieder erreicht (siehe S. 108—109).

Mensch und Robbe gerieten auch im Konkurrenzkampf zwischen Fischern und Robben aneinander. Auf drei Arten »schädigen« Robben den Fischfang. Für die meisten Fischer richten sie den größten Schaden an, wenn sie sich an den Netzen und darin gefangenen Fischen vergreifen. Meist sind Stellnetze betroffen, und der Schaden kann erheblich sein, wenn wertvolle Fische, z. B. Lachse, gefangen werden.

Auch die Tatsache, daß Robben in freier Wildbahn Fische fressen, wird als Schaden gesehen. Er ist schwierig zu berechnen, denn nicht nur die Menge der Fische, die sie fressen, ist unbekannt, sondern es läßt sich auch kaum feststellen, wie sich die gefressenen Fischmengen auf den Fischfang auswirken. Der gesunde Menschenverstand sagt uns, daß die Nahrungsaufnahme der Robben den Ertrag des Fischfangs schmälert, aber in der Praxis läßt sich das schwer belegen. Trotzdem werden Robben oft getötet oder »ausgesondert«, um ihren schädlichen Einfluß auf den Fischfang zu verringern.

Schließlich erleidet die Fischerei einen Schaden durch Parasiten, deren Endwirt die Robbe ist und deren Larven in Speisefischen schmarotzen. Das bekannteste Beispiel ist der Kabeljau-Fadenwurm, eine Nematoden-Art, die ausgewachsen im Magen von Robben, hauptsächlich Kegelrobben, lebt und dessen Larven in den Eingeweiden und Muskeln von Kabeljau und dessen Verwandten vorkommen. Ist der Kabeljau stark mit Fadenwürmern infiziert, wird er oft wertlos. Bis 1970 wuchs in britischen Gewässern der Fadenwurmbefall der Fische bei gleichzeitigem Ansteigen der Kegelrobbenpopulation. Jetzt ist festzustellen, daß trotz steigender Kegelrobbenzahlen der Fadenwurmbefall gleichbleibt.

Abgesehen von den Motiven, die Robben entweder wegen ihrer Produkte oder wegen der Schäden, die sie anrichten, zu töten, können Menschen den Robben auch noch aus anderem Grund gefährlich werden. Beim Fischfang mit großen Beutel- und Schleppnetzen werden Robben häufig mitgefangen und ertrinken. Sie verfangen sich auch in abgerissenen Synthetiknetzen (die im Meer lange haltbar sind) oder anderem Abfall.

Möglicherweise besteht der größte Nachteil, den der Fischfang für die Robben mit sich bringt, in der Änderung des ökologischen Gleichgewichts, zu dem auch die Robben ihren Teil beisteuern. Aber auch hier ist der direkte Beweis wieder sehr schwer zu führen. Meist weichen Robben auf andere Fischarten aus, wenn eine Art durch Überfischung ernstlich abgenommen hat. Da der Mensch jedoch nicht nur die Fischbestände erfolgreich ausbeutet, sondern auch die Vielfalt der gefangenen Arten ständig erweitert, bleibt den Robben wohl bald nur noch eine kleine Auswahl.

Die voranschreitende Industrialisierung auf der Nordhalbkugel hat dazu geführt, daß viele giftige Produkte in die Meere geleitet

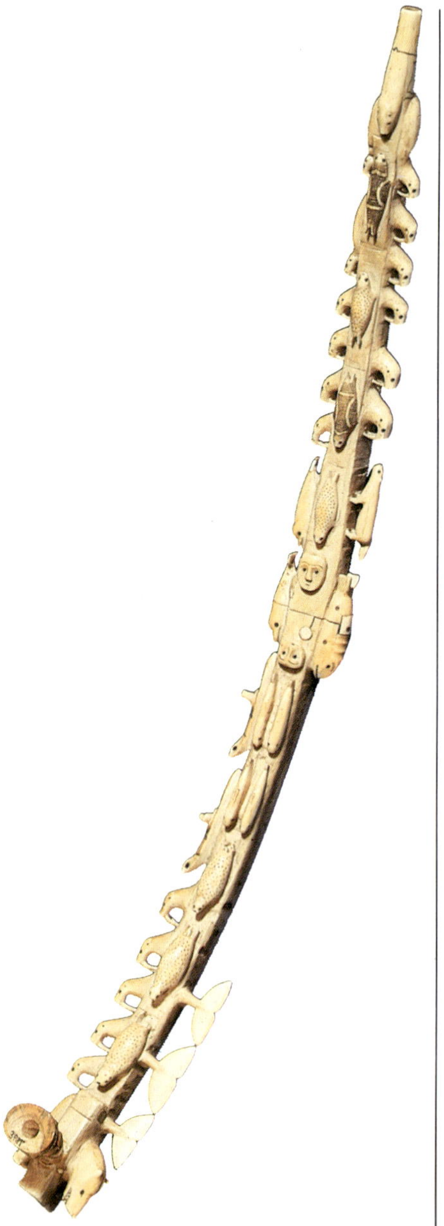

▲ **Eine wundervolle Pfeife.** Eine sorgfältig von einem Eskimo geschnitzte Elfenbeinpfeife, vermutlich von der King-Insel, Alaska. Sie ist zwischen 1870 und 1900 entstanden. Die Pfeife ist aus einem Walroß-Stoßzahn geschnitzt und zeigt zwei Robbenarten, die Bandrobbe und die Fleckenrobbe.

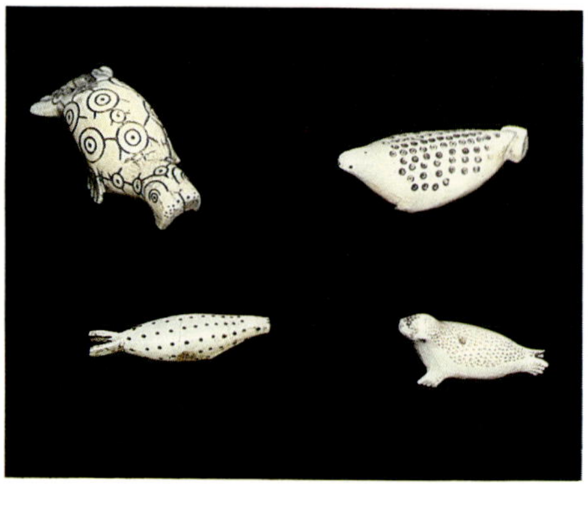

◄ **Kunstwerke von Eskimos.** Die Bedeutung der Robben und anderer Meeressäugetiere spiegelt sich in den vielen Tier-Plastiken wider, die die Eskimos aus Walroß-Elfenbein und Walzähnen schnitzen.

▲ **Ein Teufelskreis** ist die Lebensgeschichte des Kabeljauwurms, eines Parasiten, der für den Menschen schädlich ist. Der ausgewachsene Wurm lebt im Magen von Robben. Die Eier, die die Robben mit ihren Fäkalien ausscheiden, finden ihren Weg über das erste Larvenstadium, das in den Eingeweiden und Muskeln des Kabeljaus lebt, der sich dann nicht mehr zum Verzehr eignet.

▼ **Plastikfolter.** Ein Kerguelen-Seebär mit einer Plastikschnur, die in seinen Nacken einschneidet. Die Schnur hängt in den nach hinten gerichteten Haaren fest und schneidet in die Haut.

werden. Einige von ihnen werden im Organismus nicht abgebaut und häufen sich daher bei den an der Spitze der Nahrungskette stehenden Tieren, z. B. den Robben, an. Flossenfüßer speichern hochgiftige Substanzen wie DDT und PCB hauptsächlich im Speck, Schwermetalle in der Leber. Der überzeugendste Beweis für das Vorliegen derartiger Gifte stammt aus dem Norden der Ostsee, wo sich der Bestand der Eismeer-Ringelrobbe plötzlich verringert hat und die Fortpflanzungsaktivitäten der Überlebenden deutlich zurückgegangen sind (siehe S. 130—131).

Viele Küsten im Norden sind durch Öl verschmutzt. Robben sind oft deutlich mit Ölflecken überzogen. Allerdings scheinen sie darunter nicht sehr zu leiden. Ähnlich wie Vögel, die ihr Gefieder putzen, dabei das Öl schlucken und sich vergiften, versuchen auch ölverschmierte Robben, ihr Fell zu reinigen und schlucken daher ebenso Öl. Das verschmutzte Fell könnte bei Seebären auch noch zu Wärmeverlusten führen. Robben werden erheblich durch Störungen in ihrem Lebensraum belästigt.

Landgewinnung aus produktiven Flachwassergebieten, z. B. holländischen Poldern, beraubt die Robben ihres Lebensraums. Urlaubsaktivitäten, speziell Motorbootfahren, verursachen während der Fortpflanzungszeit ernste Störungen (siehe S. 136—137).

Wie die meisten wildlebenden Tiere werden auch Robben von der wachsenden menschlichen Bevölkerung und der Industrialisierung bedroht. Allerdings macht man sich heute ernste Sorgen um das Wohl der Robben. Obwohl einige Arten, z. B. die Mönchsrobben, ernsthaft gefährdet sind, ist das Überleben vieler Robbenbestände gesichert.

WNB

OHRENROBBEN

Familie: ***Otariidae***
14 Arten in 7 Gattungen.
Verbreitung: Nordpazifische Küsten von Japan bis Mexiko; Galápagos-Inseln; Westküste Südamerikas von Nordperu, um Kap Hoorn bis Südbrasilien; Süd- und Südwestküste von Südafrika; Südküste von Australien und Südinsel Neuseelands; Inseln um die Antarktis.

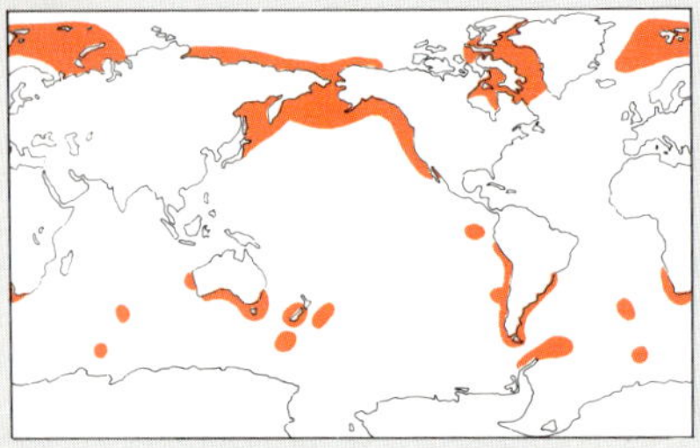

Lebensraum: Gewöhnlich der Küstenbereich auf vorgelagerten Felsen und Inseln.

Maße: Kopf-Schwanz-Länge von 120 cm beim Galapagos-Seebären, bis 287 cm beim Steller-Seelöwen; Gewicht von 27 kg beim Galapagos-Seelöwen; Gewicht von 27 kg beim Galapagos-Seebären, bis 1 000 kg beim Steller-Seelöwen.

Tragzeit: 12 Monate, einschließlich verzögerter Einpflanzung des Eies.

Lebensdauer: bis zu 25 Jahren.

Gattung *Callorhinus*
1 Art: Nördlicher Seebär *(C. ursinus).* Pribilofinseln, Westliches Beringmeer, Ochotskisches Meer, Kurilen, Insel San Miguel.

Südliche Seebären, Gattung *Arctocephalus*
8 Arten: Südpolarmeer, Küsten von Australien und Neuseeland, nördlich bis Niederkalifornien. Zu den Arten gehören: Kerguelen-Seebär *(A. gazella),* Guadalupe-Seebär *(A. townsendi),* Südamerikanischer Seebär *(A. australis).*

Gattung *Neophoca*
1 Art: Australischer Seelöwe *(N. cinerea).* Inseln vor Westaustralien.

Gattung *Phocarctos*
1 Art: Auckland-Seelöwe *(P. hookeri).* Inseln um Neuseeland.

Gattung *Otaria*
1 Art: Mähnenrobbe *(O. byronia).* Küsten Südamerikas.

Gattung: *Eumetopias*
1 Art: Steller-Seelöwe *(E. jubatus).* Nordpazifik.

Gattung: *Zalophus*
1 Art: Kalifornischer Seelöwe *(Z. californianus).* Westküste Nordamerikas, Galápagos-Inseln.

Ohrenrobben sind gesellige Tiere, die sich an Land, in größeren Verbänden fortpflanzen. Jeder der riesigen, mähnetragenden Bullen hat um sich herum einen »Harem« von bis zu 80 Weibchen versammelt, den er streng überwacht. Immer wieder brüllen die Bullen laut, um ihren Herrschaftsanspruch gegenüber den benachbarten Gruppen kundzutun.

Zu den heute lebenden Ohrenrobben gehören Seebären und Seelöwen. Im Gegensatz zu den Hundsrobben benutzen sie beim Schwimmen hauptsächlich ihre Vorderflossen als Antrieb. Die Seelöwen sind meist größer und haben stumpfere Schnauzen als die Seebären, deren Schnauzen eher spitz zulaufen. Die Flossen der Seelöwen sind gewöhnlich kürzer als die der Seebären. Der deutlichste Unterschied ist allerdings, daß Seebären ein dichtes Unterfell haben, Seelöwen dagegen ein spärliches, weshalb die einen auch Pelzrobben, die anderen Haarrobben genannt werden. Trotzdem sind die beiden Seebärengattungen *Callorhinus* und *Arctocephalus* eindeutig weniger eng miteinander verwandt als *Arctocephalus* mit den beiden Seelöwengattungen. Die Unterteilung in die Unterfamilien *Arctocephalinae* und *Otariinae,* die manchmal gemacht wird, ist daher nicht gerechtfertigt.

Obwohl die hinteren Gliedmaßen beim Schwimmen kaum benutzt werden, dienen sie doch der Fortbewegung an Land, so daß die Ohrenrobben recht beweglich sind. Zirkus-Seelöwen können bekanntlich dazu dressiert werden, eine Leiter hochzuklettern. Wenn es darauf ankommt, kann ein Seebären-Bulle einen Rivalen im Galopp verfolgen. Auf zerklüftetem Boden kommt ein Seebär sogar schneller voran als ein Mensch.

Vom Aussehen und von der Verhaltensweise her sind Ohrenrobben eine einheitlichere Gruppe als die Hundsrobben. Bei allen Ohrenrobben sind die Männchen wesentlich größer als die Weibchen. Nördliche Seebär-Männchen sind fünfmal schwerer als ihre Weibchen. Von allen Meeressäugetieren ist nur beim Südlichen See-Elefanten dieser Größenunterschied geringer. Hier ist das Männchen bis zu viermal schwerer als das Weibchen. Beide sind selbstverständlich viel schwerer als Seebären. Außerdem halten sich die erfolgreich züchtenden Männchen während der Paarungszeit einen Harem. Diese Fortpflanzungsart heiß Polygynie (»Vielweiberei«), im Gegensatz zur Monogamie, bei der sich ein Männchen nur mit einem Weibchen paart. Auf die Beziehungen dieser beiden Fortpflanzungsarten wird weiter oben eingegangen. Alle Ohrenrobben ernähren sich sehr vielseitig — es gibt keine Nahrungsspezialisten wie bei den Hundsrobben. Ebenso gibt es unter den Ohrenrobben keine Süßwasserbewohner, ganz im Gegensatz zu einigen Hundsrobben wie den Kaspi- und Baikal-Ringelrobben.

Die 14 lebenden Ohrenrobbenarten findet man an den nordpazifischen Küsten von Japan bis Mexiko: an den Galápagos-Inseln und der Westküste Südamerikas, von Nordperu um Kap Hoorn bis Südbrasilien; an der südlichen und südwestlichen Küste Südafrikas, an der Südküste von Australien und den Südinseln von Neuseeland; an den ozeanischen Inselgruppen um den Südpol. Diese Gebiete sind eher kühl als kalt (obwohl der Nördliche Seebär, der Steller-Seelöwe und besonders der Kerguelen-Seebär in Gebieten mit Wassertemperaturen um den Gefrierpunkt leben). Ohrenrobben leben ganz allgemein in gemäßigtem bis kühlerem Klima. Trotzdem gibt es keine Art, die ihre Jungen auf Eis zur Welt bringt. Sie kommen vor allem in Gebieten vor, wo aufsteigende Strömungen für reichlich Nahrung an der Wasseroberfläche und den Küsten sorgen. Hier ernähren sich die Ohrenrobben vor allem von Organis-

▲ **Gewaltige Unterschiede.** Dieses Paar Auckland-Seelöwen veranschaulicht den extremen Größenunterschied zwischen Männchen und Weibchen, den man bei den meisten Ohrenrobben findet, wobei die zottige Mähne den Bullen noch mächtiger erscheinen läßt, als er in Wirklichkeit ist.

◄ **Robben-Dusche.** Die öligen Sekrete der Talgdrüsen sowie die Deckhaare verhindern, daß sich das Wollhaar der Seebären mit Wasser vollsaugt. Trotzdem bleibt etwas Wasser im Fell hängen, das dieser Südafrikanische Seebär hier ausschüttelt und dabei das Wasser um sich spritzen läßt.

men der Hochsee und der küstennahen Gewässer (Fischen und Wirbellosen) und nehmen mit jeder Beute vorlieb, die gerade reichlich vorhanden und leicht zu fangen ist. Viele finden ihre Nahrung, z. B. Langusten und Tintenfische, am Meeresboden. Man hat schon Australische Seebären in einer Tiefe von 118 m in Fangkörben und Trawls gefunden. Doch im Vergleich zu Hundsrobben suchen Ohrenrobben ihre Nahrung lieber in flacheren Gewässern. Manchmal fallen ihnen auch warmblütige Tiere zum Opfer. Auf der Macquarie-Insel bei Neuseeland fressen Seelöwen hauptsächlich Pinguine. Dasselbe wird auch von Südamerikanischen Seebären, hauptsächlich von heranwachsenden Männchen, behauptet. Steller-Seelöwen jagen gelegentlich auch junge Nördliche Seebären. Der Kerguelen-Seebär ist einer der wenigen Spezialisten bei der Nahrungssuche. Er lebt fast ausschließlich von antarktischem Krill, der einzigen Nahrung, die die Weibchen mit Jungen fressen (siehe S. 108—109).

Die Nahrungsmenge, die die Ohrenrobben verzehren, läßt sich nicht leicht bestimmen. Sie ist natürlich von Art zu Art unterschiedlich, und kleine Tiere brauchen im Verhältnis zu ihrem Körpergewicht mehr Nahrung als große. Weibliche Nördliche Seebären und Männchen unter 4 Jahren brauchen täglich etwa 14 % ihres Körpergewichts an Nahrung einfach nur für den Grundbedarf. Die Wassertemperatur hat großen Einfluß auf den Nahrungsbedarf, da die Tiere trotz ihres Fells viel Energie brauchen, um den Wärmeverlust im Wasser auszugleichen. Einige Seebären im Seattle Aquarium erhielten 26—27 % ihres Körpergewichts an Nahrung und wuchsen dabei ganz normal weiter, ohne übermäßig fett zu werden.

Die Vorfahren der Ohrenrobben spalteten sich im frühen Miozän oder späten Oligozän, (vor etwa 25 Millionen Jahren) von bärenartigen Raubtieren im Nordpazifischen Becken ab. Diese frühen robbenähnlichen Lebewesen, die *Enaliarctidae,* waren klein und hatten noch typische Raubtierzähne mit Reißzähnen im Ober- und Unterkiefer. Sie waren vermutlich Küstenbewohner. Schon bald entwickelten sich daraus die *Desmatophocidae,* die ohrenrobbenähnliche Merkmale hatten. Diese Tiere waren größer und hatten gleichförmige Zähne (im Gegensatz etwa zu Katzen und Hunden) sowie beträchtliche Veränderungen der Ohrgegend, bedingt durch das Tauchen. Offenbar waren die *Desmatophocidae* eher an ein Leben auf offener See als in Küstennähe angepaßt. *Allodesmus,* ein *Desmatophocide* des mittleren und späten Miozäns, zeigte Geschlechtsdimorphismus (Männchen größer als Weibchen). Er hatte starke Eckzähne und an den Zähnen deutliche Wachstumszonen, die auf regelmäßige Fastenzeiten hindeuten. Das läßt, genau wie bei den heutigen Ohrenrobben, auf eine Fortpflanzung in Polygynie (»Vielweiberei«) schließen. Nachdem die *Desmatophocidae* lange Zeit die Szene beherrscht hatten, waren sie im späten Miozän (vor etwa 10 Millionen Jahren) ausgestorben. Seit dem frühen Miozän gab es jedoch viele Walroßvorfahren.

Im frühen Miozän sind aus den *Enaliarctidae* die heutigen Ohrenrobben entstanden. Die früheste bekannte Ohrenrobbe ist *Pithanotaria,* die vor etwa 11 Millionen Jahren in mehreren Gegenden Kaliforniens gelebt haben muß. *Pithanotaria* war sehr klein — etwas kleiner als die kleinsten lebenden Ohrenrobben, die Galapagos-Seebären — und hatte eine gleichmäßige Bezahnung und knochige Vorsprünge um die Augenhöhle (beides Merkmale der heutigen Ohrenrobben). Allerdings hatten die Backenzähne mehrteilige Wurzeln; außerdem waren die Geschlechter gleich groß.

Vor nahezu 8 Millionen Jahren lebten Ohrenrobben im Nordpazifik, deren Körper insgesamt massiger, je nach Geschlecht aber verschieden groß waren. Bis auf kleine Unterschiede bei einigen Knochen und der Beibehaltung von Backenzähnen mit zwei Wurzeln könnte diese Form leicht mit den heutigen Seelöwen verwechselt werden. *Callorhinus,* der Nördliche Seebär, trennte sich vor etwa 6 Millionen Jahren vom Hauptstamm der Ohrenrobben. Kurz darauf verbreiteten sich die Ohrenrobben auf der Südhalbkugel. Nichts spricht dafür, daß Ohrenrobben den Walroß-Vorfahren durch den Mittelamerikanischen Seeweg in den Nordatlantik folgten.

Von vor 6 Millionen Jahren bis vor etwa 2 bis 3 Millionen Jahren gab es bei den Ohrenrobben keine Abspaltungen; sie waren der heutigen Gattung *Arctocephalus,* den Südlichen Seebären, schon sehr ähnlich. In den letzten 2 Millionen Jahren gab es jedoch eine plötzliche Beschleunigung in der Zunahme der Körpergröße, in der Entwicklung der Backenzähne nur mit einer Wurzel und in der Vielfalt der Gattungen. Die heute lebenden fünf Seelöwenarten entwickelten sich während der letzten 3 Millionen Jahre aus dem *Arctocephalus*-Stamm.

Alle Ohrenrobben sind mehr oder weniger gesellige Tiere, sie leben gern in Gruppen und bilden während der Fortpflanzungszeit sehr große Ansammlungen, wie z. B. die Nördlichen Seebären auf den Pribilofinseln. Wie bereits gesagt, sind männliche Ohrenrobben polygyn und scharen einen großen Harem um sich, ebenso wie andere gesellig züchtende Flossenfüßer, vor allem die See-Elefanten (siehe S. 132—133). Die Tatsache, daß sich ähnliches Verhalten bei Ohrenrobben wie bei Hundsrobben getrennt entwickeln konnte, hängt wohl mit der grundlegend gleichen Lebensweise der Robben, einschließlich der Nahrungsaufnahme im Meer und der Geburt an Land, zusammen.

Da Robben an Land nur mäßig beweglich sind, suchen sie besonders solche Stellen aus, wo die Abwesenheit landlebender Raubtiere größten Fortpflanzungserfolg verspricht. Da solche Stellen relativ selten und oft sehr klein sind, bleiben die Weibchen dicht beieinander. Die Männchen halten wegen ihres Aggressionstriebs einen größeren Abstand zueinander. Das unterschiedliche Verhalten von Weibchen und Männchen führt dazu, daß einige Männchen nie einen Platz bei einem Weibchen bekommen können, während sich die Weibchen ihrerseits den erfolgreicheren Männchen zuwenden. Man vermutet, daß hierdurch auch das Größenwachstum der Männchen begünstigt ist. Männchen müssen kräftig sein, um ihren Harem zu verteidigen, und sie müssen eine beeindruckende Erscheinung haben, die sie für Drohgebärden gegenüber anderen Männchen und bei der Werbung um die Gunst des Weibchens einsetzen können. Ein erfolgreiches Männchen darf sein Territorium nicht einfach zur Nahrungssuche verlassen, bevor er sich nicht mit so vielen Weibchen wie möglich gepaart hat. Er muß also längere Zeit fasten und von seinem großen Speckvorrat zehren können (große Tiere brauchen weniger Energie pro kg Körpergewicht als kleinere). Dadurch sind größere Bullen eher erfolgreich, d. h. sie werden mehr Nachkommen zeugen, in denen ihr eigenes Erbgut weiterlebt.

▲ **Haremswächter.** Ein Bulle der Subantarktischen Seebären ist umgeben von seinem Harem und den noch mit dem Wollhaar bekleideten Jungen.

► **Typische Arten der Seelöwen und Seebären.** Bei allen Arten sind die Männchen größer und gewöhnlich dunkler als die Weibchen. (1—4) Seelöwen mit einer breiteren Schnauze als Seebären und ohne Unterfell. (1) Männlicher Kalifornischer Seelöwe *(Zalophus californianus)*. (2) Weiblicher Steller-Seelöwe *(Eumetopias jubatus)*. (3) Weibliche Mähnenrobbe *(Otaria byronia)*. (4) Männlicher Auckland-Seelöwe *(Phocarctos hookeri)*. — (5—6) Seebären mit dickem Fell, das an Land Überhitzung verursachen kann. (5) Weiblicher Südamerikanischer Seebär *(Arctocephalus australis)*. (6) Männlicher Nördlicher Seebär *(Callorhinus ursinus)*.

▼ **Evolution der Seelöwen und Seebären.**

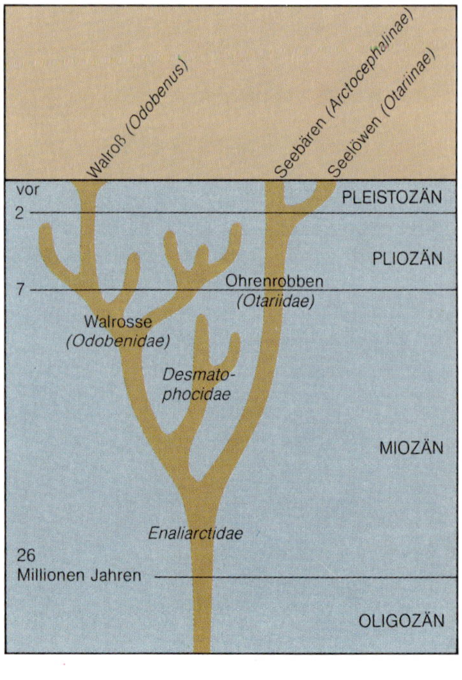

1
2
3
4
5
6

Infolge dieser Entwicklung geht es an Stränden, auf denen Ohrenrobben sich fortpflanzen wollen, sehr lebhaft zu (siehe S. 110—111). Bullen wandern an ihren Territoriumsgrenzen entlang und zeigen sich ihren Nachbarn in stolzer und überlegener Haltung. Treffen benachbarte »Paschas« aufeinander, so bleibt es meist bei gegenseitigen Drohgebärden. Wenn aber ein »Newcomer« versucht, einen Platz am Strand zu erobern, dann kommt es häufig zu grimmigen Kämpfen. Eine feste Haut und eine riesige Mähne an Hals und Nacken tragen dazu bei, die Verletzungen gering zu halten; aber trotzdem kommt es häufig zu schweren Verletzungen, an denen ein Bulle stirbt. Viele Säuglinge werden bei solchen Kämpfen zu Tode getrampelt, aber die große Fruchtbarkeit der Tiere wirkt hier ausgleichend. Wegen der starken Belastung, der die Männchen durch die Auseinandersetzungen um ihr Territorium und durch die lange Fastenzeit (z. B. 70 Tage beim männlichen Auckland-Seelöwen) ausgesetzt sind, können nur wenige Männchen ihre Vorherrschaft auf Zuchtstränden länger als zwei oder drei Jahre behaupten.

Der Jahresrhythmus des Kerguelen-Seebären ist recht typisch für die Ohrenrobben. Im Winter, von Mai bis Oktober, sind die erwachsenen Tiere auf See, und man weiß wenig über diese Zeit ihres Lebens. Ende Oktober kommen die ersten zuchtreifen Bullen an Land, um sich ihr Territorium zu sichern. In diesem Stadium wird noch wenig gekämpft, da am Strand noch genug Platz ist. Später, wenn sich der Strand füllt, kommen Grenzstreitigkeiten und Kämpfe häufig vor. Die ersten Weibchen, trächtig von der Paarung des Vorjahres, kommen 2—3 Wochen später an Land. In der ersten Dezemberwoche werden 50 % der Säuglinge geboren, nach 3 Wochen sind es 90 %. Die Kühe gehen erst etwa 2 Tage vor der Niederkunft an Land. Die nächsten 6 Tage bleibt die Mutter bei ihrem Jungen, säugt es regelmäßig und wird 8 Tage nach der Geburt wieder brünstig. Während dieser Zeit sind die Bullen sehr aktiv, kämpfen mit ihren Nachbarn und sind darauf bedacht, so viele Weibchen wie möglich um sich zu versammeln. Sie können zwar die Weibchen nicht zusammentreiben, sie tun aber alles, damit die Weibchen das Territorium nicht wieder verlassen. Beim Aufhalten der Weibchen, die den Harem verlassen wollen, bekommt der Bulle zwangsläufig Kontakt mit allen brünstigen Weibchen, die eine besondere Unruhe zeigen. Trifft der Bulle auf ein empfängnisbereites Weibchen, kommt es sofort zur Kopulation. Kurz nach der Paarung geht das Weibchen zur Nahrungssuche ins Meer. Darauf folgt eine Stillzeit von etwa 117 Tagen, während der das Weibchen regelmäßig zum Stillen zu ihrem Jungen zurückkehrt. Durchschnittlich folgen etwa 18 solcher Freß-/Säug-Abschnitte aufeinander, wobei doppelt so viel Zeit zum Fressen auf See wie zum Säugen am Strand aufgewandt wird. In der Zeit, in der die Mütter weg sind, wandern die alleingelassenen Jungen zum hinteren Teil des Strandes und legen sich gruppenweise zusammen. Kommt ein Weibchen von der Nahrungssuche zurück, ruft sie ihr Junges mit einem typischen Kontaktruf. Das Junge antwortet mit einem eigenen Ruf, den die Mutter sicher erkennt. Indem sie an dem Jungen schnuppert, vergewissert sie sich noch zusätzlich und führt es zu einem geschützten Ort, oft auf angeschwemmtes Seegras, um es zu füttern.

Schließlich werden die Jungen entwöhnt. Überraschenderweise geht das bei Kerguelen-Seebären so vonstatten, daß das Junge von sich aus allein hinausschwimmt und nicht mehr da ist, wenn die Mutter zum letzten Mal zurückkommt. Die Jungen gehen meist in Gruppen ins Meer; dadurch ist die Entwöhnung zeitlich besser abgestimmt als die Ge-

burt. Folglich haben die später geborenen Jungen bei der Entwöhnung eine kürzere Stillzeit hinter sich und ein geringeres Gewicht. Vermutlich sind die gruppenweise ins Meer schwimmenden Jungtiere auf diese Art besser gegen mögliche Raubfeinde, wie etwa Seeleoparden, geschützt (»Schwarmeffekt«).

Die plötzlich beendete Stillzeit der Kerguelen-Seebären ist nicht typisch für Ohrenrobben. Die einzige andere Art, bei der es genauso abläuft, ist der Nördliche Seebär. Er unternimmt ebenfalls Wanderungen und verläßt die Brutplätze im Winter. Die meisten anderen Ohrenrobben füttern ihre Jungen weiter bis zur nächsten Geburt, indem sie abwechselnd im Meer fressen und an Land ihre Jungen säugen. Bei einigen Weibchen der Steller-Seelöwen wurde sogar das gleichzeitige Säugen eines Neugeborenen, eines Jährlings und sogar eines Zweijährigen beobachtet. Auch manche Galapagos-Seebären säugen ihre Jungen 2—3 Jahre lang. Ein- oder zweijährige Junge, die noch nicht entwöhnt sind, verhindern in der Regel die Geburt eines neuen Säuglings. Wenn trotzdem ein Junges unter diesen Umständen zur Welt kommt, stirbt es, im Fall eines einjährigen Geschwisters, fast immer im ersten Lebensmonat oder, im Fall eines zweijährigen Geschwisters, in etwa 50 % der Fälle.

Im 19. Jahrhundert wurden viele Ohrenrobben fast bis zur Ausrottung bejagt, aber im 20. Jahrhundert konnten sich die Bestände wieder erholen. Der Juan-Fernandez-Seebär, der als ausgestorben galt, wurde 1965 wiederentdeckt, der Guadalupe-Seebär 1954. Der Kerguelen-Seebär hat sich am deutlichsten erholt: von der fast totalen Ausrottung bis zu einer Population, die heute 700 000—1 Million Tiere (siehe S. 108—109) umfaßt.

Von allen Seebären wird der Südamerikanische Seebär schon am längsten gejagt. Die ersten Felle kamen im 16. Jahrhundert aus Uruguay. Die Robben von Isla de Lobos dürfen auch heute noch unter der Kontrolle der Regierung bejagt werden. Der Nördliche Seebär wird seit 1786 auf den Pribilofinseln verfolgt. Im 20. Jahrhundert ergriff man sozusagen in letzter Minute Schutzmaßnahmen, so daß der Bestand sich erholen konnte.

Einige Robben, vor allem die Kalifornischen und Steller-Seelöwen sowie die Mähnenrobben, werden nach wie vor von Fischern verfolgt. Abgesehen von unerklärlichen Rückgängen, z. B. der Rückgang der Mähnenrobben auf den Falklandinseln von 300 000 Tieren in den 1930er Jahren auf heute 30 000 Tiere, befinden sich die Bestände der Ohrenrobben in einer recht guten Lage. Der Australische Seelöwe ist vielleicht ein Beispiel für ein verbessertes Verhältnis zwischen Robben und Menschen: In der Robben-Bucht der Känguruh-Insel sind die Robben so an menschliche Besucher gewöhnt, daß sich die Touristen unter die Robben am Strand mischen können.

WNB

▲ **Australische Seelöwen** auf der Känguruh-Insel, Australien. Im Vordergrund ein geschlechtsreifes Weibchen (gelblicher Bauch), nicht geschlechtsreifes Männchen (grauer Bauch und schwarzer Rücken, aber keine Mähne), im Hintergrund Junge, die nach dem Fellwechsel wie Weibchen aussehen. Die Robben leben das ganze Jahr in dieser Kolonie und sind Menschen gegenüber nicht scheu.

◀ **Auckland-Seelöwe** (links oben) auf der Känguruh-Insel, Australien. Gut erkennbar sind die für Ohrenrobben typischen schneckenähnlichen äußeren Organe.

◀ **Südafrikanischer Seebär** auf einem Felsen. Ausgewachsene Männchen dieser Art sind die größten Seebären überhaupt.

▶ **Galapagos-Seelöwe** (oben), eine Unterart des Kalifornischen Seelöwen, springt von einer alten Steinmauer ins Wasser.

▶ **Auckland-Seelöwenmutter** begrüßt nach der Nahrungssuche ihr Junges. Gerüche und Rufe sind Mittel zum Wiedererkennen der Jungen. Das Kleine im Vordergrund gehört zu einer anderen Mutter.

Die 14 Ohrenrobben-Arten

Abkürzungen: KSL = geradlinige Kopf-Schwanz-Länge; G = Gewicht.
[S] stark gefährdet; [*] aufgeführt im Washingtoner Artenschutzübereinkommen (WA).

Nördlicher Seebär

Pribilof-Seebär, *Callorhinus ursinus*

Die Hauptpopulation von etwa 1,3 Millionen Tieren pflanzt sich auf den Pribilofinseln im östlichen Beringmeer fort. Etwa 265 000 Tiere züchten auf den Commander-Inseln im westlichen Beringmeer und 165 000 auf der Robbeninsel im Ochotskischen Meer. Etwa 33 000 züchten auf den Kurilen im Westpazifik und eine kleine, aber wachsende Gruppe von etwa 2 000 Tieren züchtet auf der Insel San Miguel vor der kalifornischen Küste. Bis auf die Population von San Miguel, die vermutlich das ganze Jahr über in kalifornischen Gewässern bleibt, verlassen die Robben die Inseln, auf denen sie sich fortpflanzen, von Oktober bis Dezember und wandern in den Süden. Weibchen und Jungtiere wandern am weitesten. Männchen KSL 213 cm; G 180—350 kg. Weibchen KSL 142 cm; G 43—50 kg. Färbung: im nassen Zustand dunkel oder nahezu schwarz, aber trocken unterschiedlich schattiert. Junge Männchen und Weibchen jeden Alters sind im allgemeinen oberseits silbriggrau und unterseits rötlichbraun; Brust blasser. Männliche Alttiere haben schwere Mähnen und dunkleren Körper, oft schwarz oder dunkelbraun. Die Schnauze ist kurz und gibt den Tieren ein kennzeichnendes Profil. Weibchen bringen mit 3—4 Jahren das erste Junge zur Welt; Männchen erreichen mit 4—5 Jahren Geschlechtsreife, aber soziale Gleichberechtigung erst mit 9—15 Jahren. Lebensdauer: etwa 25 Jahre. Geburten von Juni bis Anfang August. Paarung etwa eine Woche nach der Geburt des Jungen. Stillzeit etwa 4 Wochen. Ernährung: je nach Jahreszeit, Alter und Gebiet unterschiedlich. Zur Hauptbeute gehören Tintenfische, Hering, Schellfischarten wie Pollack und Laternenfische.

Gattung *Arctocephalus* [*]

Südliche Seebären. Die 8 *Arctocephalus*-Arten sehen sich alle sehr ähnlich. Wie *Callorhinus* haben sie dichtes Unterhaar unter dem Deckhaar. Das Fell zieht sich wie eine Sinuskurve über die Mittelhandknochen der Vorderflossen — ein Merkmal, das sie von der Gattung *Callorhinus* unterscheidet, bei der die Haare am Handgelenk enden. *Arctocephalus*-Robben sind gewöhnlich oberseits dunkelgrau-braun-meliert und unterseits blasser. Nur *A. tropicalis* hat ein deutliches Farbmuster. Die Jungen sind bei allen Arten schwarz oder sehr dunkel braun, obwohl einzelne Junge ausnahmsweise mit einem gräulichen Fell zur Welt kommen.

Südamerikanischer Seebär

Arctocephalus australis

Entlang der Küste Südamerikas von Recife dos Torres in Südbrasilien bis Uruguay (eine größere Zuchtkolonie auf der Isla de Lobos an der La Plata-Flußmündung), entlang der Magellan-Straße, der Inseln an der Westküste von Feuerland und dem Chonos-Archipel bis nach Peru im Norden. Etwa 15 000—16 000 Tiere züchten auf den Falklandinseln. Die südamerikanische Population besteht aus etwa 307 000 Tieren. Männchen KSL 189 cm; G 159 kg. Weibchen KSL 143 cm; G 49 kg. Stirn flach, Maul mäßig lang. Der erste Vorbackenzahn ist mittelgroß und dreihöckerig, obwohl einigen Zähnen die seitlichen Spitzen fehlen. Geburten im November/Dezember, Paarung etwa 1 Woche nach der Geburt der Jungen. Stillzeit 6 Monate oder bis zur Ankunft des nächsten Jungen. Weibchen gebären mit 3 Jahren zum ersten Mal. Männchen erreichen mit etwa 7 Jahren die Geschlechtsreife. Ernährung: eine Vielzahl von Kopffüßern, Fischen (Anchovis, Bastardmakrelen etc.) und Schalentieren (mittelgroße Garnelen, Hummerkrabben).

Juan-Fernandez-Seebär [S]

Arctocephalus philippii

Ausschließlich auf den Inseln des Juan-Fernández-Archipels, Robinson Crusoe (Más a Tierra), Isla Alejandro Selkirk (Más Afuera), Santa Clara und San Ambrosio. Eine der seltensten Robbenarten mit einer Population von vermutlich weniger als 1 000 Tieren. Keine verläßlichen Maßangaben, aber Männchen vermutlich KSL 150—200 cm; G 140 kg. Weibchen KSL 140 cm; G 40 kg. Stirn konvex, mit einer langen, vorstehenden Schnauze. Vorbackenzahn groß, mit nur einem Höcker. Ernährung: angeblich Fische, Kopffüßer und mittelgroße Krebse.

Guadalupe-Seebär

Arctocephalus townsendi

Zuchtgebiet jetzt nur noch auf Guadalupe, Niederkalifornien. Früher auf den Inseln vor der Küste Kaliforniens. Populationsgröße vermutlich etwa 1 000. Keine sicheren Maßangaben; ähnlich wie der Juan-Fernandez-Seebär, möglicherweise kleiner, Stirn flacher.

Galapagos-Seebär

Arctocephalus galapagoensis

Ausschließlich auf den Galápagos-Inseln, wo etwa 40 000 Robben auf mehreren Inseln züchten, speziell Isabela und Fernandina im Westen und Pinta, Marchesa, Genovesa und Wolf im Norden. Sie züchten auf Felsenstränden, im Gegensatz zu den Seelöwen derselben Gebiete, die Sandstrände bevorzugen. Männchen KSL 154 cm; G 64 kg. Weibchen KSL 120 cm; G 27 kg. Die kleinste Ohrenrobbe mit dem geringsten Geschlechtsdimorphismus. Stirn flach, Schnauze kurz, mit unauffälliger Nase. Vorbakkenzahn klein, mit einem Höcker. Geburten im August bis November, Höhepunkt im Oktober. Paarung etwa 1 Woche nach der Geburt. Das Fortpflanzungsverhalten wird stark von den hohen Temperaturen beeinflußt, denen die Robben ausgesetzt sind; die Weibchen suchen sich meist schattige Plätze oder Höhlen in den Lavafelsen, während die Männchen darauf achten, daß ihre Territorien Zugang zum Meer haben, so daß sie sich bei Überhitzung im Wasser abkühlen können. Stillzeit stark ausgedehnt; man hat schon Weibchen gesehen, die Junge säugen, die größer sind als sie selbst.

Kerguelen-Seebär

Arctocephalus gazella

Inseln bis zum Süden der Antarktischen Konvergenz, der Gegend, wo die kalten, nordwärts fließenden Gewässer hart an die wärmeren subantarktischen Gewässer stoßen. Selten südlich von 65° südlicher Breite. Große Zuchtkolonien im Südwesten von Südgeorgien; viel kleinere Gruppen jeweils im Süden der südlichen Shetland-, Orkney- und Sandwich-Inseln, auf der Bouvet-Insel, der Heard-Insel und der McDonald-Insel. Einige Tiere züchten möglicherweise noch auf den Kerguelen, wo die Art früher sehr stark vertreten war (daher der Name). Eine sehr kleine Population gibt es auf der Marion-Insel und auf der Prinz-Edward-Gruppe, zusammen mit *A. tropicalis.* Gesamtpopulation vermutlich zwischen 700 000 und 1 Million Tieren. Männchen KSL 183 cm; G 133 kg. Weibchen KSL 129 cm; G 34 kg. Fell: vermutlich das feinste und dichteste aller *Arctocephalus*-Arten. Beide Geschlechter und alle Altersgruppen sind meist silbriger als die anderen Mitglieder der Gattung. Brust und Bauch der Weibchen und der jungen Männchen blaßbeige. Einige Exemplare (etwa eins von 1 000) haben weißes Deckhaar und sehen ganz weiß aus (erwachsene Männchen sehr blaßgoldgelb). Diese Farbvariante ist bei keiner anderen Ohrenrobbe bekannt. Stirn konvex, Schnauze kurz und breit. Vorbackenzahn oft nur noch ein Zahnschmelz-Knopf. Viele Robben haben eigenartige Abnutzungserscheinungen unbekannten Ursprungs an der Oberfläche der Vorbackenzähne nahe der Zunge. Die Weibchen bekommen mit 3—4 Jahren das erste Junge. Männchen werden mit 6—7 Jahren geschlechtsreif, halten aber erst später einen Harem. Lebensdauer: Männchen etwa 13, Weibchen 23 Jahre. Die Robben verbringen den Winter auf See und kommen im Oktober zu den Fortpflanzungsplätzen zurück. Geburten Anfang Dezember. Stillzeit etwa 17 Wochen, wobei die Jungen gegen Ende der Zeit das Fell wechseln. Die Robben verlassen die Brutplätze im April, um bis zur nächsten Paarungszeit im offenen Meer zu leben. Ernährung: hauptsächlich antarktischer Krill. Davon ernähren sich züchtende Weibchen wohl ausschließlich, während heranwachsende Männchen auch oft Pinguine töten (vielleicht beim Spielen) und Jungtiere auch Fische fressen.

Subantarktischer Seebär

Arctocephalus tropicalis

Inseln bis nördlich der Antarktischen Konvergenz: Gough-Insel, Neu-Amsterdam, St. Paul, Prinz-Edward-Inseln und Marion-Insel. Streunende Tiere auch auf den Tristan-Inseln, den Crozet-Inseln, entlang der südafrikanischen Küste, den Macquarie-Inseln und Südgeorgien. In letzter Zeit wurden beachtliche Bestände auf der Juan-Fernández-Inselgruppe beobachtet. Population: vielleicht 100 000 auf der Gough-Insel und jeweils etwa 5 000 auf der Prinz-Edward-Insel und den Inseln St. Paul und Neu-Amsterdam. Männchen KSL 180 cm; G 165 kg. Weibchen KSL 145 cm; G 55 kg. Fell: der einzige Seebär mit einem eindeutigen Farbmuster. Brust und Gesicht bis hinter die Augen hell bräunlichgelb oder blaßbeige. Auffälliges Haarbüschel aus längeren Deckhaaren auf dem Kopf bei erwachsenen Männchen. Stirn nur leicht konvex, Schnauze kurz und schmal. Vorbackenzahn klein mit nur einem Höcker. Geburten im November/Dezember. Stillzeit 7 Monate. Ernährung: Fische, Kopffüßer und Schalentiere; manchmal auch Pinguine.

Australischer Seebär

Arctocephalus forsteri

Küste Neuseelands von der Three-Kings-Insel im Norden bis zur Stewart-Insel im Süden, auf mehreren neuseeländischen, subantarktischen Inseln und auf Macquarie. Auch vor Australien: von etwa 117—136° östlicher Länge in West- und Südaustralien. Population zwischen 30 000 und 50 000 um Neuseeland, mehrere Tausend um Australien. Männchen KSL 145—250 cm; G 120—185 kg. Weibchen KSL 125—150 cm; G 40—70 kg. Stirn leicht konvex, Schnauze mäßig lang und stark spitz zulaufend. Vorbakkenzahn klein, mit nur einem Höcker. Weibchen gebären mit 4—6 Jahren zum ersten Mal; Männchen werden in demselben Alter geschlechtsreif, aber erst mit 10—12 Jahren sozial beachtet. Geburten von November bis Januar. Stillzeit 10—11 Monate, wobei einige Robben das ganze Jahr über an den Fortpflanzungsplätzen leben. Ernährung: Tintenfische, Barracudas und andere Fische nahe der Wasseroberfläche sowie Kraken am Meeresboden; weiter im Süden angeblich Pinguine und Tintenfische.

Südafrikanischer Seebär

Zwergseebär, *Arctocephalus pusillus*

In Südafrika, Unterart *A.p. pusillus* entlang der Küste von Cape Cross (Namibia) südwärts zum Kap der Guten Hoffnung, dann ostwärts zur Algoa-Bucht. Unterarten *A.p. doriferus* (Australischer Seebär) von Seal Rocks (Neusüdwales) bis Südtasmanien, durch die Bass-Straße und entlang der Victoria-Küste bis zur Lady-Julia-Percy-Insel. Population etwa 850 000 in Südafrika und etwa 20 000 in Australien. Trotz seines irreführenden deutschen Namens größter Seebär. Männchen KSL 234 cm; G 700 kg. Weibchen KSL 180 cm; G 122 kg. Fell: Unterhaar spärlicher als bei anderen *Arctocephalus*-Arten, aber viel dichter als bei Seelöwen. Leicht an seiner Größe zu erkennen. Stirn konvex, Schnauze relativ lang, aber untersetzt. Vorbackenzahn robust, mit drei Höckern, wobei die vorderen und hinteren Höcker stark ausgeprägt sind. Zähne und Schädel sehr ähnlich wie beim Australischen Seelöwen *(Neophoca cinerea)*. In vieler Hinsicht steht *Arctocephalus pusillus* den Seelöwen näher als den übrigen Seebären. Weibchen bringen mit 3—6 Jahren das erste Junge zur Welt, Männchen werden mit 4—5 Jahren geschlechtsreif, aber erst mit 9—12 Jahren oder später sozial anerkannt. Geburten in Südafrika von Oktober bis Januar (meist um den 1. Dezember), in Australien von November bis Dezember. Stillzeit etwa 12 Monate oder länger. Einige Junge werden auch im zweiten und sogar dritten Jahr gesäugt. Ernährung: hauptsächlich mittelgroße, pelagische Schwarmfische wie Maasbanker, Pilchard, Kapmakrele; auch Tintenfisch. Sie suchen ihre Nahrung, z. B. Kraken, auch am Meeresboden. In Reusen und Trawlnetzen gefangene Robben sind der Beweis, daß sie auch in Tiefen von mindestens 120 m jagen.

Australischer Seelöwe

Neophoca cinerea

Inseln von der Houtman-Abrolhos-Inselgruppe in Westaustralien bis zur Känguruh-Insel in Südaustralien, Inseln auf dem Recherche-Archipel und im Spencer-Golf, speziell auf Dangerous Reef. Bestand etwa 2 000 —3 000 Tiere. Männchen KSL etwa 200 cm; G 300 kg. Weibchen KSL etwa 150 cm. Fell: ausgewachsene Weibchen oberseits silbriggrau, unterseits beigegelb ins Bräunliche übergehend; ausgewachsene Männchen dunkel schwärzlichbraun, mit einer Mähne aus längeren, rauhen Haaren über den Schultern. Eine cremefarbene Kappe von Augenhöhe bis zum Hinterkopf. Neugeborene sind schokoladenbraun mit einem blaßrehfarbenen Scheitel. Geburten zwischen Oktober und Dezember, Paarung 6—7 Tage nach der Geburt. Stillzeit oft bis zum nächsten Wurf. Die Weibchen säugen Junge in der Größe von drei Vierteln ihrer eigenen Körperlänge. Ernährung: Kopffüßer und Fische sind vermutlich die Hauptnahrung, jedoch sind nur wenige Einzelheiten bekannt. Man hat schon beobachtet, daß sie Wittlinge aus Fischernetzen genommen, Pinguine (manchmal an Land) gefressen und Panzerkrebse gefangen haben.

Auckland-Seelöwe

Phocarctos hookeri

Subantarktische Inseln Neuseelands zwischen etwa 48° und 53° südlicher Breite. Kolonien auf Auckland, Enderbyland, Dundas und den Figure-of-Eight-Inseln, Snares-Inseln und der Campbell-Insel. Einzeltiere gelegentlich auf Macquarie, an den Küsten der Stewart-Insel und der Südinsel von Neuseeland. Bestand zwischen 3 000 und 4 000 Tieren. Männchen KSL 200 cm, G 400 kg. Weibchen KSL 180 cm; G 230 kg. Fell: ausgewachsene Männchen ganz dunkel-schwärzlichbraun mit gut entwickelten Mähnen; ausgewachsene Weibchen oberseits silbriggrau, unterseits blaßgelb. Junge dunkelbraun mit beigefarbenen Zeichnungen vom Kopf bis zur Nase bzw. zum Nacken. Geburten Dezember und Anfang Januar auf offenen Sandstränden; die Bullen kommen im Oktober und Anfang November zum Strand, die Kühe von Ende November bis Dezember. Paarung 6—7 Tage nach der Geburt. Stillzeit fast 1 Jahr; Weibchen säugen manchmal einjährige oder ältere Junge. Ernährung: u.a. Tintenfische, Kraken, kleine Fische, Krabben umd Miesmuscheln, gelegentlich Pinguine, auf Macquarie sogar regelmäßig.

Mähnenrobbe

Otaria byronia [flavescens]

Küste Südamerikas von Recife dos Torres (29° südlicher Breite) in Brasilien (einzelne Tiere gelegentlich nördlich bis Rio de Janeiro), um die Südspitze des Kontinents herum und auf der Diego-Ramirez-Insel (50°30' südlicher Breite) bis zur Pazifikküste bis 6°30' südlicher Breite in Peru. Einzelne Tiere noch weiter nördlich, zumindest hat man ein Tier auf den Galápagos-Inseln entdeckt. Festlandsbestände etwa 240 000, auf den Falklandinseln etwa 30 000 Tiere. Männchen KSL 256 cm; G 300—520 kg. Weibchen KSL 200 cm; G 144 kg. Fell: sehr unterschiedlich, aber Männchen gewöhnlich dunkelbraun bis goldfarben mit einer blassen Mähne. Junge schwarz. Der »löwenähnlichste« Seelöwe, das Männchen mit einer gedrungenen, breiten, leicht nach oben gerichteten Schnauze und sehr voller Mähne. Geburten von Dezember bis Februar, mit Höhepunkt Mitte Januar. Stillzeit 6—12 Monate; selten säugt ein Weibchen gleichzeitig ein Neugeborenes und ein Einjähriges. Ernährung: Fische, Kopffüßer, Schalentiere; auf den Falklandinseln Tintenfische, Hummerkrabben und Fische.

Steller-Seelöwe

Eumetopias jubatus

Nordpazifik, vom Japanischen Meer nördlich bis 66° nördlicher Breite, die nordamerikanische Küste hinunter bis zur Insel San Miguel in Kalifornien. Wichtige Zuchtkolonien auf den Kurilen, Kamtschatka, auf den Inseln im Ochotskischen Meer, auf den Aleuten und an der Küste von Alaska bis Kanada. Weltpopulation etwa 250 000 Tiere. Männchen KSL 287 cm; G 1 000 kg. Weibchen KSL 240 cm; G 273 kg. Fell: beide Geschlechter hellbis rötlichbraun, Junge dunkelbraun bis schwärzlich. Ausgewachsene Männchen haben eine schwere Mähne, nicht so auffällig wie bei *Otaria*. Geburten von Mitte Mai bis Ende Juni. Stillzeit 8—11 Monate, gelegentlich säugt ein Weibchen ein neugeborenes und ein einjähriges Junges (selten auch noch ein zweijähriges) gleichzeitig. Weibchen bringen mit 4—5 Jahren das erste Junge zur Welt, Männchen werden mit 5—7 Jahren geschlechtsreif, aber erst mit 7—9 sozial vollwertig. Ernährung: eine Vielzahl von Fischen, Tintenfischen, Muscheln, Garnelen und Krabben, gelegentlich auch junge Nördliche Seebären.

Kalifornischer Seelöwe

Zalophus californianus

Westküste Nordamerikas von British Columbia südlich bis zur Spitze von Niederkalifornien und in der Cortez-See. Brutkolonien vom südlichen Teil des Reviers nordwärts bis zu den Kanalinseln vor Kalifornien und auf den Farallon-Inseln bei San Francisco. Zu dieser Form, der Unterart *Z.c. californianus*, gehören vermutlich etwa 50 000 Tiere. Auf den Galápagos-Inseln zählt eine andere Unterart, der Galapagos-Seelöwe, *Z.c. wollebaeki*, der auf den meisten Inseln lebt und auch züchtet, etwa 40 000 Tiere. Eine Unterart, *Z.c. japonicus*, lebte früher in japanischen Gewässern, ist aber heute höchstwahrscheinlich ausgerottet. Männchen KSL 220 cm; G 275 kg. Weibchen KSL 180 cm; G 91 kg. Fell: beide Geschlechter in der Regel dunkelkastanienbraun, Weibchen manchmal heller. Ausgewachsene Männchen haben manchmal helleren Scheitel und hellere Schnauze. Mähne nicht so gut entwickelt wie beim Steller-Seelöwen oder der Mähnenrobbe. Geburten von Mai bis Juni in Mexiko und Kalifornien. Auf den Galápagos-Inseln ziehen sich die Geburten über einen langen Zeitraum von Mai/Juni bis Dezember/Januar hin. Stillzeit 5—12 Monate, Weibchen säugen gelegentlich auch Einjährige. Ernährung: kaum bekannt. Vermutlich nehmen sie alles, was zur Verfügung steht, ob Fische oder Kopffüßer. Sie fressen nachts und tagsüber. WNB

Anmerkung: Im deutschen Sprachgebrauch werden die »Seebären« auch als »Pelz-« oder »Bärenrobben« bezeichnet.

Wiedergeburt in der Antarktis

Das Wiederaufleben der nahezu ausgestorbenen Kerguelen-Seebären

Der Kerguelen-Seebär, dessen Bestände von Pelzjägern auf einige Dutzend Tiere reduziert worden waren, gewinnt jetzt nach 75 Jahren Schutz allmählich seine ehemalige Bestandsdichte, die in die Millionen geht, wieder. Wie kommt das?

Als Kapitän James Cook 1775 in Südgeorgien landete, entdeckte er als erster den Kerguelen-Seebär. Damals war der Robbenfang auf den Falklandinseln in vollem Gang. Selbst wenn Cook seine Entdeckung nicht bekanntgemacht hätte, ist es sehr unwahrscheinlich, daß die Robbenfänger diese reichen Pfründe übersehen hätten. Um 1800 hatte die Robbenpelzjagd in Südgeorgien ihren Höhepunkt erreicht: 17 britische und amerikanische Schiffe suchten die Insel in jenem Jahr auf und erlegten 112 000 Robben.

Robbenfang war zu jeder Zeit verheerend. Die Robbenfänger landeten auf den Zuchtstränden, bevor die großen Robbenscharen ankamen und nahmen, was sie finden konnten. Dann schlachteten sie die Robben methodisch ab und nahmen vorzugsweise die jungen Männchen und die zuchtreifen Weibchen, da sie das Fell mit der besten Qualität lieferten. Meist mieden sie die Haremsbullen; ihre Felle waren minderwertig, und man brauchte mehr Salz zur Konservierung.

Um 1822 errechnete der schottische Robbenfänger James Weddell, daß in Südgeorgien mindestens 1 200 000 Seebärenfelle erbeutet worden waren, womit die Art dort fast ausgerottet war. Zwischenzeitlich entdeckte man im Jahr 1819 einen anderen Zufluchtsort auf den Südlichen Shetland-Inseln. Innerhalb von drei Jahren wurde hier fast einer Viertel Million Robben das Fell abgezogen. Viele Tausend wurden einfach nur getötet und liegengelassen, und auch hier waren die Tiere schließlich so gut wie ausgerottet.

Die Robbenjäger wandten sich jetzt dem Speck der Südlichen See-Elefanten zu, fingen nebenbei aber auch alle Seebären, die sie fanden. Andere Inselgruppen wurden abgesucht und die Robben fast oder ganz bis zur Ausrottung gejagt. Auf Südgeorgien und den Südlichen Shetland-Inseln gab es ein kurzes Wiederaufleben der Robbenjagd, die einen Ertrag von wenigen tausend Fellen brachte. Schließlich schienen gegen Ende des Jahrhunderts die Robben dort fast vollständig verschwunden zu sein. Im Jahre 1907 wurde zum letzten Mal von einem Fang berichtet, als ein amerikanischer Robbenfänger in Südgeorgien 170 Felle erbeutete.

Damals wurden Südgeorgien und die Südlichen Shetland-Inseln regelmäßig von modernen Walfangschiffen aufgesucht, kurze Zeit später wurde das Töten von Robben durch die Regierung beschränkt, wobei Seebären vollständig unter Schutz gestellt wurden. Einzelne Tiere, die die Jagd überlebt hatten, wurden wieder gesichtet. Aber erst 1916 wurde wieder ein junges Männchen auf Südgeorgien entdeckt (und illegal abgeschossen). Irgendwo, vermutlich auf den Eilanden und Felsen im Nordwesten Südgeorgiens, hatte es ein kleiner Überrest von vielleicht nur 50 Tieren geschafft zu überdauern. 1933 landete eine Reisegruppe auf Bird Island und fand 38 Robben vor. Drei Jahre später waren es an derselben Stelle 59 Robben, darunter 12 Junge.

Die erste wissenschaftliche Untersuchung im Jahre 1956 ergab, daß eine üppige Kolonie auf Bird Island mindestens 3 500 Junge erzeugt hatte. Nun wurde die Insel regelmäßig kontrolliert. Als die Zahlen anstiegen, wurde es immer schwieriger, die genaue Zahl der neugeborenen Jungen festzustellen, und es mußten indirekte Methoden angewandt werden, um die Menge zu schätzen. Zwischen 1958 und 1972 stieg der Bestand auf Südgeorigen um jährlich 16,8 % an — eine

Wachstumsrate, bei der sich die Population alle 4½ Jahre verdoppeln würde. Die Rate hat sich seitdem etwas verlangsamt, aber sie ist immer noch höher als bei anderen ähnlich geschützten Arten. Die heutige Population von Kerguelen-Seebären (hauptsächlich auf Südgeorgien) wird auf 700 000 bis 1 000 000 Tiere geschätzt.

Eine derart spektakuläre Bestandserholung muß einen triftigen Grund haben. Er ist im ebenso spektakulären Rückgang der Bartenwale im Südpolarmeer zu suchen, die der gewerbliche Walfang auf etwa 16 % ihrer ursprünglichen Bestände reduziert hat (siehe S. 74—75). Bartenwale und Kerguelen-Seebären ernähren sich beide von Krill. Die Verdrängung der Bartenwale um Südgeorgien hat die Nahrungskonkurrenz zwischen Robben und Walen verringert. Der Krillkonsum der Bartenwale in der Antarktis ist von etwa 180 Millionen Tonnen auf 33 Millionen Tonnen pro Jahr gesunken, während die heutige Kerguelen-Seebären-Population etwa 1,2 Millionen Tonnen pro Jahr verzehrt. Stillende Seebären-Mütter, die auf Nahrungssuche gehen, um anschließend ihre Jungen zu säugen (siehe S. 104), haben wohl den größten Nutzen vom verringerten Konkurrenzdruck. Nicht nur das Wachstum und die Überlebenschance ihrer Jungen, sondern auch ihre eigene Chance, in den darauffolgenden Jahren wieder Junge großzuziehen, haben sich dadurch erheblich verbessert.

Obwohl sich hauptsächlich die Seebärenbestände in Südgeorgien erholt haben, findet man sie in zunehmendem Maße auch wieder an vielen früheren Futterplätzen. Dies ist allerdings kein reiner Erfolgsbericht, denn Erfolg bringt auch Probleme mit sich. Die derzeitige Dichte der Seebären an der nordwestlichen Küste Südgeorgiens ist heute höher als früher. Auf Bird Island werden einige erhöht liegende Strände, die jahrtausendelang intakt waren, abgetragen, da der ständige Durchzug der Seebären die Pflanzendecke zerstört, die den Sand zusammenhält. Auf Bültgras, das die tiefergelegenen Böschungen hinter den Robbenstränden bedeckt, nehmen die Robben am liebsten ihr Sonnenbad. Von der ständigen Benutzung werden die Grasbüschel freigelegt. Sie sterben danach bald ab und hinterlassen nur noch nackte Stummel. Andernorts wird das Gras niedergetreten. Dies ist nicht nur ein unschöner Anblick, sondern es zerstört auch den Lebensraum von Vögeln, die das Bültgras zum Nestbau brauchen. Zu ihnen gehören die hauptsächlich in Höhlen brütenden Sturmvögel, z. B. Walvögel und Blausturmvögel sowie der auf ein enges Gebiet beschränkte antarktische Wasserpieper. Die Zerstörung des Grases beraubt die Vögel nicht nur ihrer Nistplätze, sondern setzt sie auch eher ihren Verfolgern, den Raubmöwen, aus. Die Robben stören auch die Fortpflanzung der Wanderalbatrosse.

Die gegenseitige Beeinflussung des Wal-Robbe-Krill-Systems hat ein explosionsartiges Ansteigen der Seebärenbestände herbeigeführt, was die Naturschützer sicherlich begrüßen. Aber die Zukunft der Seebären kann nicht einfach an die Vergangenheit anknüpfen. Die Bedingungen haben sich gegenüber früher stark verändert. Ein Ökosystem ist ein kompliziertes Beziehungsgeflecht, und während die Populationen wieder die früheren Zahlen erreichen, ist damit nicht gleichzeitig die Gewähr gegeben, daß sich auch das frühere Gleichgewicht wieder einstellt. WNB

Kerguelen-Seebären auf Bird Island

▲ **Großartiges Schauspiel.** Eine Zuchtkolonie am Strand mit großen, mähnetragenden Männchen, kleineren Weibchen und schwarzen Jungen.

► **Seebärenweibchen im Grünen,** oder besser gesagt, im Bültgras, dem dicken Büschelgras, das die tiefergelegenen Böschungen und Strände der Zuchtkolonien bedeckt. Hier nehmen Weibchen ein Sonnenbad zwischen den reifen Grasbüscheln. Weiter unten am Strand jedoch (siehe oben) haben zu viele Robben das Gras niedergetreten, was zu folgenschweren Erosionen führt.

◄ **Frostige Begegnung.** Während eines Schneesturms weist ein Weibchen die Annäherungsversuche eines Bullen zurück.

Paarungskämpfe

Das Fortpflanzungsverhalten des Kalifornischen Seelöwen

Gleichmäßig aufsteigende Luftblasen im Meer vor den Zuchtstränden des Kalifornischen Seelöwen zeigen an, daß ein männlicher Seelöwe sein Territorium durchstreift und unter Wasser »bellt«.

Dank der Darbietungen im Zirkus und im Ozeanarium sind sie die bekanntesten Seelöwen. Die Grenzen ihrer Reviere liegen zum Teil unter Wasser, daher »bellen« die Männchen, um Eindringlinge in das Territorium zu vertreiben.

Den Kalifornischen Seelöwen findet man häufig im östlichen Nordpazifik von British Columbia bis Niederkalifornien und in einer davon getrennten Population auf den Galápagos-Inseln nahe dem Äquator, die von einigen Wissenschaftlern auch als eigene Art betrachtet wird. Männliche Seelöwen sind größer als die Weibchen und verteidigen während der Fortpflanzungszeit (in Kalifornien von Mai bis August) die Territorien auf den Zuchtstränden, den Ort für die Paarung und die Geburt der Jungen. Jedes Männchen paart sich mit so vielen Weibchen wie möglich. Ein erfolgreiches Männchen muß sein Stück Strand gegen Rivalen verteidigen, um einen möglichst großen Paarungserfolg zu haben. Bei der Festlegung der Territorien kommt es zu Kämpfen, die aber später auf ein ritualisiertes Drohverhalten an den Grenzen reduziert werden. Zu diesen Gebärden gehören Bellen, Kopfschütteln, aneinander Vorbeischauen und Schläge auf die Flossen des Gegners. Ritualisierte Kämpfe und eine gewaltige Körpermasse sind für ein Männchen die wichtigsten Eigenschaften, um ein Territorium über eine lange Zeit und ohne Nahrungsaufnahme halten zu können. Um möglichst viel Nachwuchs zu zeugen, muß ein Männchen so lange wie möglich auf den Zuchtplätzen bleiben. Bei ritualisierten Kämpfen verbraucht der Bulle weniger Energie als bei ernsthaften Auseinandersetzungen. Ein großer Körper ist nicht nur eine Hilfe beim Kämpfen, sondern trägt auch zu einem geringeren Energieaufwand bei und bietet ausreichend Platz für einen guten Speckansatz. Der Speck dient im kalten Wasser als Isolierschicht und ist der einzige Energievorrat, wenn der Seelöwe für längere Zeit an Land ist.

Für einen Fortpflanzungserfolg des männlichen Seelöwen ist auch der Zeitpunkt wichtig, zu dem er sein Territorium einnimmt. Im Idealfall sollten die Territorien dann besetzt sein, wenn die meisten empfängnisbereiten Weibchen da sind. Im Durchschnitt kommen auf jedes Männchen mit Territorium 16 Weibchen und auf zwei Weibchen ein Jungtier. Bei Nördlichen Seebären sind die Weibchen fünf Tage nach der Geburt ihres Jungen wieder empfängnisbereit. Die Männchen dieser Art errichten ihre Territorien, bevor die Weibchen zu den Zuchtplätzen im Beringmeer kommen. Bei den Kalifornischen Seelöwen sind die Weibchen erst wieder 21 Tage nach der Geburt ihres Jungen empfängnisbereit. Männliche Kalifornische Seelöwen halten ihr Territorium aber nur etwa 27 Tage lang. Daher beginnen sie erst nach der Geburt der ersten Jungen, ihre Territorien festzulegen. Die Zahl der Territorien auf einem Strandabschnitt steigt allmählich an und erreicht etwa fünf Wochen nach der Zeit der Geburten ihr Maximum.

Auch das Wetter beeinflußt das Fortpflanzungsverhalten der Seelöwen. Während der Fortpflanzungszeit herrschen Temperaturen

▲ **Felsige Kinderstube.** Die Zuchtplätze Kalifornischer Seelöwen sind oft sehr abgelegen und unzugänglich.

▼ **Verdeckte Aggression.** Männliche Kalifornische Seelöwen benutzen ritualisierte Gebärden, um ihr einmal eingenommenes Gebiet zu verteidigen. Sie treten an die Stelle von ernsten Kämpfen, so daß die Männchen den größten Teil ihrer Energie für die Paarung aufsparen. Die jeweiligen Gebärden werden in unterschiedlicher Reihenfolge ausgeführt, aber eine typische Folge wäre z. B.: (1) Kopfschütteln und Bellen, wenn sich die Männchen der Grenze nähern; (2) Aneinander-Vorbeischauen, unterbrochen von kurzen Vorstößen; (3) weiteres Kopfschütteln und Bellen. Bei den Vorstößen versuchen die Männchen die Vorderflossen so weit wie möglich vom Maul des anderen entfernt zu halten. Die dicke Haut an der Brust verhindert mögliche ernsthafte Verletzungen.

von über 30°C. Das ist für die Jungen zwar allgemein günstig, da sie die Fähigkeit zur Regulierung der Körpertemperatur noch nicht voll entwickelt haben, aber die Männchen können darunter leiden. Alle Seelöwen sind nur bedingt fähig, ihre Körpertemperatur an Land zu regulieren. Sie kühlen sich gewöhnlich im Wasser ab.

Da bei heißem Wetter die Reviere ohne direkten Zugang zum Wasser nicht verteidigt werden können, muß ein erfolgreiches Männchen einen Zugang zum Wasser als Teil seines Territoriums haben. Wenn nicht, besteht das Risiko, ein Revier zu verlieren.

Manchmal liegen die Territorien sogar größtenteils im Wasser. Das ist oft am unteren Teil steiler Klippen der Fall, wo nur noch wenig Strand, aber noch genug Platz für die Weibchen ist, an Land zu kommen und die Jungen zur Welt zu bringen. Hier durchstreifen die Männchen, wie eingangs geschildert, ihr Territorium und »bellen« warnend unter Wasser.

DKO

▲ **Wasser-Territorien.** Wo die Territorien unter Wasser liegen, verteidigen die Seelöwen-Bullen die Grenzen, indem sie an ihnen entlangschwimmen und Bellaute ausstoßen.

WALROSSE

Walroß, ***Odobenus rosmarus***
Einzige Art der Gattung.
Familie: *Odobenidae*
Verbreitung: Arktische Meere von Ost-Kanada und Grönland bis zum nördlichen Eurasien und West-Alaska.

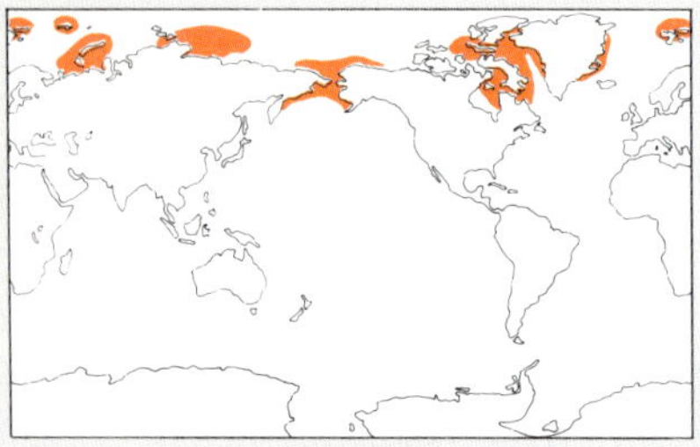

Lebensraum: Hauptsächlich jahreszeitlich bedingtes Packeis über den Festlandsockeln.

Maße: regional unterschiedlich; am kleinsten in der Hudson-Bucht, wo erwachsene Männchen durchschnittlich 2,9 m, erwachsene Weibchen 2,5 m messen, und etwa 795 kg bzw. 565 kg wiegen; am größten im Beringmeer und der Tschuktschensee, wo die ausgewachsenen Männchen durchschnittlich etwa 3,2 m, die ausgewachsenen Weibchen etwa 2,7 m lang sind, und etwa 1 210 kg bzw. 830 kg wiegen.

Stoßzähne der Tiere in der Hudson-Bucht sehr kurz, im Durchschnitt etwa 36 cm bei männlichen und 23 cm bei weiblichen erwachsenen Tieren; Stoßzähne der Walrosse im Beringmeer und der Tschuktschenseee fast doppelt so lang, durchschnittlich etwa 55 cm bei männlichen und 40 cm bei weiblichen erwachsenen Tieren.

Färbung: zimtbraun bis blaß-goldgelb, am dunkelsten an Brust und Unterleib; noch nicht geschlechtsreife Tiere dunkler als erwachsene Tiere. Oberfläche der Flossen haarlos, schwarz bei jungen Tieren, im Alter bräunlich bis gräulich. Haare bei ausgewachsenen Männchen spärlich an Nacken und Schultern.

Ernährung: hauptsächlich Weichtiere.

Tragzeit: 15—16 Monate, einschließlich 4—5 Monate für die verzögerte Einpflanzung des Eies.

Lebensdauer: bis 40 Jahre.

2 (oder 3) Unterarten: Polarmeer-Walroß *(O.r. rosmarus)*; Hudson- und Baffin-Bucht bis Kara- und Barentssee; Männchen bis 3,5 m lang, Stoßzahnlänge etwa 12 % der Kopf-Schwanz-Länge. Pazifisches Walroß *(O.r. divergens);* Beringmeer und Tschuktschensee; Männchen bis 4,2 m lang, Stoßzähne etwa 17 % der Kopf-Schwanz-Länge. Männchen mit »eckigerer« Schnauze als Polarmeer-Walroß und vorspringendem Kinn. Der Name *O.r. divergens* stammt daher, daß man ursprünglich annahm, die Basis der Stoßzähne läge weiter auseinander als bei dem Polarmeer-Walroß. Dieser Unterschied (Divergenz) hat sich nicht bestätigt. Walrosse aus der Laptew-See sind mittelgroß. Manchmal zählt man sie zu den Polarmeer-Walrossen, manchmal zu den Atlantischen Walrossen, gelegentlich gelten sie auch als eigene Unterart *(O.r. laptevi).*

Das Walroß gehört mit seinem gedrungenen Körper, dem langen Schnurrbart und den langen weißen Stoßzähnen in den Vorstellungen der Menschen genauso zur Arktis wie Schnee und Eis. Das ist auch richtig so, denn es lebt ausschließlich im Nordpolarmeer und den angrenzenden, eisbedeckten Meeren. Nur wenige andere Lebewesen haben sich so erfolgreich an das Packeis des hohen Nordens angepaßt. Dafür werden sie von den an der Küste lebenden Eskimos verehrt, die in ihnen gleichzeitig viele menschliche Eigenschaften sehen. Da sie höchst sozial und gesellig sind, langsam reifen und sich spät fortpflanzen, sich gegenseitig beschützen und liebevoll für ihre Jungen sorgen, sich durch Lautäußerungen miteinander verständigen und lange leben, läßt sich ihr Verhalten leicht vermenschlichen. Walrosse werden von den Eskimos auch als Hauptquelle für Nahrung und andere Dinge geschätzt, von denen sie seit Jahrtausenden abhängig sind. Aber weiter südlich, in Europa, Asien und Nordamerika, gilt das Hauptinteresse dem Elfenbein, den großen, weißen Stoßzähnen des Walrosses, die an Länge und Qualität nur den Elefantenstoßzähnen nachstehen. Bei der Suche nach diesem Elfenbein sowie nach den dicken Häuten und dem zu gewinnenden Öl haben die Europäer die Walrosse vor mehr als 100 Jahren in der Arktis nahezu ausgerottet.

Frühe Beschreibungen von Walrossen verwiesen gerne auf ihre Ähnlichkeit mit Schweinen, teils wegen ihrer Neigung, sich zusammenzudrängen und manchmal übereinander zu liegen, teils auch wegen ihres kaum behaarten, rundlichen Körpers, dessen Umfang fast der Länge entspricht. Aber in Größe, Färbung und allgemeinem Aussehen haben Walrosse wirklich nicht viel Ähnlichkeit mit Schweinen. Äußerlich sehen sie bis auf den eckigen Kopf und die langen Stoßzähne den Seelöwen sehr ähnlich. Im Hals männlicher Walrosse liegt ein Paar weit aufblasbarer Luftsäcke, mit deren Hilfe die Tiere spezielle Brunftlaute erzeugen und die ihnen beim Ausruhen auf dem Wasser zusätzlichen Auftrieb verleihen.

An Land oder auf Eis stehen und gehen die Walrosse auf allen vieren. Die Fersen der Hinterflossen werden zur Unterstützung unter den Rumpf gebracht, die Zehen nach vorn außen gebogen. Die Flächen der vorderen Gliedmaßen unterstützen den Rumpf, die Finger sind nach hinten außen gebogen.

Im Wasser bewegt sich das Walroß fast ausschließlich mit den hinteren Gliedmaßen vorwärts und benutzt die vorderen hauptsächlich als Ruder. Dieses Skullen mit den Hinterflossen ist eine Anpassung an die Nahrungsaufnahme am Boden, wobei ein langsames Tempo vorteilhafter ist als eine hohe Geschwindigkeit.

Eine der bedeutendsten Besonderheiten am Körper des Walrosses ist die Haut. Sie ist 2 — 4 cm dick und wirft an jedem Gelenk und an jeder Beuge des Körpers Falten. Diese dicke Haut ist eine schützende »Rüstung« gegen Verletzungen durch die Stoßzähne anderer Walrosse. Überall mit Ausnahme der Flossen ist die Haut mit etwa 1 cm langen, rauhen Haaren bedeckt, was dem Körper von Weibchen und jungen Männchen eine pelzartige oder samtige Struktur verleiht. Erwachsene Männchen (Bullen) sind eher spärlich behaart und besitzen eine fast nackte, wulstige Haut an Nacken und Schultern. Sie ist bis

▲ **Walroß-Rastplatz.** Walrosse sind äußerst gesellig und kommen, normalerweise auf Eis, in riesigen Mengen zusammen. Wo es aber kein Eis gibt, wählen sie felsige Inseln wie hier Round Island, Alaska.

◄ **Der Herr der Scholle.** Ein Walroßbulle auf einer Eisscholle im Beringmeer. Im Frühjahr sind männliche und weibliche Herden strikt getrennt; die Weibchen sind nach Norden zur Tschuktschensee gezogen.

► **Ein ganzer Haufen Walrosse** (nächste Seiten). Unter beengten Verhältnissen liegen Walrosse auch übereinander. Beachtlich ist der Unterschied zwischen der sonnenbadenden, rosafarbenen Herde und dem blassen Einzeltier, das gerade aus dem Meer kommt.

zu 5 cm dick, gewährt zusätzlichen Schutz und gibt den Bullen ein besonderes Aussehen, womit sie sich auch klar von den Weibchen abheben. Die Hautfalten sind mit blutsaugenden Läusen besetzt, die scheinbar eine Reizung verursachen, denn die Walrosse reiben und kratzen sich ziemlich häufig.

Die nächsten Verwandten der Walrosse sind die Seebären, mit denen sie sich vor etwa 20 Millionen Jahren von den bärenähnlichen Vorfahren im Nordpazifik, den *Enaliarctidae,* zu ihrer heutigen Form entwickelt haben. Frühe Walrosse sahen den heutigen Seelöwen ähnlich. Vor etwa 5 — 10 Millionen Jahren waren sie die zahlenmäßig stärkste und vielfältigste Flossenfüßergruppe im Pazifischen Ozean. Einige dieser frühen Formen waren Fischfresser, einige hatten sich schon von Fischen auf Weichtiere und andere bodenlebende Fauna umgestellt. Mit der Änderung ihrer Ernährungsweise änderten sich allmählich auch ihr Äußeres und ihr Verhalten. Vermutlich ging in diesem Zusammenhang auch der Antrieb von den vorderen auf die hinteren Gliedmaßen über, und die Stoßzähne wurden länger.

Vor etwa 5 — 8 Millionen Jahren zogen die Walrosse, die ihre Nahrung am Boden suchten und Stoßzähne besaßen, durch eine damals offene Passage, den Zentralamerikanischen Seeweg, die Stelle, wo jetzt Costa Rica und Panama liegen, in den Nordatlantik. Daraufhin vergrößerten sich die Walroß-Bestände im Nordatlantik, während sie im Nordpazifik ausstarben. Innerhalb der letzten Millionen Jahre drangen die Tiere aus dem Atlantik in die Arktis, von wo einige vor nur 300 000 Jahren durch das Nordpolarmeer zurück in den Pazifik wanderten.

Heute ernähren sich Walrosse vor allem von Muscheln — Venus-, Herz- und Miesmuscheln, — die auf den Festlandsockeln der nördlichen Meere reichlich vorkommen. Sie fressen auch 40 andere Arten von Wirbellosen vom Meeresboden, einschließlich mehrerer Arten Garnelen, Krabben, Schnecken, Kraken, Seegurken, Manteltieren, Ringel- und Priapswürmern; gelegentlich fressen sie auch Fische und sogar Robben.

Beim Orten ihrer Nahrung verlassen sich Walrosse wohl am ehesten auf ihren Tastsinn, denn sie fressen im Winter in absoluter Dunkelheit, in düsteren Gewässern oder in Tiefen, die das Licht die meiste Zeit über nicht durchdringt. Der Tastsinn scheint am vorderen Teil der Schnauze, wo die dünne Haut und die etwa 450 borstigen Schnurrhaare höchst empfindlich sind, am besten entwickelt zu sein. Der obere Rand der Schnauze ist mit fester, horniger Haut besetzt und wird offensichtlich auf Schweine-Art zum Graben benutzt, um viele kleine Venusmuscheln und andere Wirbellose aus dem Schlamm am Boden der flachen Gewässer zu wühlen. Die in tieferen Schichten vergrabene Beute wird wahrscheinlich herausgespült, indem die Walrosse Wasser in ihre Gänge spritzen. Tierpfleger in Zoos kennen die Fähigkeit der Walrosse, große Wassermengen unter hohem Druck aus ihrem Mund zu spritzen. Manche Forscher meinen, daß Walrosse ihre Stoßzähne nicht zum Ausgraben von Muscheln gebrauchen. Vielmehr sollen die Stoßzähne in erster Linie »soziale Organe« sein, genau wie das Geweih der Hirsche oder die Hörner der Schafe. Die Stoßzähne sollen sich auch nicht durch Graben abnutzen, sondern dadurch, daß sie über Schlamm und Sand schleifen, während das Walroß die Beute mit Schnauze und Wasserspritzern ausgräbt. Dagegen sprechen allerdings auch im Film festgehaltene Beobachtungen, nach denen Walrosse in festerem Untergrund sehr wohl Muscheln mit den Stoßzähnen losbrechen. Auch in Zoos versuchen sie oft (vergeblich), im Betonboden herumzugraben.

Einige Weibchen züchten zum ersten Mal mit 4 Jahren, einige wenige erst mit 10 Jahren. Der Durchschnitt liegt bei 6—7 Jahren. Männchen reifen viel langsamer und werden erst mit etwa 15 Jahren geschlechtsreif. Zur Zucht kommen nur voll ausgewachsene Bullen, da sie untereinander um die Weibchen kämpfen und die Weibchen nur die erfolgreichen Bullen akzeptieren.

Die Tiere paaren sich im Januar/Februar, den kältesten Wintermonaten, vermutlich im seichten Wasser. Zu dieser Zeit kommen die ausgewachsenen Weibchen (Kühe) und die Jungen in den traditionellen Fortpflanzungsgebieten zusammen und bilden Herden von 10 bis 15 Tieren, die gemeinsam wandern und fressen. Mehrere solcher Herden können an Rastplätzen auf dem Eis, zwischen den Nahrungszügen, aufeinandertreffen. Jeder Herde folgen ein oder mehrere Bullen, die meist in der Nähe im Wasser bleiben. Diese Bullen geben unentwegt Lautäußerungen von sich, die unter Wasser aus Folgen sich wiederholender »Klopf«- und »Glockenlaute« sowie über Wasser aus kürzeren Sequenzen von »Klappern« und »Pfeifen« bestehen. Wie die Lieder von Vögeln dienen diese wiederholten Rufe vermutlich dazu, Partner anzulocken und mögliche Konkurrenten zu verjagen. Der glockenartige Ton wird offensichtlich mit Hilfe eines der aufblasbaren Säcke im Hals erzeugt und ist ausschließlich Teil des geschlechtsbezogenen Imponierverhaltens. Der normale Laut der Walrosse ist ein Bellen in unterschiedlichen Tonhöhen.

Im darauffolgenden Jahr, meist im Mai, bringt das Weibchen ein einzelnes Junges zur Welt. Wegen der langen Tragzeit können die Weibchen nur in Abständen von 2 Jahren Junge haben, und die Abstände werden mit zunehmendem Alter länger. Deshalb hat das Walroß die niedrigste Fortpflanzungsrate aller Flossenfüßer und eine der niedrigsten aller Säugetiere überhaupt.

Das Kalb ist bei der Geburt 1,1 m lang und wiegt etwa 60 — 65 kg. Es hat ein kurzes, weiches Haarfell, blaßgräuliche Flossen, einen dicken, weißen Schnurrbart und keine sichtbaren Zähne. In den ersten 6 Monaten ernährt es sich nur von Milch, beginnt aber gegen Ende dieser Zeit, feste Nahrung zu sich zu nehmen.

Nach einem Jahr hat sich das Gewicht des Jungen nahezu verdreifacht und 2,5 cm lange Stoßzähne haben sich entwickelt. Es bleibt noch ein Jahr lang bei der Mutter, da es von ihrer Orientierung, ihrem Schutz und ihrer Milch abhängig ist. Gleichzeitig entwickelt es aber schon allmählich die Fähigkeiten, am Boden zu fressen und allein umherzuziehen. Mit 2 Jahren trennt es sich von der Mutter, die dann ein neues Kalb zur Welt bringt.

Warum haben Walrosse Stoßzähne?

Die oberen Eckzähne der Walrosse entwickeln sich bei Männchen und Weibchen zu großen »Stoßzähnen«. Sie haben viele Aufgaben — vom Eispickel bis zur Verteidigungswaffe —, aber ihre Hauptrolle ist eine soziale, nämlich die Festlegung des jeweiligen Rangplatzes innerhalb der Walroßgesellschaft. In jeder Herde ist das größte Walroß mit den längsten Stoßzähnen meist auch das dominante Tier. Sobald das Tier Gebärden einnimmt, die die Größe seiner Stoßzähne zur Schau stellen, kann es ungehindert zu den bequemsten und besten Plätzen vordringen und untergeordnete Tiere mit kürzeren Stoßzähnen abdrängen. Trifft ein dominantes Walroß auf ein Tier mit vergleichbaren Stoßzähnen, kann ihre Auseinandersetzung vom Imponiergehabe bis zum Beschädigungskampf, mit Stößen und Stichen durch die Stoßzähne, ausarten. Einer der Kämpfer wird normalerweise seine Unterlegenheit zeigen, indem er sich abwendet und zurückzieht. Solche Kämpfe kommen bei Männchen und Weibchen vor, sind aber bei Bullen in der Paarungszeit am häufigsten.

Die soziale Bedeutung der Stoßzähne geht weiter über den Kampf um die Rangordnung hinaus. Größe und Form verraten viel über Geschlecht und Alter. In den ersten $1\frac{1}{2}$ Lebensjahren haben junge Walrosse keine sichtbaren Stoßzähne, da die Eckzähne erst mit 6—8 Monaten den Gaumen durchstoßen und danach noch 1 Jahr lang von der breiten Oberlippe bedeckt sind. Also wird jedes kleine Tier ohne Stoßzähne sofort als jung und abhängig erkannt und sein größerer Begleiter läßt sich unschwer als erwachsenes Weibchen identifizieren. Generell sind die Stoßzähne der Weibchen runder, kürzer, dünner und gebogener als die der Männchen. Im Alter sind die Stoßzähne beider Geschlechter gedrungener, durch Brüche und Abnutzung kürzer und stumpfer. Wenn schon Menschen Geschlecht und ungefähres Alter der Walrosse an den Stoßzähnen erkennen, dann können das die Walrosse mindestens genauso gut.

Gelegentlich benutzt ein Walroß, das sich aus dem Wasser auf eine Eisscholle zieht, die Stoßzähne als zusätzliche Gliedmaßen, indem es die Spitzen ins Eis stößt und sich vorwärts hievt. Geschichten über dieses Verhalten haben den Zoologen Brisson im 18. Jahrhundert dazu veranlaßt, dem Walroß den Gattungsnamen *Odobenus* zu geben. Er ist zusammengesetzt aus den griechischen Wörtern *»odon«* und *»baenos«* und bedeutet soviel wie »Zahngänger«. Die Stoßzähne werden manchmal auch dazu benutzt, Atemlöcher ins Eis zu schlagen.

Nach der Entwöhnung schließen sich die jungen Walrosse weiterhin den weiblichen Erwachsenen an und wandern mit ihnen. In den nächsten 2 — 4 Jahren lösen sich die jungen Männchen ab und bilden im Winter eigene kleine Gruppen oder schließen sich im Sommer größeren Bullenherden an. Bei allen Walroßarten gibt es bis zu einem gewissen Grad eine Geschlechtertrennung, die in der Bering-Tschuktschen-Region am deutlichsten ausgeprägt ist. Im Beringmeer kommen die meisten Männchen im Frühjahr an getrennten Rast- und Futterplätzen zusammen, während die Kühe und die meisten heranwachsenden Tiere nach Norden zur Tschuktschensee ziehen. So bleiben sie den ganzen Sommer über getrennt. Wenn die Kühe im Herbst wieder südwärts ziehen, treffen sie die Bullen offensichtlich nahe der Beringstraße und begleiten sie zu den winterlichen Fortpflanzungsplätzen im Beringmeer. Dann spalten sich die heranwachsenden Männchen ab, um den Winter in anderen Teilen des Packeises, außerhalb der Zuchtgebiete, zu verbringen. Indem sie das tun, verteilen die Pazifischen Walrosse nicht nur die Ausbeutung ihrer Nahrungsvorkommen auf verschiedene Stellen, sondern verringern auch zur Paarungszeit die Möglichkeit eines Konflikts zwischen ausgewachsenen und heranwachsenden Männchen. Überall in der Arktis wurden Walroßpopulationen im 18.,

▲ **Abschlachten auf dem Eis.** Walrosse sind für das Überleben der Eskimos immer noch sehr bedeutend, trotzdem sind die Bestände möglicherweise nicht stark genug, um weiteren Ausbeutungen standzuhalten.

► **Walroßgravur auf einem Walzahn.** Die Abhängigkeit der Eskimos von Meeressäugetieren wird von dieser Darstellung einer Walroßjagd auf einem Pottwalzahn symbolisiert.

◄ **Vielseitige Stoßzähne.** Die Walroßstoßzähne sind in erster Linie soziale Organe, die bei Rangordnungsstreitigkeiten eingesetzt werden (1). Solche Begegnungen enden oft damit, daß sich das nicht so massige und starke Männchen abwendet (2). Walrosse benutzen die Stoßzähne manchmal einfach, um ihren Kopf abzustützen (3). Die Stoßzähne übernehmen auch die Aufgabe von zusätzlichen Gliedmaßen, wenn sich das Tier aus dem Wasser auf eine Eisscholle zieht (4).

19. und 20. Jahrhundert von gewerblichen Jägern aus Europa und Nordamerika bedrohlich verringert, die vor allem auf die Stoßzähne, die Häute und das Öl aus waren. Damals wußte man wenig über Biologie und Ökologie von Walrossen, also gab es auch keine wissenschaftlichen Grundlagen, um die Jagd zu beeinflussen und Fangquoten festzulegen. Zur nordatlantischen Population gehörten etwa 30 000 Tiere. Diese Bestände wurden als erste so stark bejagt, bis fast kein Tier mehr übrig war. Sie haben sich nie wieder erholt. Anders dagegen die Bering-Tschuktschen-Population, die zweimal um die Hälfte verringert wurde und sich offensichtlich jedesmal innerhalb von 15 — 20 Jahren — zum letzten Mal zwischen 1960 und 1980 — wieder erholt hat. Sie besteht jetzt aus etwa 260 000 Tieren. Weniger als 10 000 Walrosse leben in der Laptew-See. In den letzten Jahren wurden etwa 6 — 7 % der westlichen nordatlantischen Population jährlich getötet.

Seit mehreren tausend Jahren sind Walrosse die Lebensgrundlage zahlreicher Eskimogemeinschaften von Ostsibirien und Alaska bis Ostkanada und Grönland. In den vergangenen Jahren wurde der Bedeutung der Walrosse als Lebensgrundlage der arktischen Völker in der UdSSR, Kanada und Grönland höheres Gewicht beigemessen als dem Überleben der Walrosse selbst. Die nordatlantischen Bestände sind so gering, daß sie der fortgesetzten Ausbeutung durch die Eskimos möglicherweise nicht standhalten können, während die großen nordpazifischen Bestände den Weg zu erneuten Überlegungen öffnen, sie wieder gewerblich zu nutzen.

FHF

HUNDSROBBEN

Familie: *Phocidae*
19 Arten in 10 Gattungen.
Verbreitung: allgemein in Meeren der polaren, subpolaren und gemäßigten Breiten, bis auf die Mönchsrobben in Teilen des Europäischen Mittelmeers, der Karibik und der Hawaii-Region.

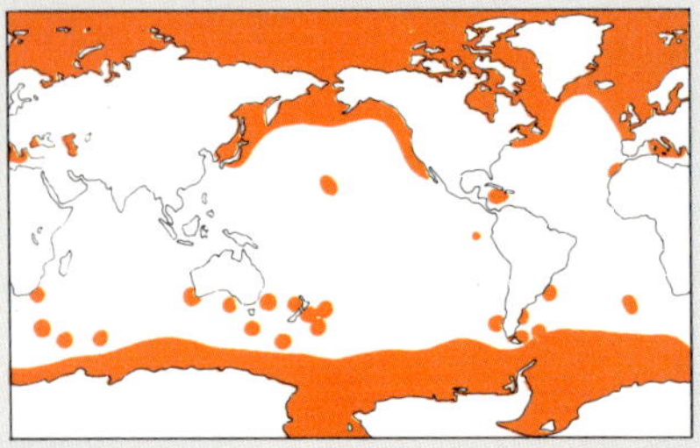

Lebensraum: Festlandeis, Packeis, küstenferne Felsen und Inseln.

Maße: Kopf-Schwanz-Länge von 117 cm bei der Ringelrobbe, bis 490 cm beim männlichen Südlichen See-Elefanten; Gewicht von 45 kg bei der Ringelrobbe, bis 2 400 kg beim männlichen Südlichen See-Elefanten.

Tragzeit: 10—11 Monate, einschließlich $2\frac{1}{2}$ — $3\frac{1}{2}$ Monate verzögerter Einpflanzung des Eies.

Lebensdauer: bis 56 Jahre.

Gattung *Monachus*
3 Arten: Karibische Mönchsrobbe *(M. tropicalis)*, Laysan-Mönchsrobbe *(M. schauinslandi)*, Mittelmeer-Mönchsrobbe *(M. monachus)*.

Gattung *Lobodon*
1 Art: Krabbenfresser *(L. carcinophagus)*.

Gattung *Leptonychotes*
1 Art: Weddell-Robbe *(L. weddelli)*.

Gattung *Hydrurga*
1 Art: Seeleopard *(H. leptonyx)*.

Gattung *Ommatophoca*
1 Art: Ross-Robbe *(O. rossi)*.

Gattung *Mirounga*
2 Arten: Nördlicher See-Elefant *(M. angustirostris)*, Südlicher See-Elefant *(M. leonina)*.

Gattung *Erignathus*
1 Art: Bartrobbe *(E. barbatus)*.

Gattung *Cystophora*
1 Art: Klappmütze *(C. cristata)*.

Gattung *Phoca*
7 Arten; kleinere Nördliche Robben; hier als Sammelgattung aufgefaßt (siehe Gattungsnamen in eckigen Klammern): Seehund *(P. vitulina)*, Sattelrobbe *(P. [Pagophilus] groenlandica)*, Bandrobbe *(P. [Histriophoca] fasciata)*, Eismeer-Ringelrobbe *(P. [Pusa] hispida)*, Baikal-Robbe *(P. [Pusa] sibirica)*.

Gattung *Halichoerus*
1 Art: Kegelrobbe *(H. grypus)*.

Das Leben der Hundsrobben ist ganz von ihrer Bindung an Land oder Eis geprägt, wo sie ihre Jungen zur Welt bringen und versorgen. Hundsrobben können sich nur mühsam über das Eis ziehen (»robben«), sie schaffen es nicht, sich mit ihren Vorderflossen am Boden abzustützen, tauchen jedoch wenig später bis 600 m tief und bleiben über eine Stunde im Wasser. Die Tiere sind ausgezeichnete Schwimmer und Taucher, können sich dafür aber an Land nur unbeholfen fortbewegen. Obwohl ihre körperliche Leistungsfähigkeit sich ganz auf das Tauchen hin entwickelt hat, haben sie noch einiges gemeinsam mit ihren otterähnlichen Vorfahren, die vor etwa 25 Millionen Jahren lebten.

Im Gegensatz zu Ohrenrobben (aber genau wie Otter) schwimmen Hundsrobben mit kräftigen Seitwärtsbewegungen ihres Hinterkörpers. Die hinteren Gliedmaßen sind so am Becken befestigt, daß die Hüfte etwa in Höhe der Fersengelenke liegt und dadurch die unteren Körperpartien weit nach hinten versetzt wurden. Die langen, mit Schwimmhäuten überzogenen Füße ergeben zwei funktionstüchtige Flossen, sind aber an Land fast nutzlos. Die vorderen Gliedmaßen haben im Gegensatz zu den Ohrenrobben keine Antriebsfunktion. Sie sitzen bis zur Handwurzel im Körper und werden zum Steuern unter Wasser und manchmal auch zum Kriechen auf Land oder Eis benutzt. Die nördlichen Hundsrobben haben eine kräftigere Rückenmuskulatur, während die antarktischen Arten manchmal längere, beweglichere Vorderflossen besitzen.

Atmung und Kreislauf der Hundsrobben sind allein der Fähigkeit angepaßt, lange Zeit unter Wasser zu verbringen. Die Weddell-Robbe ist ein äußerst guter Taucher und hat schon Tiefen von 600 m erreicht.

Die 18 lebenden Hundsrobbenarten werden hier in 2 Unterfamilien zusammengefaßt. Zur ersten Unterfamilie, den Südlichen Robben oder *Monachinae*, zählen als drei eigene Gattungsgruppen *(Tribus)* die tropischen Laysan- und Mittelmeer-Mönchsrobben (die Karibische Mönchsrobbe ist vermutlich aus-

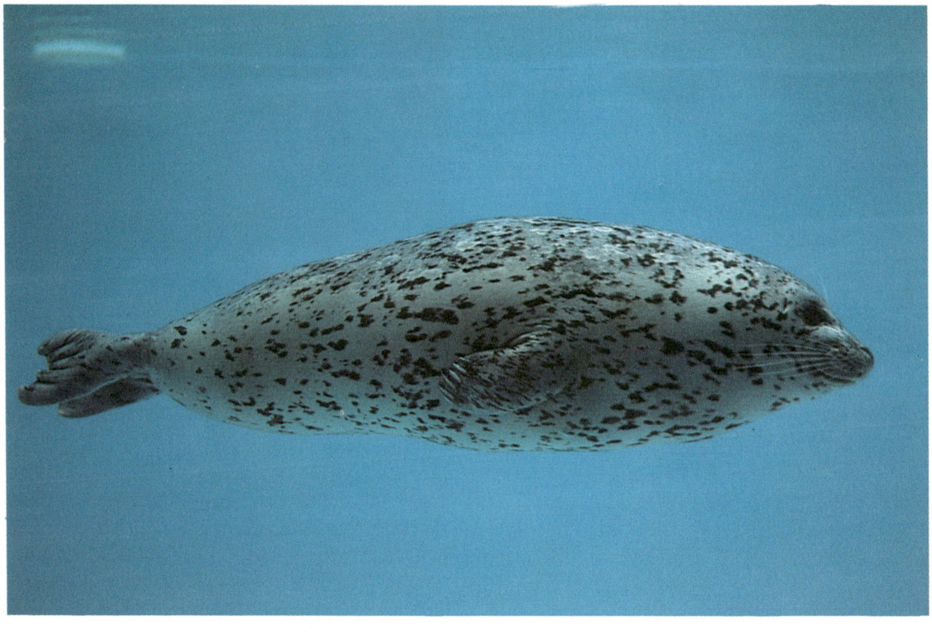

▲ **Roter Ballon — schwarze Haube.** Die Klappmütze hat zwei bizarre Formen nasaler Auswüchse. Die Wand des einen Nasenlochs kann durch das andere Nasenloch gedrückt werden und bildet eine rote Blase (oben). Andererseits kann die schwarze Haube, eine Erweiterung der Nasenhöhle, aufgebläht sein. Daher der deutsche Name »Haubenkerl« für einen ausgewachsenen Klappmützenbullen.

◄ **Schwerfällig an Land, behende im Wasser.** Die Weddell-Robbe ist eine der größten Hundsrobben, aber ihr Kopf ist extrem klein und sieht aus, als wäre er nachträglich aufgesetzt worden (oben). — Der Seehund, eine kleine Robbe, nimmt im Wasser eine torpedoähnliche Gestalt an (unten).

▼ **Evolution der Hundsrobben**

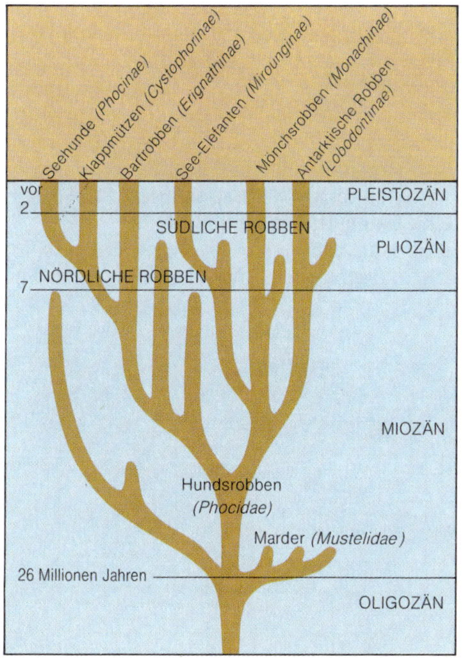

gerottet; siehe S. 136—137), die Nördlichen und Südlichen See-Elefanten sowie die antarktischen Robben (Krabbenfresser, Seeleoparden, Ross- und Weddell-Robbe). Die zweite Unterfamilie, Nördliche Robben oder *Phocinae,* hat ebenfalls drei Gattungsgruppen *(Tribus):* die Bartrobben, die Klappmützen sowie die übrigen, ursprünglich auf Eis züchtenden Robben: Eismeer-, Sibirische und Kaspi-Ringelrobbe, Kegelrobbe, Seehunde und Sattelrobbe.

Obwohl die Hundsrobben heute in den Polargebieten des Nordens und des Südens weit verbreitet sind, stammen sie wohl ursprünglich aus warmen Gewässern, wo die Mönchsrobben auch heute noch leben. Alle Nördlichen Robben, bis auf den Seehund, züchten auf Eis. Der Seehund züchtet auf den Sandstränden entlang der Westküste Europas (Nordsee) sowie in Niederkalifornien (Mexiko), also recht weit im Süden. Die Kegelrobbe kann sich an Land oder auf Eis fortpflanzen. Die Nördlichen und Südlichen See-Elefanten züchten von Kalifornien bis Mexiko bzw. in den gemäßigten bis subantarktischen Teilen des Südpolarmeers. Die vier antarktischen Robbenarten züchten auf Eis und leben südlich der Antarktischen Konvergenz bei 50 — 60° südlicher Breite.

Die deutlichsten Unterschiede zwischen den Arten bestehen in der Größe sowie im Größenverhältnis der Geschlechter. Ringelrobben einiger Populationen wiegen nur um 50 kg, während ein ausgewachsener Bulle des Südlichen See-Elefanten fünfzigmal schwerer sein kann. Bei den meisten Arten sind Weibchen und Männchen gleich groß. Die Weibchen der Südlichen Robben, vor allem der Mönchsrobben, sind oft etwas größer als die Männchen, dagegen sind die Männchen einiger Nördlicher Robben (Kegelrobbe, Klappmütze und See-Elefant) viel größer als die Weibchen. Diese großen Männchen haben auch schwere, gebogene Schädel und Nasenhöcker zur Unterstützung von Drohgebärden. Der Größenunterschied ist bei den Südlichen See-Elefanten am deutlichsten ausgeprägt, wo das Männchen mehr als dreimal so schwer werden kann wie das Weibchen.

Durch fossile Funde hat man in den letzten Jahren viele neue Einblicke in die Entwicklung und Verbreitung der Hundsrobben gewonnen. Ihr Ursprung in der Nordatlantikregion ist sicher, ihre Abstammung von otterähnlichen Vorfahren in Europa oder Westasien höchstwahrscheinlich. Die ältesten Fossilien aus dem mittleren bis späten Miozän (vor 12 — 15 Millionen Jahren) aus den östlichen USA und Europa können den heutigen tropischen und nördlichen Robbengruppen zugeordnet werden.

Offensichtlich stammen die Mönchsrobben aus der Nähe des Tethys-Mittelmeers, wo sie heute noch leben, und überquerten den Pazifik durch den Karibischen und den (bis vor 3,5 — 4 Millionen Jahren) offenen Zentralamerikanischen Seeweg. Sie sind wohl bald danach bis Hawaii vorgedrungen, da die dort lebende isolierte Mönchsrobbe in ihrer Knochenstruktur primitiver als fast alle anderen Robben ist. Die Vorfahren der See-Elefanten aus demselben atlantisch-tropischen Robbenbestand wanderten ebenfalls in diese Richtung, drangen über die Westküste Südamerikas auf die Südhalbkugel vor und ließen die primitiveren nördlichen Arten zurück.

Nach Untersuchungen von Fossilien aus den östlichen USA und Europa sowie neuerlichen Funden in Argentinien, Peru und Südafrika sind die tropischen Vorfahren der heutigen australischen Robben entlang der Westküste Südamerikas in das Südpolarmeer

vorgedrungen. Möglicherweise sind sie auch an Südamerika östlich oder an Westafrika vorbeigezogen. Solche mehrfachen Einwanderungen helfen uns, die heutigen Unterschiede bei antarktischen Hundsrobben zu verstehen, da es heute im Südpolarmeer keine geographischen Schranken gibt.

Die Bartrobbe ist zwar von ihrer Knochenstruktur her eine Nördliche Robbe, ist aber mit den Südlichen Robben durch ihre schlecht entwickelte Becken- und Ohrregion, durch die 4 Milchdrüsen (2 bei anderen Nördlichen Robben) und das dunkle Wollhaar der Säuglinge verbunden. Die Klappmütze, die früher den See-Elefanten zugeordnet wurde, ist eindeutig eine echte Nördliche Robbe, vielleicht ein Überbleibsel einer primitiveren, auf Eis züchtenden Gruppe im Nordatlantik.

Die übrigen Nördlichen Robben haben eindeutig einen gemeinsamen Vorfahren, da sie alle 32 Chromosomen besitzen (34 bei anderen Hundsrobben) sowie eine ähnliche Knochenstruktur und ein deutlich an Eis angepaßtes weißes Wollhaar. Zu den Robben des späten Miozäns (vor etwa 10 Millionen Jahren) in Südeuropa gehörten Formen, die mit den heutigen Ringelrobben verwandt und möglicherweise Vorfahren der anderen Nördlichen Robben waren. Die Kaspi- und die Baikal-Ringelrobbe sind vielleicht die Reste einer ausgedehnten inländischen Verbreitung solcher Robben lange vor dem Pleistozän (vor etwa 2 Millionen Jahren).

Aus der Zeit weit vor dem frühen Pleistozän (vor etwa 7 Millionen Jahren) gibt es keine fossilen Funde von Hundsrobben im Nordpazifik. Die Vorfahren des Nordamerikanischen Seehunds und der Bandrobbe — die Letztgenannten sind eng mit der atlantischen Sattelrobbe verwandt — müssen vor etwa 3,5 Millionen Jahren nach dem Versinken der Bering-Landbrücke aus dem Norden gekommen sein. Eine Form wie der Nordamerikanische Seehund (der auch als eine Unterart des Seehundes aufgefaßt wird) ist möglicherweise ein auf Eis züchtender Vorfahre des pazifischen Seehundes, der vermutlich in einer warmen Periode als landzüchtende Form zum Atlantik zurückgekehrt ist. Von allen seit jeher auf Eis züchtenden Gruppen hat die Kegelrobbe kein Gegenstück im Pazifik.

Einige fossile Robben sind mehr oder weniger eindeutig mögliche Vorfahren der heutigen Robben. Das vielleicht ungewöhnlichste Beispiel ist eine erst kürzlich entdeckte Form aus Peru, *Acrophoca longirostris,* die mit den antarktischen Robben verwandt ist, aber eine lange, delphinartige Schnauze hatte. Trotzdem haben die Hundsrobben anscheinend nicht solche Erweiterungen der Formenfülle erlebt wie die Ohrenrobben im Nordpazifik.

Das Leben im Wasser beschränkt die Ernährung der Robben auf kleine oder weiche Nahrung, so daß also die Reihe von Backenzähnen zum Schneiden und Zermahlen, die man bei landlebenden Raubtieren findet, auf eine Reihe gleich großer Zähne, gewöhnlich 5 an der Zahl, reduziert ist. Die meisten Robben sind vielseitige Kostgänger, obwohl sie sich in mancher Weise an eine bestimmte Ernährungsweise angepaßt haben.

Wo mehrere Arten in demselben Gebiet leben, finden wir auch Spezialisierungen vor.

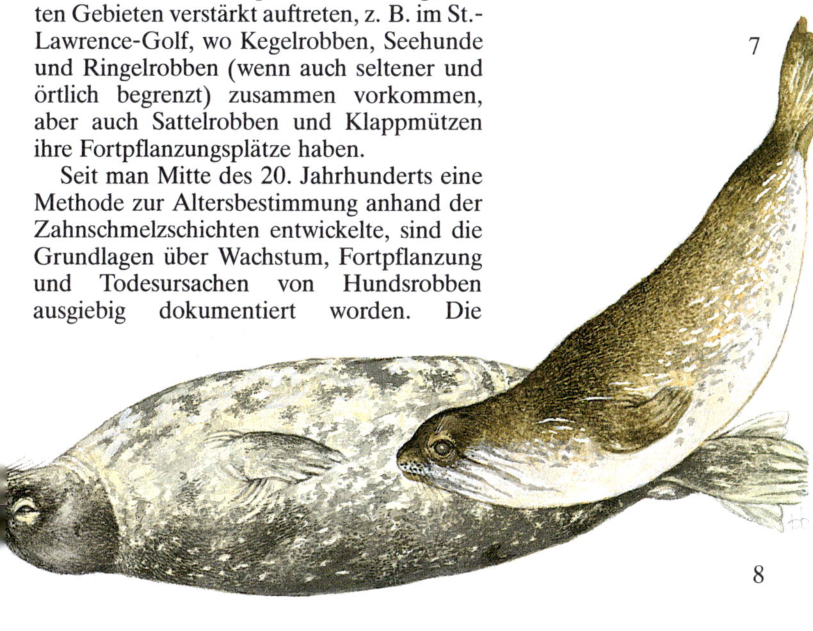

▲ **Hundsrobben aus nördlichen und südlichen Meeren.** (1—6) Nördliche Robben: (1) Klappmütze *(Cystophora cristata).* (2) Eismeer-Ringelrobbe *(Phoca [Pusa] hispida).* (3) Kegelrobbe *(Halichoerus grypus).* (4) Sattelrobbe *(Phoca [Pagophilus] groenlandica).* (5) Bartrobbe *(Erignathus barbatus).* (6) Bandrobbe *(Phoca [Histriophoca] fasciata).* (7—12) Südliche Robben: (7) Ross-Robbe *(Ommatophocoa rossi).* (8) Weddell-Robbe *(Leptonychotes weddelli).* (9) Krabbenfresser *(Lobodon carcinophagus).* (10) Seeleopard *(Hydrurga leptonyx)* (11) Südlicher See-Elefant *(Mirounga leonina).* (12) Laysan-Mönchsrobbe *(Monachus schauinslandi).*

Im Ochotskischen und im Beringmeer geht die Ringelrobbe zur Fortpflanzung auf das Festlandeis oder auf festes Pack- bzw. Treibeis und ernährt sich von kleinen Fischen und Plankton-Krebsen, während Nordamerikanische Seehunde und Bandrobben etwas dünneres Packeis bevorzugen und sich von Flachwasser-, Hochsee- und Tintenfischen ernähren. Die Bartrobbe, die auch in dieser Region lebt, ernährt sich als einzige Hundsrobbe von bodenlebenden Weichtieren und Garnelen. Ihre Zähne sind schon recht früh abgenutzt.

Unter dem Festeis um die Antarktis frißt die Weddell-Robbe verschiedene Fischarten, im Packeis lebt die Ross-Robbe von Tiefsee-Tintenfischen, der Seeleopard unter anderem von Robben und Pinguinen (siehe S. 138—139) und der Krabbenfresser (siehe S. 136—137) ernährt sich fast ausschließlich von Krill, den er mit seinen vielspitzigen Zähnen aussiebt. Konkurrenzkämpfe können in begrenzten Gebieten verstärkt auftreten, z. B. im St.-Lawrence-Golf, wo Kegelrobben, Seehunde und Ringelrobben (wenn auch seltener und örtlich begrenzt) zusammen vorkommen, aber auch Sattelrobben und Klappmützen ihre Fortpflanzungsplätze haben.

Seit man Mitte des 20. Jahrhunderts eine Methode zur Altersbestimmung anhand der Zahnschmelzschichten entwickelte, sind die Grundlagen über Wachstum, Fortpflanzung und Todesursachen von Hundsrobben ausgiebig dokumentiert worden. Die Geschlechtsreife tritt seltsamerweise in recht unterschiedlichem Alter ein, später bei kleinen Arten wie Eismeer- und Kaspi-Ringelrobbe, früher bei den großen antarktischen Arten oder dem riesigen See-Elefanten. Frühe Geschlechtsreife kann ein Nachteil sein, so z. B. für Seehunde und Ringelrobben, die sich in einer vielgestaltigen, küstennahen Umgebung aufhalten. Hier bedeutet die Verfolgung an Land oder auf Eis eine echte Bedrohung, und die genaue Kenntnis der Umwelt ist wesentlich für eine gesicherte Fortpflanzung. Obwohl beide Geschlechter der Kegelrobben und See-Elefanten (siehe S. 132—133) schon recht früh geschlechtsreif sind, können sich die Männchen erst einige Jahre später, wenn sie viel größer sind, eine Partnerin erobern.

Obwohl es Unterschiede zwischen den einzelnen Arten gibt, werden die Weibchen der Baikal- und Eismeer-Ringelrobben, Sattelrobben, Seehunde und See-Elefanten in denjenigen Populationen früher geschlechtsreif, die stark bejagt werden. Dies wird der größeren, zur Verfügung stehenden Nahrungsmenge und dem geringer ausgeprägten Gruppenleben zugeschrieben, jedoch sind die genauen biologischen Vorgänge nicht bekannt. Ein auffallend früheres Eintreten der Geschlechtsreife bei weiblichen Krabbenfressern (von über 4 Jahren um 1945 bis unter 3 Jahren um 1965) war von einer Zunahme des Krill, ihrer Hauptnahrung, begleitet (siehe S. 128—129). Die Fortpflanzungszeiten werden durch die Empfängnisbereitschaft der Weibchen festgelegt. Diese richtet sich wiederum danach, ob beste Voraussetzungen für eine Jungenaufzucht gegeben sind. Die Männchen sind oft schon früher und auch später noch fortpflanzungsfähig, wobei meist die Brunst der Männchen durch spezielle Sexualduftstoffe der brünstigen Weibchen ausgelöst wird. Gelegentlich kommt der Nachwuchs auch bis zu 6 Monaten außerhalb der normalen Zeit zur Welt. Dies wird jungen Müttern zugeschrieben, deren Zyklus noch nicht gefestigt ist. Die meisten Weibchen einer Art pflanzen sich etwa zur gleichen Zeit fort (Populationen in höheren Breiten etwas später). Bei Kegelrobben gibt es deutliche regionale Unterschiede in der Wurfzeit und Auswahl der Zuchtplätze. Besondere örtliche Unterschiede treten bei Seehunden im westlichen Nordamerika auf, wo es bei benachbarten Populationen Unterschiede von bis zu 4 Monaten geben kann. Der Grund dafür — in dieser Region mit relativ geringen jahreszeitlichen Schwankungen der Meeresströmungen — ist noch ungeklärt.

Die durchschnittliche Stillzeit beträgt 1—2 Wochen bei den Robben des Packeises und 11—12 Monate bei den Eismeer- und Ringelrobben, die ihre Jungen in »Schneehöhlen« auf Festlandeis säugen (siehe S. 130—131). Die verschiedenen Stillzeiten hängen wahrscheinlich von der Stabilität der

Gemeinschaft und dem Schutzbedürfnis der jeweiligen Kinderstube ab. Die Jungen der Weddell-Robben auf Festlandeis und die der Seehunde und Mönchsrobben an Land werden mit etwa 5—6 Wochen entwöhnt, während die jungen See-Elefanten und Kegelrobben (bei denen sich die Männchen mit so vielen Weibchen wie möglich paaren) schon mit 3—4 Wochen abgestillt werden. Ursache dafür ist vielleicht die besondere Stellung der Männchen, die in einer ausgeprägten Harems-Struktur leben (siehe S. 132—133). Bei den meisten Arten nimmt das Gewicht der Jungen während der Stillzeit um ein $2^1/_2$—$3^1/_2$faches zu, bei den Baikal-Ringelrobben mit einer Stillzeit von 8—10 Wochen um ein $5^1/_2$faches. Der Speck der Weibchen wird in Form von nährstoffreicher, fetter Milch an die Jungen weitergegeben. Der Fettgehalt von Sattelrobbenmilch z. B. steigt von etwa 23 % zu Beginn auf mehr als 40 % am Ende der Stillzeit, wobei der Wassergehalt entsprechend abnimmt. Da das Weibchen beim Stillen fastet, kann der sinkende Wassergehalt entscheidend dazu beitragen, das Wasser-Gleichgewicht zu halten. Alleingelassene oder vorzeitig entwöhnte Junge können zu zwergwüchsigen Erwachsenen werden. Junge werden gelegentlich adoptiert, und manche jungen Nördlichen See-Elefanten suchen sich, nachdem sie normal entwöhnt worden sind, eine nicht verwandte »Amme« und erreichen so ein unverhältnismäßig großes Gewicht und Vorteile für ihr Leben als Erwachsene. See-Elefanten und Kegelrobben kopulieren an Land, alle anderen normalerweise im Wasser. Alle Arten paaren sich unmittelbar nach und manchmal auch kurz vor der Entwöhnung der Jungen, so daß die Tragzeit 11—12 Monate dauert. Allerdings wächst der Embryo nur $6^1/_2$—8 Monate lang. Diese Verzögerung der Einpflanzung und des Wachstums des Embryos hat zur Folge, daß die Männchen stets um die Weibchen buhlen, wenn sie durch ihre mütterlichen Pflichten an einen bestimmten Ort gebunden sind, und daß das Fötenwachstum der Nahrungsaufnahme und der körperlichen Leistungsfähigkeit des Weibchens angepaßt ist.

Obwohl bei Hundsrobben Einzelfälle bekannt sind, in denen sie sich nur mit einem Partner paarten, neigen die Männchen nicht zur »Einehe«, einige paaren sich mit sehr vielen Partnerinnen. Einzelne Bullen der See-Elefanten (siehe S. 132—133) können anderen Männchen den Zugang zu zufällig gebildeten Weibchengruppen (irreführenderweise »Harem« genannt) verhindern, oder dominante Männchen nehmen einen Platz zwischen gleichmäßig verteilten Weibchen ein. Die Weibchen können die Männchen zum Kampf ermuntern, indem sie Lautäußerungen von sich geben und versuchen, die Paarung abzuweisen. So wird vermutlich die sexuelle Reife sichergestellt und dem dominanten Männchen Gelegenheit gegeben,

rangniedere Tiere an der Fortpflanzung zu hindern. Einige männliche Kegelrobben vor Großbritannien behaupten Territorien von 260 km^2 und mehr, vertreiben andere Männchen und vereiteln sogar das Fortziehen eines Weibchens. An einem Strand Neuschottlands dagegen überschneiden sich die Bezirke der Männchen und sind von veränderlicher Größe, stellen also keine echten Territorien dar. Hier paaren sich die Bullen mit allen empfängnisfähigen Weibchen in ihrer Nähe. Obwohl das Fortpflanzungsverhalten innerhalb der Arten unterschiedlich ist, hat doch immer nur ein Teil der Männchen Paarungserfolg. Beim Südlichen See-Elefanten z. B. liegt das Geschlechterverhältnis stellenweise bei 100 Weibchen zu einem Männchen.

Bei den Arten, die sich unter Wasser paaren, wurde mancherorts nachgewiesen, daß sie Unterwasser-Territorien behaupten. Männliche Weddell-Robben besetzen schmale, bis zu 200 m lange Wasserstreifen und verteidigen sie aggressiv, während die Weibchen mit den Jungen in der Nähe von Eisspalten bleiben. Einzelne männliche Eismeer-Ringelrobben (siehe S. 130—131) benutzen bis zu 1 km auseinanderliegende Eislöcher, von denen sie andere Männchen — aber keine Weibchen — vertreiben. Männliche Seehunde besetzen Gewässer vor bestimmten Küstenstreifen. Bißwunden lassen vermuten, daß auch sie territorial sind. Obwohl Krabbenfresser, Kegelrobben, Klappmützen und Seehunde angeblich »Familien« aus Männchen, Weibchen und Jungen bilden, warten die Männchen lediglich auf die Paarungsbereitschaft der Weibchen. Die Weibchen werden aggressiv verteidigt, nach der Paarung aber verlassen, und die Männchen suchen sich eine andere Partnerin. Die Tatsache, daß die Größenunterschiede zwischen Männchen und Weibchen, die sich im Wasser paaren, gewöhnlich klein sind, läßt vermuten, daß hier Beweglichkeit und Schnelligkeit für die Männchen vorteilhafter sind als die reine Größe. Ausnahmen bilden die großen Männchen der Klappmützen und Kegelrobben. Sie haben sich früher an Land gepaart.

Das Sozialverhalten außerhalb der Paarungszeit ist bisher kaum erforscht. Die Arten können grundsätzlich einzelgängerisch leben und nur an Nahrungs- oder Schlafplätzen zusammenkommen, oder sie können sich wirklich sozial verhalten. Von Seehunden bei Quebec wird berichtet, daß sie weniger auf Gefahren achten, wenn sie sich in größeren Gruppen aufhalten. Die Navigationsfähigkeit von Sattelrobben wird wahrscheinlich gesteigert, wenn sie in Herden wandern. Entwöhnte junge Krabbenfresser suchen den gemeinsamen Schutz gegen Seeleoparden. Gemeinschaftliches »Zusammentreiben« von Fischen ist bei Kegelrobben und Nördlichen See-Elefanten umstritten.

Nur die Mönchsrobben sind als Art wirklich bedroht (siehe S. 136—137). Isolierte Bestände gehen unter Umständen zurück. Weibliche Ringelrobben und Kegelrobben im inneren Teil der Ostsee weisen krankhafte Unfruchtbarkeit auf, was der Wasserverschmutzung zugeschrieben wird (siehe S. 131). Möglicherweise gibt es nur noch weniger als 200 Ringelrobben von einer isolierten Population im Saimaa-Seengebiet, Finnland, wogegen die Population im Ladogassee, UdSSR, bei eingeschränkter Jagd gesichert scheint. Die noch etwa 5 000 Seehunde auf den Kurilen sind in der UdSSR geschützt. Die Vorkommen in Nordjapan werden aber teilweise noch gejagt. Einige Binnensee-Populationen von Seehunden in Nordkanada sind möglicherweise ausgerottet worden. Die meisten Robbenpopulationen sind jedoch stabil oder steigen an, nachdem einige in der Vergangenheit stärkster Bejagung ausgesetzt waren. Ein bemerkenswertes Beispiel ist der Nördliche See-Elefant, dessen Bestand von weniger als 100 Tieren im Jahr 1912 auf heute etwa 50 000 Tiere angestiegen ist.

Obwohl das Töten junger Sattelrobben in Ostkanada vielen Menschen widerstrebt, wird diese Population in den letzten Jahren viel gründlicher untersucht und kontrolliert als die meisten anderen freilebenden Säugetiere; neuerdings gibt es sogar Hinweise auf einen leichten Anstieg des Bestandes (siehe S. 134—135). Die Herde im Weißen Meer wird wohl weniger mit Blick auf die Wissenschaft, als vielmehr unter dem Aspekt der Arterhaltung überwacht. Die Tötung junger Klappmützen im Nordatlantik entbehrt, wie das Töten von Robben überhaupt, jeder wissenschaftlichen Grundlage. Die kommerzielle Jagd mehrerer Arten im Beringmeer und im Ochotskischen Meer durch sowjetische Robbenfänger wurde nach der Überjagung in den 1960er Jahren stark eingeschränkt. Die Jagd auf Baikal- und Kaspi-Ringelrobben wurde in jüngster Zeit auch auf Grund von Bestandsermittlungen eingeschränkt. IAM

▲ **Wie Korken** schwimmt eine Gruppe ausgewachsener Kegelrobben in einer Bucht der Orkney-Inseln immer obenauf. Obwohl Robben einen Großteil des Jahres auf See verbringen, weiß man sehr wenig über diesen Zeitraum ihres Lebens.

◄ **Begegnung von Angesicht zu Angesicht.** Zwei männliche Kegelrobben in einem Grenzkonflikt, auf der Sable-Insel östlich von Neuschottland, Kanada. Hier ist eine der wenigen Stellen, wo sich Kegelrobben auf Sandstrand fortpflanzen.

► **Glänzendes Wollhaar.** Ein Kegelrobben-Junges mit feuchten Augen, noch mit seinem beigeweißen, *Lanugo* genannten Geburtsfell bekleidet, wartet auf die Rückkehr seiner Mutter. Die Lanugo wird mit 2—3 Wochen abgeworfen und durch ein Fell ersetzt, das dem der Erwachsenen sehr ähnelt.

Die 19 Hundsrobben-Arten

Abkürzungen: KSL = geradlinige Kopf-Schwanz-Länge; G = Gewicht.
[B] bedroht; [?] = Informationen unbestätigt oder unbekannt.

Mittelmeer-Mönchsrobbe [B]

Monachus monachus

Im Mittelmeer, Hauptpopulation in der Ägäis, Adria; im südwestlichen Schwarzen Meer; im Atlantik Nordwestküste von Afrika; um Madeira und Kanarische Inseln. Population 500—700 Tiere. Männchen KSL etwa 250 cm; G etwa 260 kg. Weibchen KSL 270 cm; G 300 kg. Fell: oberseits dunkel, unterseits grau, manchmal mit großem, weißem Fleck. Neugeborene mit schwarzem Wollhaar. Erstmalige Trächtigkeit der Weibchen und Alter der Geschlechtsreife bei Männchen sowie Lebensdauer unbekannt. Geburten Mai bis November, Höhepunkt September bis Oktober, heute gewöhnlich in Höhlen und Grotten auf Klippen. Stillzeit 6 Wochen (?), Männchen möglicherweise in Vielehe, Paarung im Wasser; Sozialstruktur unbekannt, aber z. T. gesellig lebend. Ernährung: z. T. recht große Fische und Tintenfische.

Karibische Mönchsrobbe [B]

Monachus tropicalis

Letzte verläßliche Sichtung im Jahr 1952; vermutlich ausgerottet. Ursprünglich auf den Florida Keys, Bahamas, Großen und Kleinen Antillen, Halbinsel Yucatán, auf vorgelagerten kleinen Inseln und Atollen. KSL etwa 220 cm; G etwa 200 kg (?). Neugeborene mit schwarzem Wollhaar. In der Körpergestalt eindeutig mehr Ähnlichkeiten mit der Mittelmeer-Mönchsrobbe als mit der Laysan-Mönchsrobbe. Fortpflanzungsmerkmale und Lebensdauer unbekannt. Geburten im Dezember. Andere biologische Daten unbekannt.

Laysan-Mönchsrobbe

Monachus schauinslandi

Fortpflanzung gewöhnlich auf 6 Atollen der nordwestlichen Hawaii-Inseln, geht auf drei anderen an Land und ist selten woanders anzutreffen. Population 500—1 000 Tiere. Männchen KSL etwa 210 cm, Gewicht etwa 250 kg. Fell: oberseits dunkel, unterseits blaß. Neugeborene mit dunklem Wollhaar. Ähnlich *M. tropicalis,* hat aber von allen Robben die primitivste Struktur der hinteren Hohlvene, der Ohrregion im Schädel und der nicht verwachsenen Schienbein- und Wadenbein-Basis. Weibchen bekommen mit etwa 5 Jahren das erste Junge. Alter der Geschlechtsreife bei Männchen unbekannt. Lebensdauer: 30 Jahre. Etwa $^2/_3$ der Weibchen bringen ihre Jungen von Januar bis August auf Stränden zur Welt. Stillzeit 6 Wochen. Männchen belästigen gelegentlich Weibchen mit Jungen, paaren sich aber später im Wasser. Ernährung: Fische, Tintenfische.

Krabbenfresser

Lobodon carcinophagus

Lebt überall im antarktischen Packeis, im Winter meist nahe der aufgebrochenen Randzone, im Sommer im Resteis in Festlandnähe. Hat sich bis nach Heard Island, Südafrika, Uruguay, Nord-Neuseeland und Südaustralien ausgebreitet. Gesamtpopulation 15 Millionen Tiere (?). Beide Geschlechter KSL 235 cm; G etwa 220 kg. Fell: einfarbig, gewöhnlich blaßgrau, manchmal dunkler; noch nicht geschlechtsreife Tiere dunkler, können leicht gesprenkelt sein. Oft mit Narben übersät von Kämpfen mit Rivalen und See-Leoparden. Neugeborene mit bräunlichem oder gräulichem Wollhaar. Die Tiere sind ziemlich schlank und haben einen kleinen Kopf. Backenzähne ausgesprochen vielhöckerig, um größere Plankton-Nahrung auszusieben. Weibchen bekommen ihr erstes Junges mit $2^1/_3$—$4^1/_2$ Jahren, je nach Jahr und Region. Männchen sind mit etwa $4^1/_2$ Jahren ausgewachsen. Lebensdauer: Männchen mehr als 30 Jahre, Weibchen 36 Jahre. Geburten auf Packeis im September/Oktober. Stillzeit 4 Wochen (?). Männchen bilden »Dreiergruppen« mit Weibchen und Jungen; sie halten sich solange vom Weibchen fern, bis es bereit ist, sich mit ihm auf dem Eis zu paaren. In der Regel nicht gesellig, aber Jungtiere bilden manchmal (Schutz-?)Gruppen. Außerhalb der Fortpflanzungszeit benutzen sie weiterhin Eisschollen, um auszuruhen und vor Schwertwalen und Seeleoparden zu fliehen. Ernährung: hauptsächlich Krill, aber auch einige Fischarten und Tintenfische.

Weddell-Robbe

Leptonychotes weddelli

Lebt von allen Robben am weitesten im Süden, züchtet im Treibeis um die Antarktis und auf Inseln nördlich bis Südgeorgien. Einige haben sich im Norden bis Uruguay, den Juan-Fernández-Inseln, Nord-Neuseeland, Südaustralien und zu den Kerguelen verirrt. Gesamtpopulationen weltweit etwa 1 Million Tiere (?). Männchen KSL 250 cm; G 390 kg. Weibchen KSL 270 cm; G 450 kg. Fell: grau, oberseits dunkler, mit schwarzen, grauen und weißlichen Flecken gesprenkelt. Neugeborene mit bräunlichgrauem Wollhaar. Eckzähne und zwei große, vorstehende Schneidezähne, oft vom »Sägen« in Eislöchern abgenutzt. Weibchen bekommen das erste Junge mit etwa 3 Jahren, Männchen sind mit etwa 4 Jahren ausgewachsen, paaren sich aber erst erfolgreich, wenn sie älter sind. Lebensdauer: Männchen 21 Jahre, Weibchen 25 Jahre. Geburten auf Festlandeis, selten auf Inseln, von Mitte September bis Anfang November. Stillzeit 5—6 Wochen. Die Weibchen leben den Eisspalten entlang an Löchern, wo sie Zugang zum Wasser haben. Ausgewachsene Männchen geben Laut, imponieren und kämpfen unter dem Eis an offenen Stellen, um sich in »Unterwasser-Territorien« zu paaren oder anderen Männchen den Zugang zu den Atemlöchern zu versperren. Die erwachsenen Tiere kommen später am Rand des Festeises mit den halbwüchsigen Tieren zusammen und schlafen auf Eisschollen, selten an Land. Ernährung: meist Fisch (auch große Arten), Tintenfische, etwas Krill, bodenlebende Wirbellose, die sie beim Tieftauchen erbeuten.

Seeleopard

Hydrurga leptonyx

Lebt gewöhnlich an den Rändern des antarktischen Packeises und um die subantarktischen Inseln. Kann sich periodisch nach Norden ausbreiten: Einige Tiere hat es bis Sydney (Australien), Rarotonga auf den Cook-Inseln, Südafrika, Tristan da Cunha und Nord-Argentinien verschlagen. Weltpopulation etwa 500 000 Tiere (?). Männchen KSL 280 cm; G etwa 325 kg. Weibchen KSL 300 cm; G etwa 370 kg. Fell: oberseits dunkelgrau, unterseits blaß, mit hellen und dunklen Tupfen an Hals, Schultern und Seiten. Neugeborene mit Wollhaar ähneln schon den Erwachsenen. Körper langgestreckt, Kopf groß und Kiefer kräftig, mit sägeblattähnlichen Backenzähnen. Die Weibchen bringen mit etwa 6 Jahren das erste Junge zur Welt, Männchen sind mit etwa 5 Jahren ausgewachsen. Lebensdauer: Männchen 23 und mehr Jahre, Weibchen 26 und mehr Jahre. Geburten im November/Dezember auf brüchigem Packeis, gelegentlich auf Inseln. Stillzeit 4 Wochen (?). Man sieht keine Männchen zusammen mit Weibchen und Jungen auf dem Eis. Weibchen können sich nur alle 2 Jahre fortpflanzen (?). Kommen gewöhnlich zusammen mit Krabbenfressern und großen Pinguin-Kolonien vor; zur Nahrung gehört neben Warmblütern auch Fisch und etwas Krill.

Ross-Robbe

Ommatophoca rossi

Lebt nur an wenigen Stellen des Südpolarmeers, streunende Tiere sogar bei der Heard-Insel. Weltpopulation 100 000 — 220 000 (?). KSL etwa 200 cm (?); G etwa 180 kg; mit geringfügigem Geschlechtsdimorphismus (?). Fell: oberseits dunkel, unterseits silbrig-weiß, mit hellen und dunklen Flecken sowie mit hellen und dunklen Streifen vom Kinn bis zur Brust und manchmal an den Nackenseiten. Muster auf dem Wollhaar der Neugeborenen ähnelt dem Fell der Erwachsenen. Die Tiere haben einen dicken Nacken, eine kurze Schnauze, große Augen und lange Vorderflossen. Schneidezähne und Eckzähne sind scharf und zurückgebogen, um schlüpfrige Beute festzuhalten, aber Backenzähne, soweit vorhanden, sind klein und oft lose. Weibchen bringen das erste Junge mit etwa 4 Jahren zur Welt, Männchen sind mit etwa 4 Jahren ausgewachsen. Lebensdauer: Männchen 21 Jahre, Weibchen 19 Jahre. Geburten im November auf Packeis. Dauer der Stillzeit unbekannt. Männchen erzeugen trillernde Laute mit dem Kehlkopf. Nicht gesellig. Unregelmäßige Verbreitung vermutlich an die Vorliebe für nährstoffreiche Gewässer und nicht, wie ursprünglich vermutet, für sehr dichtes Packeis gebunden. Ernährung: hauptsächlich Tintenfische, einige Fischarten und gelegentlich bodenlebende Wirbellose.

Nördlicher See-Elefant

Mirounga angustirostris

Züchtet auf Inseln vom mittleren Kalifornien bis zum mittleren Niederkalifornien, hauptsächlich auf den Kanalinseln. Einige Tiere sind in jüngster Zeit auch auf dem Festland gesichtet worden. Nach Zucht und Fellwechsel zieht er nordwärts, wenige sogar bis Süd-Alaska. Weltpopulation ewa 55 000 Tiere. Männchen KSL etwa 420 cm; G etwa 2 300 kg. Weibchen KSL etwa 310 cm; G etwa 900 kg. Fell: silbrig bei Jungtieren, wird mit zunehmendem Alter oberseits dunkler. Neugeborene mit schwarzem Wollhaar. Männchen bekommen Furchen und tiefe Narben in der dickhäutigen Nakkengegend und entwickeln eine hängende, aufblasbare Ausweitung der Nasenhöhle. Eckzähne sehr groß, Bakkenzähne pflockartig, manchmal mit Höckern und doppelten Wurzeln. Die Weibchen bekommen das erste Junge mit etwa 4 Jahren, die Männchen sind mit etwa 4—5 Jahren ausgewachsen, aber erst mit 9—10 Jahren sexuell gleichberechtigt. Lebensdauer: Männchen und Weibchen 14 Jahre. Geburten auf Inseln, von Mitte Dezember bis Ende Januar. Stillzeit 4 Wochen. Weibchen bilden an den Stränden Gruppen, nachdem eine kleinere Anzahl großer Männchen durch Lautäußerungen, Imponiergehabe und Kampf eine Rangordnung festgelegt hat. Ein einziges Männchen kann sich in einer Paarungszeit mit bis zu 80 Weibchen paaren. Danach entfernen sie sich größtenteils von der Küste. Ernährung: am Boden und in mittleren Tiefen lebende Fische, einige Tintenfischarten.

Südlicher See-Elefant

Mirounga leonina

Züchtet meist auf Inseln beiderseits der Antarktischen Konvergenz in 3 getrennten Gruppen, vielleicht Unterarten (eine weitere, aber ausgerottete Gruppe gab es auf den Juan-Fernández-Inseln): 1. Gruppe: Südgeorgien, Falklandinseln, Gough-Insel, Südliche Shetlandinseln, Inseln und Festland der Antarktischen Halbinsel,

Patagonien nördlich bis zur Halbinsel Valdés. 2. Gruppe: Kerguelen, Heard-, Marion- und Crozet-Insel. 3. Gruppe: Macquarie- und Campbell-Insel. Vereinzelte Geburten auch in anderen Gegenden, nördlich bis Südafrika, Süd-Neuseeland, Tasmanien, Tristan da Cunha. Wandert zum antarktischen Festland, streunende Tiere nördlich bis Südaustralien, Mauritius und der Rodriguez-Insel, Uruguay, Peru, Nord-Neuseeland. Weltpopulation etwa 650 000 Tiere. Männchen KSL 490 cm; G 2 400 kg (Südgeorgien). Weibchen KSL 300 cm; G 680 kg (Südgeorgien). Männchen KSL 425 cm (Macquarie-Insel). Weibchen KSL 265 cm (Macquarie-Insel). Fell: silbrig bei Jungtieren, mit zunehmendem Alter dunkler, speziell bei Weibchen. Neugeborene mit schwarzem Wollhaar. Männliche Erwachsene mit dickem, vernarbtem Nackenschild. Rüssel kleiner und Schädel gewöhnlich kräftiger entwickelt als bei Nördlichen See-Elefanten, Backenzähne nie (?) höckerig oder mit doppelten Wurzeln.

Bartrobbe

Erignathus barbatus

Rings um den Nordpol in relativ flachen arktischen und subarktischen Gewässern, südlich bis Süd-Labrador, Süd-Grönland, Nord-Island, zum Weißen Meer, Hokkaido/Japan und Alaska. Streunende Tiere bis zur Tokio-Bucht, Cape Cod, Nord-Spanien. Weltpopulation 600 000 — 1 Million Tiere (?). Atlantische Unterarten *E.b. barbatus,* kaum zu unterscheiden von *E.b. nauticus,* aus der westkanadischen Arktis bis Zentral-Sibirien. KSL beide Geschlechter 220—230 cm; G 235—260 kg je nach Vorkommen; KSL 200 cm, G 190 kg im Ochotskischen Meer. Fell: oberseits grau, selten mit wenigen undeutlichen Punkten. Wollhaar der Neugeborenen dunkelbraun, oft mit hellen Tupfen an Rükken und Kopf. 4 Zitzen (2 bei anderen Nördlichen Robben); große, gebogene Schnurrhaare. Schädel mit breitem Kiefer, Zähne stark zurückgebildet, fehlen oft bei älteren Tieren. Weibchen bekommen mit 6½—7 Jahren das erste Junge (gilt für verschiedene Regionen), Männchen sind mit 5½ Jahren ausgewachsen (Beringmeer). Lebensdauer: über 30 Jahre. Geburten auf Packeis von Mitte März bis Ende April. Stillzeit 2 Wochen. Männchen »singen« während der Fortpflanzungszeit unter Wasser. Einzelgänger schlafen auf Eisschollen, soweit vorhanden, Bestände im Ochotskischen Meer an Land. Ernährung: bodenlebende Weichtiere, Schalentiere, Seegurken und Fische.

Klappmütze

Cystophora cristata

Züchtet im Golf von St. Lawrence, nordöstlich von Neufundland, in der Davis-Straße, nordwestlich von Jan Mayen, gelegentlich nahe dem Weißen Meer. Wandert im Sommer hauptsächlich in Gewässer vor Grönland. Ruheplätze für den Fellwechsel in der Dänemark-Straße. Hat schon auf dem Festland von Norwegen und Maine (USA) Junge zur Welt gebracht. Streunende Tiere bis Nord-Alaska, Florida, Süd-Portugal. Weltpopulation 250 000—400 000 Tiere (?). Männchen KSL etwa 250 cm; G etwa 400 kg. Weibchen KSL 220 cm; G 320 kg. Fell: grau, mit großen schwarzen Flecken und Tupfen und einem schwarzen Kopf. Blasses Wollhaar, wird vor der Geburt abgeworfen, Neugeborene sind silbrig, mit einem dunklen Rücken. Ausgewachsene Männchen können eine schwarze »Haube« an der Schnauze aufblasen (»Haubenkerl«) und die Nasenscheidewand durch jedes Nasenloch als roten »Ballon« herausdrücken. Schädel schmal, mit 2 unteren, 4 oberen Schneidezähnen, großen Eckzähnen und pfropfenähnlichen Backenzähnen. Weibchen bringen mit etwa 4½ Jahren das erste Junge zur Welt, Männchen sind mit etwa 5 Jahren ausgewachsen, aber sie paaren sich erst später. Lebensdauer: etwa 35 Jahre. Lockere Zusammenschlüsse von Weibchen; bekommen ihre Jungen Mitte März bis Anfang April auf alten, schweren Eisschollen. Stillzeit 10—14 Tage. Weibchen und Junge werden von einem (selten mehreren) Männchen bewacht, der seine »Haube« bei aggressivem Imponiergehabe zur Schau stellt und unter Wasser ruft. Ansonsten schläft er auf Eis, selten an Land. Ernährung: Hochseefische, z. B. Rotbarsch, Grönland-Heilbutt und Tintenfisch.

Seehund

Gewöhnlicher Seehund, *Phoca vitulina*

Im Nordatlantik, südliche Barentsee, Ostsee, Nordsee und Nordfrankreich, Großbritannien südlich bis Ostengland, Südirland, Färöer-Inseln, Spitzbergen, Island, Südost- und West-Grönland, kanadische Arktis, südlich bis Cape Cod; in der Nordpazifik-Region von der Bristol-Bay, den Pribilofinseln, Aleüten und Commander-Inseln südlich bis zum mittleren Niederkalifornien und Hokkaido/Japan. Streunende Tiere bis Florida und zu den Azoren. Weltpopulation 300 000—400 000 Tiere (?). Männchen KSL 160—170 cm; G 110—120 kg. Weibchen KSL 150—156 cm; G 80—90 kg (im größten Teil des Verbreitungsgebiets). Auf den Kurilen und Hokkaido lebt die deutlich abgegrenzte Unterart *P.v. stejnegeri;* sie ist größer und weist stärkeren Geschlechtsdimorphismus auf (Männchen KSL etwa 200 cm; G etwa 185 kg. Weibchen KSL 170 cm; G 120 kg). Fell: von blaß- bis dunkelgrau, geringelt. *P.v. stejnegeri* immer (?) dunkel. Weißliches Wollhaar wird vor der Geburt, unter Umständen kurz danach abgeworfen. Hundeartiges Gesicht, mit schräg im Kiefer eingesetzten Zähnen. Großes Männchen von *P.v. stejnegeri* mit stärker gebogenem Schädel. Weibchen bringen mit 5—6 Jahren das erste Junge zur Welt, Männchen sind mit 5—6 Jahren ausgewachsen. Lebensdauer: über 30 Jahre. Geburten an Land in weiten Gebieten von Januar bis September, gewöhnlich im späten Frühjahr. Schläft auf kleinen Inseln, Felsen, Sandbänken, manchmal auf Eis, in der Regel in Küstengewässern. Wenige Süßwasserpopulationen im Osten und Norden Kanadas. Wandert andernorts auch flußaufwärts. Erwachsene relativ seßhaft, Jungtiere ziehen umher. Ernährung: wandernde, bodenlebende und Hochseefische, andere Wirbellose.

Nordamerikanischer Seehund

Phoca largha

Wird oft als Unterart des Seehunds *(Phoca vitulina largha)* geführt. Getrennte Populationen im Beringmeer und in der Tschuktschensee, im Ochotskischen Meer bis Hokkaido/Japan, der Tartarenstraße, in der Peter-der-Große-Bucht, Bo Hai und im nördlichen Gelben Meer; einige geographische Varianten in diesem Verbreitungsgebiet. Weltpopulation etwa 400 000 (?). Männchen KSL 156 cm; G 90 kg. Weibchen KSL 150 cm; G 80 kg (Bering- und Ochotskisches Meer). Etwa 10 cm länger und 15 kg schwerer in der Nähe von Hokkaido und in der Peter-der-Große-Bucht. Fell: in der Regel hellgrau, oberseits dunkler, mit vielen kleinen, dunklen Tupfen wie bei der helleren Seehund-Form. Neugeborene mit weißlichem Wollhaar. Im Gegensatz zum eng verwandten Seehund gerade Zähne. Weibchen bringen mit etwa 5 Jahren das erste Junge zur Welt, Männchen sind mit etwa 4½ Jahren ausgewachsen. Lebensdauer: über 30 Jahre.

Eismeer-Ringelrobbe

Phoca [Pusa] hispida

In arktischen und subarktischen Gewässern. Züchtet im Süden bis zum Weißen Meer, Norwegen, Nord-Island, Süd-Grönland. nördlichen St.-Lorenz-Golf, Alaska, Süd-Sachalin, mit isolierten Gruppen in der nördlichen Ostsee und dem Finnischen Meerbusen. Streunende Tiere bis Südportugal, Mittel-Kalifornien, Südjapan. Weltpopulation 3,5—6 Millionen Tiere (?). Große Unterschiede in Körper- und Schädelgröße, was zur höchst zweifelhaften Unterteilung in 7—8 Unterarten führte. Männchen KSL 124—150 cm; G 65—95 kg. Weibchen KSL 116—138 cm; G 45—80 kg (mehrere Populationen). Große Festeis- und kleinere Packeisformen in der kanadischen Arktis, im Ochotskischen Meer, Beringmeer und Tschuktschensee resultieren aus einer unterschiedlichen Länge der Stillzeit und geographisch bedingtem Verhalten der Populationen. Fell: silbrig bis unterseits dunkelgrau, am Rücken dunkler, mit Ringen an Seiten und Rücken. Neugeborene mit weißem Wollhaar. Kurze Schnauze, mit dünnen, höckerigen Zähnen. Weibchen bringen mit etwa 6—8½ Jahren das erste Junge zur Welt, Männchen sind mit 7—7½ Jahren ausgewachsen (gilt für mehrere Populationen). Lebensdauer: über 40 Jahre. Geburten: März bis April, in Schneehöhlen über Atemlöchern in Festeis, manchmal unter freiem Himmel auf Packeisschollen. Stillzeit bis zu 2½ Monaten im Festeis, kürzer im unstabilen Eis. Männchen rufen unter Wasser und können dort »Territorien« haben. Schläft auf Eis, selten an Land. Ernährung im Küstengebiet: polarer Kabeljau, bodenlebende Schalentiere; im offenen Meer: Plankton-Krebse, einige Fischarten.

Baikal-Ringelrobbe

Phoca [Pusa] sibirica

Baikalsee (UdSSR), hauptsächlich an tieferen Stellen. Population etwa 70 000 Tiere. KSL 122 cm; G 72 kg (Durchschnitt für beide Geschlechter). Fell: silbergrau, oberseits dunkler, ohne Tupfen. Neugeborene mit Wollhaar. Schädel verkürzt, mit großen Augenhöhlen. Krallen an Vorderflossen stärker als bei Eismeer- und Kaspi-Ringelrobbe; vielleicht um im Süßwassereis die Löcher freizuhalten. Weibchen bekommen mit über 5 Jahren das erste Junge, Männchen sind mit etwa 5 Jahren ausgewachsen. Lebensdauer: über 40 Jahre. Geburten Ende Februar bis Anfang April in gemeinschaftlichen Schneehöhlen (wie bei Eismeer-Ringelrobben). Stillzeit 8—10 Wochen. Ernährung: weitestgehend Hochseefische.

Kaspi-Ringelrobbe

Phoca [Pusa] caspica

Kaspisches Meer. Konzentriert sich während der Fortpflanzungszeit auf den Norden, im Sommer auf kühlere, tiefere Teile der Mitte und des Südens dieses Binnenmeeres. Population etwa 450 000 Tiere. KSL etwa 125 cm; G 55 kg (beide Geschlechter). Fell: grau, am Rücken dunkler, mit undeutlichen dunklen Punkten. Neugeborene mit weißem Wollhaar. Schädel wie Eismeer-Ringelrobbe. Weibchen bekommen mit etwa 7 Jahren das erste Junge, Männchen sind mit 6½ Jahren ausgewachsen. Lebensdauer: fast 50 Jahre. Mehrere bis viele Weibchen bringen ihre Jungen Ende Januar bis Anfang Februar auf dem Packeis nördlich von Kulaly zur Welt. Stillzeit 2 Wochen. Nach der Eisschmelze bleiben sie manchmal auf kleinen Inseln und Felsen. Ernährung: allerlei kleine Fische, Wirbellose.

Sattelrobbe
Phoca [Pagophilus] groenlandica

Einzelne Populationen züchten im Nordosten Neufundlands und im St.-Lorenz-Golf, um Jan Mayen und nahe der Mündung des Weißen Meers, verbringen den Sommer im Karischen Meer und in der Barentssee, in den Gewässern vor Grönland und dem kanadisch-arktischen Archipel. Streunende Tiere bis zum Mackenzie-Delta, Virginia, Schottland und Frankreich. Weltpopulation 2,6—3,8 Millionen Tiere. KSL 170 cm; G 130 kg (Durchschnitt für beide Geschlechter im nordwestlichen Atlantik, etwas größer in anderen Gebieten). Fell: hellgrau, mit dunkelbraunen Tupfen bei Jungtieren. Einige heranwachsende Männchen werden sehr dunkel und behalten als Erwachsene eine dunkle, U-förmige »Harfe« auf ihrem grauen Rücken, die sich bei Weibchen langsamer entwickelt und sich nicht so deutlich abhebt. Neugeborene mit weißem Wollhaar. Eine ziemlich schlanke, lebendige Robbe, mit kleinen höckerigen Zähnen. Weibchen bekommen das erste Junge im nordwestlichen Atlantik mit 5½, im Weißen Meer mit etwa 5 Jahren, Männchen sind (im Weißen Meer) mit 4 Jahren ausgewachsen. Die geselligen Weibchen bekommen ihre Jungen zwischen Eisblöcken auf großen Eisschollen.

Bandrobbe
Phoca [Histriophoca] fasciata

Züchtet im Bering- und im Ochotskischen Meer, einige Populationen bleiben auch nach dem Sommer in der Tschuktschensee. Streunende Tiere in der Beaufort-See und im östlichen Sibirischen Meer, vor Süd-Hokkaido/Japan, Mittel-Kalifornien. Weltpopulation etwa 180 000 Tiere (?). KSL 160 cm; G 95 kg (beide Geschlechter; kaum geographische Varianten). Fell: bei Jungtieren silbrig, oberseits dunkel, wird mit zunehmendem Alter gleichmäßig dunkler, bis auf deutliche Bänder um Nacken, Hinterleib und beide Vorderflossen. Neugeborene mit weißlichem Wollhaar. Schädel verkürzt, mit kleinen Zähnen, großen Augenhöhlen. Weibchen bekommen das erste Junge mit 3½ Jahren im Ochotskischen Meer, mit 4 Jahren im Beringmeer. Männchen sind mit 3 Jahren im Ochotskischen, mit 3½ Jahren im Beringmeer ausgewachsen. Lebensdauer: über 30 Jahre. Geburten vor allem im April auf festerem Packeis als beim Nordamerikanischen Seehund. Stillzeit 3—4 Wochen. Männchen sind noch nie mit einzelnen Weibchen und Jungen beobachtet worden. Tiere bleiben nach dem Fellwechsel im Meer. Ernährung: Hochseefische, Krabben, in tieferen Gewässern Tintenfische. Jungtiere fressen Krill.

Kegelrobbe
Halichoerus grypus

Drei Populationen, die sich durch unterschiedliche Fortpflanzungszeiten und, kaum wahrnehmbar, auch durch die Körperform unterscheiden: *H.g. grypus* im nordwestlichen Atlantik vor Süd-Grönland (früher?) und Süd-Labrador bis Massachusetts; *H.g. atlanticus* im nordöstlichen Atlantik von Spitzbergen (früher) und der Küste bei Murmansk bis Süd-Island, Großbritannien, Süd-Irland; *H.g. balticus* in der inneren Ostsee. Streunende Tiere bis New Jersey, Süd-Portugal, Nord-Labrador. Weltpopulation 120 000—135 000 Tiere. Männchen KSL 213 cm; G 270 kg. Weibchen KSL 183 cm; G 140 kg (Northumberland). Männchen KSL 228 cm; G 330 kg. Weibchen KSL 200 cm; G 170 kg (Neuschottland). Fell: Männchen stark dunkel getupft, manchmal schwarz. Weibchen grau, oberseits dunkler, unterseits mit schwarzen Tupfen und Flecken. Neugeborene mit weißlichem Wollhaar. Schnauze gestreckt und gebogen, speziell bei männlichen Erwachsenen, die auch eine kräftige, vernarbte Nackengegend haben. Große, pfropfenartige Zähne. Weibchen bekommen das erste Junge in Großbritannien mit 5½, in Neuschottland mit 5 Jahren. Männchen sind mit etwa 6 Jahren in Schottland, mit über 4 Jahren in Neuschottland ausgewachsen, paaren sich aber erst mit 8—10 Jahren. Lebensdauer: über 30 Jahre (46 in Gefangenschaft). Geburten bei der nordostatlantischen Gruppe an Land von September bis Dezember, auf Packeis in der Ostsee von Februar bis März; im nordwestlichen Atlantik an Land oder auf Eis von Januar bis Februar. Stillzeit 2—2½ Wochen. Männchen mit Territorium sind aggressiv, innerhalb von Weibchengruppen ständig in Bewegung, leben auf Eis vielleicht polygyn (in Vielehe). Außerhalb der Paarungszeit oft auf kleinen Inseln oder Felsen vor der Küste. Ernährung: wandernde Hochsee- und bodenlebende, oft recht große Fische, einige Wirbellose. IAM

▶ **Elefant der Meere.** Die riesige Nase des Nördlichen See-Elefanten läßt keinen Zweifel, woher das Tier seinen Namen bekam. Von allen Hundsrobben weisen See-Elefanten die größten Unterschiede in der Körperform zwischen Männchen und Weibchen auf. Der Nasenvorsprung der Männchen ist das Hauptorgan für sexuelles Imponierverhalten.

Der krillfressende Krabbenfresser

Das häufigste Großsäugetier der Welt

Der Krabbenfresser ist ein Lebewesen der Superlative. Mit 15—40 Millionen Exemplaren erreicht er mindestens die Anzahl aller anderen Robben zusammengenommen (das Gesamtgewicht der Population beträgt etwa ein Vierfaches oder mehr aller anderen Flossenfüßer zusammen). Er lebt in einem Verbreitungsgebiet von 22 Millionen km^2, was der maximalen Ausdehnung des antarktischen Packeises entspricht. Da sich aber das Packeis im Sommer zusammenzieht, beschränkt sich die Verbreitung dann auf 6 Packeisregionen von insgesamt 4 Millionen km^2. Der Krabbenfresser ernährt sich von antarktischem Krill, der in Schwärmen lebt und dessen Population mit einem geschätzten Gesamtgewicht von 500—750 Millionen Tonnen möglicherweise die zahlreichste Tierart ist.

Der Krabbenfresser ist eine »Schlüsselfigur« unter den Tieren im Südpolarmeer. Es spricht einiges dafür, daß er mit einem Krill-Verzehr von bis zu 160 Millionen Tonnen pro Jahr die Bartenwale mittlerweile überholt hat. Da die Anzahl der Bartenwale nach der Überjagung durch den Menschen (siehe S. 74—75) in diesem Jahrhundert zurückging, haben krillfressende Vögel, Robben und andere Wale zugenommen. Beim Krabbenfresser scheint sich die körperliche Wachstumsrate beschleunigt zu haben, so daß die Robben früher ausgewachsen sind: heute mit $2\frac{1}{2}$ Jahren, mit 4 Jahren dagegen um 1950. Diese frühe Reife, eine Lebenserwartung von annähernd 40 Jahren und die gleichzeitige Trächtigkeit von etwa 94 % der erwachsenen Weibchen lassen vermuten, daß der Bestand immer noch zunimmt.

Trotz ihres riesigen, allgegenwärtigen Vorkommens ist die Populationsdichte der Krabbenfresser gering. Denn im Sommer beträgt die durchschnittliche Gruppengröße nur 1,3 bis 2,2 Tiere. Die Dichte beträgt 2—7 Tiere pro km^2, und sie kommen tagsüber, vor allem mittags, an Land. Sie fressen hauptsächlich nachts, wenn der Krill näher an der Oberfläche schwimmt. Die Weibchen gebären ihre Jungen innerhalb von 4—6 Wochen um die Mitte des Oktobers. Bis vor kurzem wußte man wenig über das Fortpflanzungsverhalten der Krabbenfresser, da es schwierig ist, ihre Zuchtgebiete im abgelegenen Packeis des Südens zu erreichen. Im Jahre 1977 fand jedoch zu diesem Zweck eine Expedition statt.

Die Mutter und ihr wollhaariges, milchkaffeefarbenes Junges bilden die soziale Grundeinheit. Sie bleiben nur wenige Wochen auf einer hügeligen Eisscholle zusammen, bis das Junge entwöhnt ist. Zu diesem Zeitpunkt hat es allein durch die Muttermilch sein Gewicht von anfänglich 25 kg auf 150 kg

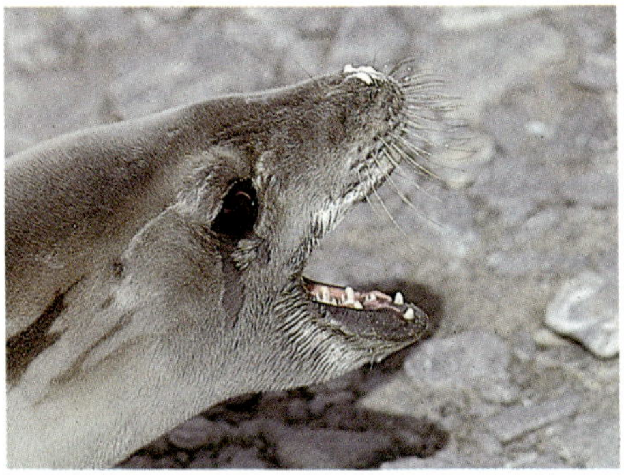

▲ **Mit weit geöffnetem Maul** zeigt ein junger Krabbenfresser seine höckerigen Zähne, mit denen er Krill, seine Hauptnahrung, aus dem Meer siebt.

► **Falsche Idylle.** Diese Dreiergruppe aus Männchen, Weibchen und Jungem ist keine Familie. Das Männchen ist nicht der Vater des Jungen, verhält sich gegenüber Mutter und Kind aggressiv und wartet nur darauf, sich mit dem Weibchen paaren zu können, wenn das Junge entwöhnt ist. Vor der Paarung trennt er das Weibchen von dem Jungen.

▼ **Sonnenbad** auf einer Eisscholle. Der Krabbenfresser lebt fast ausschließlich auf antarktischem Packeis. Das gepunktete Tier im Vordergrund ist eine Weddell-Robbe.

gesteigert. Mit einem ausgewachsenen Männchen bilden sie eine Triade (Dreiergruppe), die so lange hält, bis das Junge entwöhnt ist. Derartige Gruppen leben gewöhnlich 1—2 km voneinander entfernt. Das Weibchen, das im Durchschnitt etwas größer als das Männchen ist, vertreibt ihn aggressiv von dem Jungen. Dieses Verhalten läßt nach, wenn das Junge heranwächst und die Kondition der Mutter schwächer wird. Das Männchen ist die ganze Zeit aggressiv darum bemüht, bei dem Weibchen zu bleiben. Das Junge wird entwöhnt, wenn das Männchen Dominanz gewinnt und das Weibchen von ihrem Nachwuchs trennt. Auch andere Männchen nähern sich gelegentlich der Familiengruppe; der meist unvermeidliche Kampf kann bis zu 6 Minuten lang dauern. Verpaarte Tiere sind leicht zu erkennen, da der Rücken des Weibchens an den Stellen rot ist, wo sie vom Männchen gebissen wurde; ihre hintere Körperhälfte ist sehr abgemagert. Sie paaren sich, wie man annimmt, wenige Tage nach der Entwöhnung des Jungen auf ihrer Eisscholle. Bald darauf gehen die Paare auseinander, und man sieht einzelgängerische Weibchen. Als Ergebnis der Kämpfe mit Artgenossen haben die alten männlichen Krabbenfresser tiefe Narben an Kopf und Nacken.

Viele Seeleoparden (siehe S. 138—139) leben in den Wasserrinnen (den Kanälen zwischen den Eisschollen) und stellen den Krabbenfressern nach. Sie tauchen plötzlich auf und blicken über den Eisschollen hin und her. Man hat Seeleoparden beobachtet, die gerade entwöhnte Krabbenfresser im Wasser verzehrt haben. Einer verfolgte mit großer Geschwindigkeit und Ausdauer einen einjährigen Krabbenfresser. Dreimal flüchtete sich der Krabbenfresser dabei auf eine Eisscholle, wurde aber weiter vom Seeleoparden verfolgt. Letztlich konnte er ihn doch nicht fangen und gab die Jagd auf. Junge, unerfahrene Tiere sind eine leichte Beute, da sie noch nicht so geschickt schwimmen können. Im Frühjahr ist es für die Seeleoparden am leichtesten, die gerade entwöhnten Krabbenfresser zu erbeuten, aber mit zunehmendem Alter sammeln die Jungen Erfahrung, und ihre Fluchtchancen steigen. Allerdings werden 86 % der entkommenen Tiere verwundet und behalten Narben zurück. Sobald es eine neue Generation frisch entwöhnter Krabbenfresser gibt, wenden sich die Seeleoparden wieder dieser leichteren Beute zu. Die Altersstruktur der Krabbenfresserpopulationen zeigt eine hohe Sterblichkeit im ersten Lebensjahr, die danach aber relativ gering wird.

Die Art der Verfolgung durch ihre räuberischen Feinde hat bei der Verhaltensentwicklung der Krabbenfresser wahrscheinlich eine wichtige Rolle gespielt (was allerdings noch nachgewiesen werden muß). Vermutlich paaren sich die Tiere auf dem Eis; denn Paarungsspiele im Wasser würden räuberische Feinde geradezu anlocken. RML

Geburt in einer Schneehöhle

Wenn das Packeis im Winter dicker wird und Schnee die Risse im Eis zudeckt, bauen sich trächtige Eismeer-Ringelrobben mit ihren Vorderflossen vom Wasser aus eine Schneehöhle. Hier kommt das Junge zur Welt und verbringt die ersten ein oder zwei Monate seines Lebens. Dieses Verhalten ist einmalig unter den Robben.

Die Eismeer-Ringelrobbe ist nur etwa halb so groß wie andere Hundsrobben. Der Name kommt von ihrer auffälligen Fellzeichnung, den weiß eingefaßten dunklen Tupfen, die über das graubraune Fell verteilt sind. Mit ihrer Verbreitung rings um den Nordpol ist sie eine der zahlenmäßig stärksten und erfolgreichsten nördlichen Hundsrobben, obwohl der Bestand in der Ostsee gefährdet ist.

Im Winter leben Eismeer-Ringelrobben auf Festlandeis, manchmal aber auch auf Packeis, solange es kompakt und stabil ist. Zu Anfang des Winters benutzen sie die offenen Wasserrinnen und Spalten im Eis, um Luft zu holen. Wenn aber das Eis dicker wird, müssen sie es mit ihren Vorderflossen aufkratzen, um die Atemlöcher freizuhalten. Der Schnee, der sich über diesen Löchern anhäuft, wird zu einer kleinen Höhle ausgegraben. Beide Geschlechter graben Lagerstätten zum Ausruhen, aber die Höhlen für die Jungen, etwa drei auf einer Strecke von 100 m, bauen die Weibchen allein. Dieser »Kinderstubenkomplex« bietet den Weibchen Ausweichmöglichkeiten, zwischen denen sie bei Gefahr mit den Jungen wechseln können.

Die Höhle soll die Jungen vor Eisbären, Polarfüchsen und Menschen schützen. Andererseits ist sie sehr auffällig, so daß fast 60 % der Neugeborenen von Eisfüchsen erbeutet werden. Der Vorteil des Kälteschutzes bis zur Ausbildung einer genügend dicken Fettschicht gleicht offensichtlich die Gefahr wieder aus.

In der Ostsee werden die Jungen von Ende Februar bis Ende März geboren, also etwa einen Monat früher als in der kanadischen Arktis. Die Jungen haben ein weißes, flauschiges Fell und wiegen etwa 5 kg. Sie werden 6—7 Wochen lang gesäugt. Möglicherweise nimmt die Mutter während dieser Zeit auch selbst Nahrung zu sich, da sonst der Energiebedarf in der Stillzeit und ihr eigener Stoffwechsel ihre Speckvorräte zu schnell aufzehren würden. Im Frühling und Frühsommer verlieren die Weibchen bis zu 40 % ihres Körpergewichts.

Gegen Ende der Stillzeit sind die Weibchen empfängnisbereit und paaren sich unter dem Eis. Wegen der Schwierigkeiten, unter Eis zu beobachten, weiß man wenig über das Sexualverhalten, doch sind die Eismeer-Ringelrobben in vieler Hinsicht den viel größeren Weddell-Robben der Antarktis ähnlich. Männliche Weddell-Robben behaupten Unterwasser-Territorien und leben in Vielehe, da sie andere Männchen von den Weibchen fernzuhalten trachten. Männliche Eismeer-

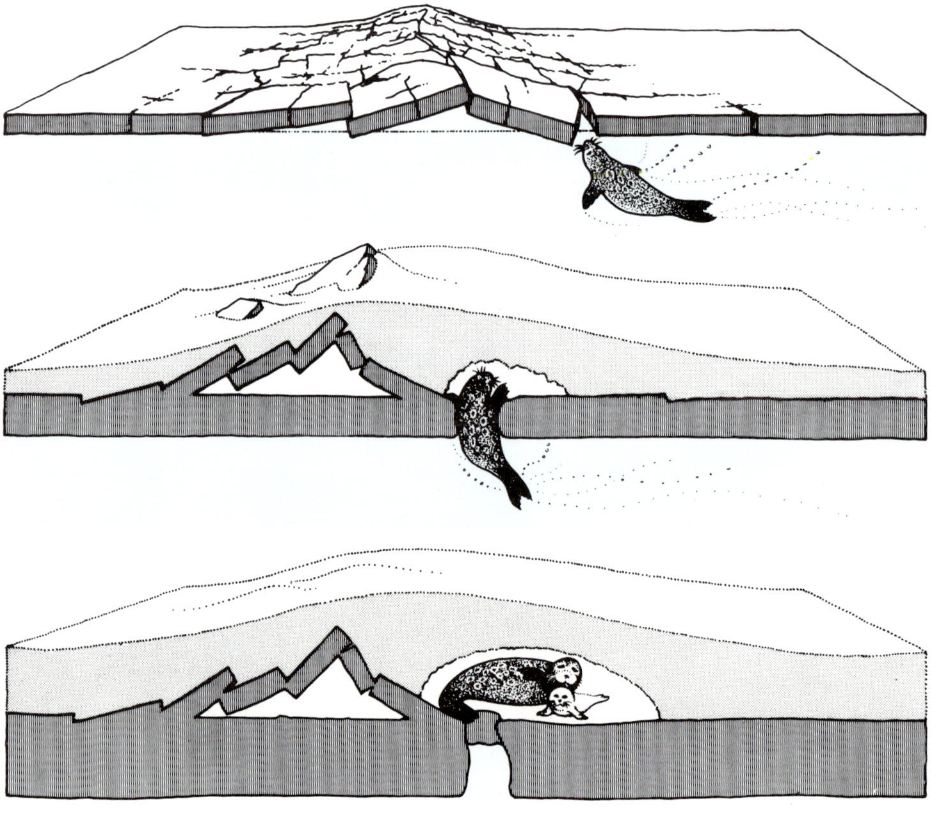

Ringelrobben haben oft Wunden, die durchaus das Ergebnis von Gebietsstreitigkeiten sein könnten. Das Geschlechterverhältnis ist bei ausgewachsenen Eismeer-Ringelrobben aber ausgeglichen, und ihre Geburtshöhlen liegen so weit auseinander, daß die Männchen kaum mehr als ein Weibchen verteidigen können.

Nur unmittelbar nach der Geburt der Jungen kommen Eismeer-Ringelrobben in größerer Anzahl auf das Eis. In der Frühjahrsonne beginnt das Eis zu brechen, und die Robben stoßen und kratzen einen Ausgang in das Schneedach ihrer Lagerstätten. Wenige Mütter stillen jetzt noch ihre Jungen. Die meisten Erwachsenen liegen tagelang faul auf dem Eis und tun wenig, außer sich ausgiebig zu kratzen und nach räuberischen Feinden Ausschau zu halten. Hier findet auch der Haarwechsel statt, der durch die hohen Hauttemperaturen beim Sonnenbaden gefördert wird. Die Jungen haben in den Höhlen schon das weiße Geburtsfell gegen das erste Jugendkleid eingetauscht.

Sobald das Eis schmilzt, schwärmen die Robben aus und verbringen den kurzen arktischen Sommer im offenen Meer. Sie nehmen sehr viel Nahrung zu sich, um wieder Speck anzulegen. Mitten im Herbst bedeckt dünnes Eis die Buchten, und der jährliche Zyklus beginnt von neuem.

In der kanadischen Arktis ist die Eismeer-Ringelrobbe das häufigste Meeressäugetier, nur die Ostseepopulation ist im Verlauf dieses Jahrhunderts stark zurückgegangen. Aufgrund der Schwierigkeit, Robben in ihren Höhlen zu zählen, können die Schätzungen nur ganz grob sein. Vermutlich haben aber von dem Bestand, der früher noch Hunderttausende zählte, nur noch etwa 10 000 Tiere bis heute überlebt. Überjagung war lange ein Hauptgrund für den Rückgang; jetzt aber ist die Art vollkommen geschützt.

In letzter Zeit ist die Bedrohung heimtückischer geworden. Die Verschmutzung durch chlorierte Kohlenwasserstoffe, besonders die Polychlor-Biphenyle (PCB), wird ständig bedrohlicher. Die Fortpflanzungsrate der Eismeer-Ringelrobben in der Ostsee ist stark zurückgegangen; in der kanadischen Arktis sind in jedem Jahr 80—90 % der ausgewachsenen Weibchen trächtig, in der Ostsee sind es weniger als 25 %. Zu dieser Unfruchtbarkeit kommen noch Mißbildungen der weiblichen Fortpflanzungsorgane, die gemeinsam mit einem hohen Anteil an PCB im Gewebe auftreten. In dem Maße, wie die Fruchtbarkeit zurückgegangen ist, sank auch das Alter der Geschlechtsreife. Eismeer-Ringelrobben beiderlei Geschlechts sind in der Ostsee mit 3 Jahren ausgewachsen, während die Geschlechtsreife vor 40 Jahren erst mit 5 Jahren eintrat. Solche Veränderungen kommen oft vor, wenn eine Population zusammenschrumpft und dadurch die Nahrungskonkurrenz geringer wird. Der ursächliche Zusammenhang zwischen PCB und der nachlassenden Fruchtbarkeit muß erst noch nachgewiesen werden. Der Rückgang der Eismeer-Ringelrobben in der Ostsee ist jedoch sehr besorgniserregend. SSA

▲ **Ein Junges schaut aus seiner Höhle.** Die Jungen verbringen bis zu 2 Monate in der Höhle, bevor sie entwöhnt werden.

◀ **Geburt in einer Schneehöhle.** Die Eismeer-Ringelrobbe erweitert die Risse zwischen den Eisschollen, die unter Druck geborsten sind, und baut in den darunterliegenden Schneewehen eine Höhle, um darin die Jungen zur Welt zu bringen.

▶ **Ausgewachsene Eismeer-Ringelrobbe,** Saimaa-See, Finnland, mit der auffälligen Fellzeichnung: helle Ringe auf einem dunkelgrauen Fell. Die Population dieser isolierten Unterart *(P.h. saimensis)* wird auf 100—120 Tiere geschätzt. Sie gebären ihre Jungen auf dem Eis, nicht aber in Schneehöhlen.

Gefechte am Strand

Nördliche See-Elefanten und der Konflikt der Geschlechter

»Der Kampf der Geschlechter«, ein unerschöpfliches Thema für Karikaturisten und Satiriker, ist ein ernsthafter und faszinierender Forschungsgegenstand für Entwicklungsbiologen. Nirgends wird er lebhafter ausgetragen, als in der Gesellschaft der Nördlichen See-Elefanten.

Das Auffälligste bei See-Elefanten ist, daß Männchen und Weibchen unterschiedlich aussehen und handeln. Der Größenunterschied ist so deutlich, daß man die Geschlechter für verschiedene Tierarten halten könnte. Männchen sind mindestens dreimal so schwer wie Weibchen und haben zwei hervorstechende sekundäre Geschlechtsmerkmale: einen hängenden elefantenartigen Rüssel und eine dicke, runzlige Hautschicht an Nacken und Brust. Rangordnungskämpfe um eine dominante Stellung und damit um den Zugang zu den Weibchengruppen werden sehr heftig ausgefochten. Die wenigen Männchen, die einen hohen Rang erkämpft haben, erlangen nahezu ein Monopol auf Paarung. Allein das Alpha-Männchen (das ranghöchste Tier) kann in einer Fortpflanzungsperiode 100 Weibchen und in seinem ganzen Leben viermal soviel befruchten. Ein solches Paarungssystem bezeichnet man als polygyn (»Vielweiberei«).

Das Männchen ist nur im genetischen Sinn ein Vater, da er kein väterliches Verhalten an den Tag legt. Die Weibchen sehen wie größere Versionen der Jungtiere aus und sind, im Gegensatz zu den Männchen, gesellig. Sie bilden eine Gruppe oder einen »Harem« mit bis zu 1 000 Tieren, wo sie ihre Jungen zur Welt bringen und säugen. Praktisch jedes erwachsene Weibchen bekommt jährlich ein Junges. Fängt ein Weibchen schon früh, im Alter von drei Jahren, mit der Fortpflanzung an und lebt 14 Jahre lang, kann sie in ihrem Leben maximal 12 Junge bekommen.

Sobald die Weibchen an den sandigen Inselstränden von Kalifornien und Mexiko, ihren Fortpflanzungsgebieten, auftauchen, werden sie von Bullen verfolgt, die sich mit ihnen paaren wollen. Die Männchen machen nicht nur Jagd auf empfängnisbereite Weibchen, sondern auch auf solche, die noch nicht brünstig sind. Dazu gehören auch trächtige, gebärende und stillende Weibchen.

Die Werbung der Bullen verläuft direkt, aggressiv und schonungslos. Ohne Vorspiel drängt sich das Männchen an die Seite des Weibchens, legt die Vorderflosse auf ihren Rücken, beißt sie in den Nacken, zieht sie kräftig zu sich und will kopulieren. Wenn das Weibchen sich wehrt oder wegzulaufen versucht, was gewöhnlich der Fall ist, drückt der Bulle sie zu Boden, indem er mit dem ganzen Gewicht von Kopf und Vorderkörper einoder mehrmals auf ihren Rücken schlägt und kräftiger zubeißt.

Bei solchen Uneinigkeiten ist der Ausgang für das Weibchen gewöhnlich schlecht. Das Besteigen trächtiger Weibchen ist schädlich: es stört den Aufbau der Mutter-Kind-Beziehung bei gebärenden Weibchen; es unterbricht die Nahrungsaufnahme und führt zur Trennung von Mutter und Jungem, wenn stillende Mütter beteiligt sind. Bei ihren einseitigen Bemühungen, rangniedere Tiere aus dem Harem zu vertreiben oder ranghohen zu entkommen, trampeln die Bullen sogar über Junge, die ihnen im Weg sind. Auf diese Art können bis zu 10 % der Jungen eines Jahrgangs getötet werden. Nach einer vierwöchigen Stillzeit, an deren Ende sich die Weibchen mit einem hochrangigen Bullen paaren, steht ihnen, wenn sie ins Meer zurückkehren wollen, eine noch viel größere Gefahr bevor. Sie müssen zwischen all den niederrangigen Männchen Spießruten laufen, die den Harem vom Wasser aus belagern. Diese Bullen fangen die Weibchen ab und kämpfen hartnäckig darum, sich mit ihnen zu paaren. Dabei verletzen und töten sie manchmal auch versehentlich Weibchen. Alles, was ein Weibchen bei solchen Streitigkeiten tun kann, ist, den jungen, niederrangigen Männchen die Paarung zu erschweren. Weibchen protestieren laut gegen jeden Paarungsversuch. So erfahren alle Männchen in der Umgebung, daß ein Weibchen bestiegen wird. Ist ein ranghöheres Männchen in der Nähe, vertreibt es das kopulierende Männchen, setzt dann aber seinerseits die »Vergewaltigung« fort. Die Paarung ist bei dieser Tierart eindeutig kein gemeinsames Vorgehen zweier Tiere, um Nachwuchs zu erzeugen. Man hat hier eher den Eindruck, daß ein großes Männchen über die kleineren Weibchen herrscht.

Die Unterschiede zwischen den Geschlechtern in Körperform und Verhalten sowie ihre offensichtlichen Konflikte haben sich teilweise aus der Ungleichheit ihres Fortpflanzungspotentials entwickelt. Die Tragzeit schränkt die Fortpflanzungsfähigkeit der Weibchen ernstlich ein und schafft den Rahmen für zwei vollkommen unterschiedliche Fortpflanzungsstrategien. Die eine betont die Quantität, die andere die Qualität des erzeugten Nachwuchses. Für Männchen bedeutet das Paarungsritual, Mitglied in einer exklusiven Zuchtgemeinschaft zu werden. Einjährige Mitgliedschaft ist die einzige Voraussetzung, um die besten Fortpflanzungsmöglichkeiten zu gewinnen. Danach kann ein Bulle den dominierenden Rang 4 Jahre lang innehaben. Der »Klub« hat jedoch strenge Aufnahmebedingungen, wie einen großen Körper, Kampffähigkeit und sexuelle Potenz. Da ein Bulle nur die Wahl hat, Mitglied zu werden oder gar nicht zu züchten, muß er Risiken auf sich nehmen, um seine Chancen zu vergrößern. Frisch entwöhnte männliche Jungtiere zum Beispiel riskieren Verletzungen, wenn sie versuchen, Milch von anderen säugenden Weibchen im Harem zu ergattern. Haben sie Erfolg, können sie ihr Gewicht verdoppeln und zusätzliche Nährstoffe erhalten, die für die Entwicklung wichtig sind, und

▲ **Kampf um Vorherrschaft.** Zwei männliche Nördliche See-Elefanten kämpfen mit gereckten Hälsen um die Vorherrschaft über Zuchtareale auf dem Strand. Der starke Nacken und der riesige Nasenvorsprung haben die Hauptwucht dieser Angriffe zu tragen.

◀ **Ironie der Fortpflanzung.** Bei seinem Paarungsdrang hat ein See-Elefanten-Bulle ein Junges zwischen sich und dem Weibchen eingeklemmt. Viele Junge werden von den Bullen zu Tode getrampelt.

zwar in einer Zeit, wenn andere frisch entwöhnte Junge Gewicht, und damit Energiereserven, verlieren. Dieser frühe Vorteil führt im Erwachsenenalter zu einem größeren Körper, was wiederum mit Vorteilen beim Rivalenkampf und mit einem entsprechenden sozialen Rang verbunden ist. Weibliche Junge versuchen nicht, Milch zu stehlen, da der mögliche Nutzen die Risiken nicht überwiegt. Das weibliche Fortpflanzungsziel ist es, das Überleben ihrer wenigen Jungen zu sichern. Die stetige Fortdauer der Aufzucht von Jungtieren ist der Preis dieses Verhaltens.

Warum ist nun aber der Größenunterschied bei männlichen und weiblichen Nördlichen See-Elefanten extremer als bei irgendeiner anderen Robbe? Darüber können wir nur spekulieren. Möglicherweise sind die Verteilung, in diesem Falle die Zusammenballung der Tiere und die relativ große Menge an Lebensgrundlagen (entweder Nahrung oder geeignete Brutplätze oder beides) Voraussetzung für die Männchen, um eine größere Anzahl von Weibchen an begrenzten Orten für sich in »Harems« zu halten. Als Folge wird der Rivalenkampf der Männchen um die Weibchen, der große Kraft und Ausdauer erfordert, sehr viel intensiver. BLeB

Die Jagd mit der Keule nach weißen Fellen

Das umstrittene Schicksal der Sattelrobben

Trotz zeitweiliger Überjagung ist die Sattelrobbe die häufigste Robbe des Nordpolarmeers. Sie lebt an den Rändern des Packeises und unternimmt weite Wanderungen, die durch das Gefrieren bzw. das Schmelzen des Eises notwendig werden. Die Felle der Jungtiere — »Weißmäntel« — werden gut bezahlt. Die Fruchtbarkeit der Sattelrobben läßt Jahr für Jahr eine beträchtliche Fangquote zu, ohne daß der Bestand geschwächt wird.

Sattelrobben werden in drei Populationen unterteilt, die ihre Jungen im Weißen Meer, in der Nähe von Jan Mayen östlich von Grönland sowie beiderseits von Neufundland bekommen. Sie gebären ihre Jungen Ende Februar bis Ende März bzw. Ende Februar bis Mitte März, wenn das Eis in den Wasserrinnen tagsüber schmilzt.

Zur Zeit der Fortpflanzung, mit Beginn des Frühjahrs, kommen Zehntausende von Weibchen auf dem noch dichten, winterlichen Packeis zusammen, das sie von den Wasserrinnen aus erreichen können. Sie halten etwas Abstand voneinander und versuchen, sich gegenseitig mit hoch erhobenem Kopf und fauchendem Knurren zu imponieren. Das Eis kann mit einer Geschwindigkeit von über 1,5 km pro Stunde driften und hält manchmal nur wenige Wochen. Das weißwollige Junge muß deshalb schnell wachsen, und zwar von 8 kg bei der Geburt bis 35 kg bei der Entwöhnung in 10—14 Tagen. Dann hungert das Junge mehrere Wochen lang und wirft sein Geburtsfell ab, bevor es ins Wasser geht und sich von Krill und kleinen Fischen ernährt. Die erwachsenen Männchen schlafen in Gruppen auf den Zuchtplätzen, sind aber aggressiv gegeneinander und bewegen sich im Wasser unter den Eisschollen sehr lautstark. Die Tiere paaren sich, meist im Wasser, nachdem das Junge entwöhnt ist. Die Entwicklung des Embryos setzt in einem frühen Stadium aus und beginnt erneut Ende Juli oder August. Zur Paarungszeit verlassen die Erwachsenen die Eisschollen; auch die Jungen gehen bald zwischen den lockeren Eisschollen ins Wasser und fangen an zu fressen. Etwa einen Monat nach der Geburt der Jungen kommen die Tiere wieder auf das Packeis, sind dann aber nicht mehr aggressiv, sondern höchst gesellig. Die Jugendlichen und die erwachsenen Männchen beginnen auf Neufundland Ende März mit dem Fellwechsel. Die Weibchen erreichen Neufundland erst Ende April, nachdem sie wieder Fett angelegt haben, das sie während der Stillzeit verbraucht haben.

Zu jeder Sattelrobbenpopulation gehörten ursprünglich wohl an die drei Millionen Tiere. Die intensive Jagd begann im 18. Jahrhundert, als einige nordeuropäische Staaten außer Grönlandwalen in den Frühjahrsmonaten auch Sattelrobben fingen. Die Menschen in der Umgebung des Weißen Meeres im arktischen Rußland und die frühen Siedler von Neufundland begannen mit dem Robbenfang von der Küste und von kleinen Fahrzeugen aus, um in den Wintermonaten, wenn kein Fischfang möglich war, eine Einkommensquelle zu haben. Obwohl Eis und Stürme die Robben vor zu krasser Überjagung schützten, wurde zeitweise jede Population verringert, der Bestand von Neufundland sogar zweimal (Mitte des 19. und Mitte des 20. Jahrhunderts, mit einer Erholungsphase dazwischen). Die Jagd auf alle drei Populationen wird heute von den Regierungen Norwegens, der UdSSR, Dänemarks (für Grönland) und Kanadas überwacht. Nach und nach wurden die Schutzmaßnahmen ergänzt: um ein Verbot, erwachsene Weibchen auf den Zuchtplätzen zu schießen; um eine Schonzeit für Tiere im Fellwechsel und schließlich um eine Quote (Höchstzahl) für das Töten von Jungtieren. Dank dieser Maßnahmen hat sich der Bestand im Weißen Meer erholt und ist heute auf einem Niveau von mindestens 750 000 Tieren, bei den Neufundland-Beständen sind es mindestens 1,5 Millionen. Norwegen begrenzt allerdings die Population vor Jan Mayen auf 250 000 Tiere, weil man Schäden durch die Sattelrobben fürchtet, wenn sie in der Barentsee zuviel von den Beständen des Kapelans, eines wichtigen Wirtschaftsfisches, verzehren. Auf Neufundland wird die derzeitige Geburtenrate der Sattelrobben auf etwa 400 000 Tiere geschätzt. Man glaubt, daß eine derzeitige Fangquote pro Jahr von 180 000 Robben, meist Jungtieren, immer noch ein Ansteigen der Population von 5 % erlaubt. In den letzten Jahrzehnten war das Hauptziel der Jagd das Seehundjunge in allen

▲ **Ein »Weißpelz« wird erschlagen.** Weltweiter Protest richtet sich gegen das brutale »Schlägern« der Jungen mit der Keule, die oft nur betäubt und bei lebendigem Leib abgehäutet werden.

▼ **Packeis-Kontrollgang.** Sattelrobben in einer offenen Wasserrinne zwischen dem Packeis des Sankt-Lorenz-Golfs, Kanada. Sattelrobbenwanderungen folgen dem Gefrieren und Schmelzen des Packeises.

▲ **Große, feuchte Augen** und das helle Fell eines Sattelrobben-Jungen machen deutlich, warum es so viel Widerstand gegen das Totschlagen dieser Tiere gibt. Selbst wenn das Junge dieses Stadium überlebt, ist dieses Stadium doch sehr kurz: Das Junge wird nach 10–14 Tagen entwöhnt und wechselt wenige Wochen später das Geburtsfell.

Entwicklungsstadien, vor allem die Jungen mit den widerstandsfähigen, weißen Babyfellen und die Tiere nach dem Fellwechsel (»beaters«), deren Pelze und Öl sehr wertvoll sind. Heute sind die Sattelrobben nicht mehr vom Aussterben bedroht. Daher ist im Prinzip gegen eine kontrollierte, humane Jagd auf die Tiere nichts einzuwenden. Auch das Töten erwachsener und junger Robben kann durchaus »weidmännischen Regeln« unterworfen sein, die jede Quälerei für die Tiere verbieten. Auch die Jäger und Fischer des Nordens sind im Winter teilweise auf die Robbenjagd angewiesen. In den letzten Jahren erhoben sich jedoch mit Recht weltweite Proteste von seiten der Tierschutz- und Umweltorganisationen gegen die Jagd mit der Keule gegen gerade erst geborene Jungtiere. Sie wurden unsachgemäß und brutal mit der Holzkeule lediglich betäubt, das Fell wurde bei lebendigem Leib abgezogen. Das war durchaus üblich wegen der besseren Pelzqualität. DES

Die seltensten Robben

Rettung der gefährdeten Mönchsrobben

Mönchsrobben sind die einzigen Flossenfüßer, die in warmen, subtropischen Meeren leben. Von den drei Arten ist die Karibische Mönchsrobbe vermutlich bereits ausgerottet. Die beiden anderen Arten sind gefährdet, so daß schnelle Maßnahmen zu ihrer Rettung nötig sind. Überall sind die Zahlen in den letzten 30 Jahren aufgrund menschlicher Eingriffe um die Hälfte zurückgegangen. Es gibt schätzungsweise 500 Mittelmeer-Mönchsrobben, und die Zahl der Laysan-Mönchsrobben liegt wohl auch eher in dieser Größenordnung statt bei den häufig zitierten 1 000 Tieren.

Die Laysan-Mönchsrobbe hat man als »lebendes Fossil« bezeichnet. Bestimmte Merkmale des Körperbaus (z. B. die Knochenstruktur des Ohres) sind entwicklungsgeschichtlich früher als bei Robbenfossilien vor etwa 14,5 Millionen Jahren (der erste aufrechte Vorfahr des Menschen tauchte erst vor etwa 3 Millionen Jahren auf). Vor über 15 Millionen Jahren hinterließen die Vorfahren der heutigen Laysan-Mönchsrobben eine Population atlantisch-karibischer Robben im Nordatlantik und schwammen geradewegs in den Pazifik bis nach Hawaii durch einen längst nicht mehr bestehenden Kanal, den Mittelamerikanischen Seeweg, der Nord- und Südamerika voneinander trennte.

Die Mittelmeer-Mönchsrobbe war vielleicht das Vorbild für die mythischen Nymphen und Sirenen, die auf den Felsen lagen und so bezaubernde Lieder sangen, daß sie vorbeifahrende Schiffer ins Verderben trieben, und ihre Beschreibung durch Aristoteles ist der erste Bericht von einem Flossenfüßer überhaupt.

Die Laysan-Mönchsrobbe bewohnt sechs von neun Atollen und Inseln der Leeward-Inseln, einer tiefergelegenen, zerstückelten Kette von Korallen- und Felseninseln, die sich im Nordwesten der Hawaii-Hauptinseln über 1 600 km erstrecken. Robbenfang-Expeditionen verringerten die Bestände im 19. Jahrhundert, spätere Guano-, Vogel- und Walexpeditionen zerstörten ihren Lebensraum. Aber bis zum 2. Weltkrieg, also bis US-Marinestützpunkte errichtet wurden, blieb diese Tierart von ständigen menschlichen Ansiedlungen verschont.

Mönchsrobben sind gegen jeden menschlichen Eingriff in ihren Lebensraum empfindlich, vor allem während der Fortpflanzungszeit. Die Stillzeit wird unterbrochen, die lebenswichtige Mutter-Kind-Beziehung kann zerstört werden, die Jungtier-Sterblichkeit kann steigen. Etwa 39 % der Jungen, die während einer Studie auf den Leeward-Inseln in den 1950er Jahren zur Welt kamen, starben noch vor der Entwöhnung sehr wahrscheinlich an Unterernährung, nachdem man die Mütter beim Stillen gestört hatte. Wenn schwangere Mönchsrobben beunruhigt werden, verlassen sie manchmal ihre geschützten Zuchtplätze am Strand und wechseln auf freiliegende Sandbänke über. Angriffe von Haien sowie Krankheiten fordern ebenso ihren Tribut. 1978 starben 60 Robben auf Laysan (die größte Insel der Leeward-Kette) möglicherweise an der Krankheit Ciguatera, einer Art Fischvergiftung, die vermutlich durch giftige Blaualgen, die von Fischen gefressen wurden, hervorgerufen wird und für Säugetiere tödlich sein kann. Ciguatera-Ausbrüche können auch Folge der Zerstörungen von Korallenriffen sein, wie sie in den letzten Jahren z. B. durch das Ausbaggern von Häfen am Midway-Atoll verursacht wurden.

Im Gegensatz zur Mittelmeer-Mönchsrobbe, deren Schicksal in der Hand von mindestens 10 Anrainerstaaten des Mittelmeers und des nordöstlichen Atlantiks liegt, fällt der

▼ **Fröhliches Leben am Mittelmeer.** Mittelmeer-Mönchsrobben in einer idyllischen Szene auf einem alten Stich. Die Realität hat nichts mehr mit Idylle zu tun. Die Gegenwart des Menschen vertreibt die Robben von Felsen und Stränden. Sie verbergen sich und bringen ihre Jungen in Felsenhöhlen, gewöhnlich mit Eingängen unter Wasser zur Welt. Selbst hier sind trächtige Weibchen Störungen ausgesetzt. Vor den Höhleneingängen wurden schon Fehlgeburten gefunden; die Säugetiere haben bei Stürmen mit Überflutungen zu kämpfen. Eine der größten atlantischen Kolonien (bei Cap Blanc), die aus mehr als 50 Robben bestand, wurde 1978 zerstört, als eine Höhle, in die sich die Robben zurückgezogen hatten, zusammenbrach.

▲ **Exotischer Kontrast.** Die Laysan-Mönchsrobbe bietet mit ihrem Lebensraum einen Kontrast zu allen anderen Hundsrobben, aber ihr tropisches Paradies ist nicht sicherer als das der Mittelmeer-Mönchsrobbe. Die Einrichtung der amerikanischen Marinestützpunkte im 2. Weltkrieg führte vermutlich zum Verschwinden einer großen Kolonie (zwischen 1958 und 1968 auf dem Midway-Atoll); andere scheinen ihrem Vorbild zu folgen: 1 200 Robben wurden 1958 auf der Leeward-Insel gezählt, 1976 waren es weniger als 700. Möglicherweise gibt es heute nur noch 500 Laysan-Mönchsrobben.

Schutz der Laysan-Mönchsrobbe unter die Zuständigkeit eines einzigen Landes. 1976 erklärten die USA die Laysan-Mönchsrobbe zu einer bedrohten Art. Alle bis auf zwei Leeward-Inseln sind durch ein Naturschutzgesetz (Hawaiian Islands National Wildlife Refuge) geschützt; zu einigen Fortpflanzungsgebieten ist der Zutritt verboten. 1980 hat das Fischerei-Ministerium der USA (United States National Marine Fisheries Service) ein zwölfköpfiges Mönchsrobben-Rettungsteam (Monk Seal Recovery Team) ernannt. Es soll alle verfügbaren Informationen über diese Tierart überprüfen und ein Programm ausarbeiten, um zukünftige Eingriffe so gering wie möglich zu halten. Trotz all dieser Maßnahmen ist die Zukunft der Mönchsrobbe keineswegs gesichert. Die Wachstumsrate wird durch eine niedrige Fortpflanzungs- und eine hohe Sterblichkeitsrate bei den Jungen begrenzt. Während einer vierjährigen Studie wurden auf Laysan 136 Junge geboren, von denen 15 vor der Entwöhnung starben oder verschwanden und 2 totgeboren wurden. Nur Weibchen von mindestens 6 Jahren erzeugten Nachwuchs. Die Trächtigkeitsrate wird in einem Zwei-Jahres-Zeitraum auf 56 % geschätzt.

Es wurde der Vorschlag gemacht, eine große gewerbliche Fischereizone rund um die Inseln anzulegen. Dies hätte eine weitere Störung der züchtenden Weibchen zur Folge, die Robben könnten sich in Fischfanggeräte verfangen und gälten obendrein als Konkurrenten des Menschen um die Fische.

Auf der anderen Seite des Globus besteht eine ähnliche Situation. Die Mittelmeer-Mönchsrobbe lebt in kleinen, verstreuten Populationen, von denen die meisten in der Ägäis und entlang der benachbarten türkischen Küste leben. Obwohl sie früher gewerblich gejagt wurden (vor allem im 15. Jahrhundert), ist diese Tierart heute zu selten, um einem gezielten Robbenfang standhalten zu können. Aber der Mensch übt weiterhin Druck aus: durch wachsenden Tourismus, rasche Vermehrung der Bevölkerung und intensiven Fischfang.

Der Rückgang der Mittelmeer-Mönchsrobbe ist vor allem eine Folge des Verlustes geeigneter Zucht- und Schlafplätze. Eine mögliche Lösung wäre die Schaffung internationaler Küsten-Nationalparks, die ganzjährig unter Schutz stünden. Solche Zufluchtstätten müßten wenigstens stellenweise die Bedürfnisse der Fischer und Touristen berücksichtigen, die auf die beliebten Küsten natürlich nicht einfach verzichten wollen. Wenn Naturschutzgebiete für Mönchsrobben eingerichtet werden, wäre das auch eine Hilfe für den Lebensraum einiger bedrohter Vogel- und fast unbekannter Pflanzenarten. Schnelles und wirkungsvolles Handeln der USA und derjenigen europäischen Länder, in deren Grenzen die Mönchsrobbe lebt, kann die Zukunft dieser Tierart sichern. UR

Jäger des Südpolarmeeres

Der räuberische Seeleopard

Sein schlanker Körper, getupft wie ein Leopard, seine Art, den Hals fast wie ein Reptil zu recken, und seine Angewohnheit, Pinguine und andere Robben zu erbeuten, haben dem Seeleoparden einen schlechten Ruf eingebracht. Es gibt sogar Geschichten von Seeleoparden, die Forscher auf dem Eis angegriffen haben sollen. Dieser Ruf ist, wie man unlängst nachgewiesen hat, stark übertrieben.

Die größte antarktische Robbe, der Seeleopard, ist die einzige Robbe, die regelmäßig warmblütige Tiere jagt, In seinem ganzen Verbreitungsgebiet rund um die Antarktis hält er sich gewöhnlich nahe am Rand des Packeises auf, kommt im Sommer, wenn das Eis schmilzt, auch auf Inseln in Nähe des Kontinents und in den Wintermonaten, wenn sich die Eisschollen ausdehnen, auf die subantarktischen Inseln.

Der Seeleopard ist ein so ausgeprägter Einzelgänger, daß er eher in der Nähe eines Krabbenfressers, seiner Beute, an Land geht, als neben einem anderen Seeleoparden. Er ist ein unspezialisierter Räuber und ernährt sich von einer Vielzahl von Beutetieren. Dazu gehören Krill (37 %), Fische (13 %), Krabben (8 %), Pinguine (25 %), andere Seevögel (3 %) und Robben (8 %). Nur im Wasser ist er ein aktiver Räuber. An Land ist er recht unbeholfen und mit Sicherheit keine Bedrohung für den Menschen, wenn man sich ihm nicht gerade auf Reichweite nähert.

Die Anteile an großer und kleiner Beute sind je nach Jahreszeit, Verbreitung und körperlicher Reife des Seeleoparden unterschiedlich. Junge Seeleoparden sind anfangs weitestgehend abhängig vom Krill. Man weiß nicht, wie die Seeleoparden den Krill fressen, aber vermutlich suchen sie Krillschwärme und nehmen zunächst Wasser mit Krill ins Maul auf, um es dann durch die siebähnlichen Reihen kunstvoll geformter Backenzähne zu pressen.

Nur größere und ältere Seeleoparden erjagen auch größere Beute. Die aufsehenerregende Jagd auf Pinguine in der Nähe von

◄ **Mit einem Körperbau wie ein Panzer** wirkt der Seeleopard sowohl gedrungen als auch reptilienhaft.

◄ **Kiefer** (unten links). Das eindrucksvoll aufgesperrte Maul des Seeleoparden läßt keinen Zweifel über seine Fähigkeit, große Beute, z. B. andere Robben, zu fassen. Seine Zähne, die auch zum Fangen kleiner Schalentiere wie Krill geeignet sind, sind denen der Krabbenfresser, die er manchmal erbeutet, ähnlich.

▼ **Räuber und Beute bei der Rast.** Außerhalb des Wassers sind Seeleoparden zu unbeholfen, um Pinguine zu fangen — eine Tatsache, die die beiden Tierarten auf derselben Eisscholle friedlich nebeneinander existieren läßt.

Brutkolonien ist jahreszeitlich bedingt und scheint eine Spezialität einiger weniger Robben zu sein. Diese haben wahrscheinlich eine ganz andere Ernährungsweise als die Masse der Seeleoparden auf dem Packeis. Schwimmende Pinguine sind sehr beweglich und daher eine schwer faßbare Beute.

Seeleoparden, die Pinguine jagen, greifen plötzlich von unten an. Sie schwimmen in der Nähe von Pinguin-Brutplätzen deshalb eher in tieferen Küstengewässern, wo die Pinguine mit dieser Taktik besser angegriffen werden können, als in flachen, sanft abfallenden Strandgebieten. Selbst wenn ein Pinguin gefangen wird, haben die Seeleoparden oft Schwierigkeiten, ihre Beute zu töten und zu verzehren. Seeleoparden können einen ausgewachsenen Pinguin nicht auf einmal verschlingen, auch nicht mit Vorderpfoten festhalten; also reißen sie Fleischstücke vom Körper ihrer Beute, indem sie sie kräftig hin und her schleudern. Ist die Haut erst aufgeschlitzt, werden nur die fleischigen Teile gefressen und Beine, Flossen, Kopf und ein großer Teil des inneren Skeletts übriggelassen. Dabei müssen sie auch eine beachtliche Menge Federn verschlucken.

Als einzige Robbenart frißt der Seeleopard auch andere Robben. Bisher gibt es keine Zeugen für einen solchen Angriff, aber die vielen vernarbten Krabbenfresser (55 %) und die nachgewiesenen großen Mengen Robbenreste in den Mägen von Seeleoparden, die in Packeisgebieten gefangen wurden, weisen auf einen hohen Grad an räuberischer Lebensweise hin. Die Mehrzahl der erbeuteten Robben waren Jungtiere, aber frisch vernarbte ältere Robben bestätigen, daß alle Altersstufen gefährdet sind. Außer dem Krabbenfresser gehören Weddell-Robben, die Jungen von See-Elefanten, Seebären und vermutlich auch Ross-Robben zu den Beutetieren. Im Gegensatz zu anderen Hundsrobben (aber genau wie Ohrenrobben) hat der Seeleopard verlängerte Vorderflossen, was für die Beweglichkeit im Wasser und an Land von Vorteil ist.

Das charakteristische Narbenmuster an Krabbenfressern stammt von Seeleoparden-Angriffen und besteht aus bis zu 30 cm langen, oft zwei parallelen Schnitten, die sich über den ganzen Körper ziehen. Früher dachte man, daß die Narben überwiegend von Schwertwalen verursacht wurden, aber offensichtlich stammen sie daher, daß sich Krabbenfresser aus den Fängen der Seeleoparden winden und so entkommen können. Von ihrer Beute fressen die Seeleoparden nur die Haut und den darunter liegenden Speck. AWE

SEEKÜHE

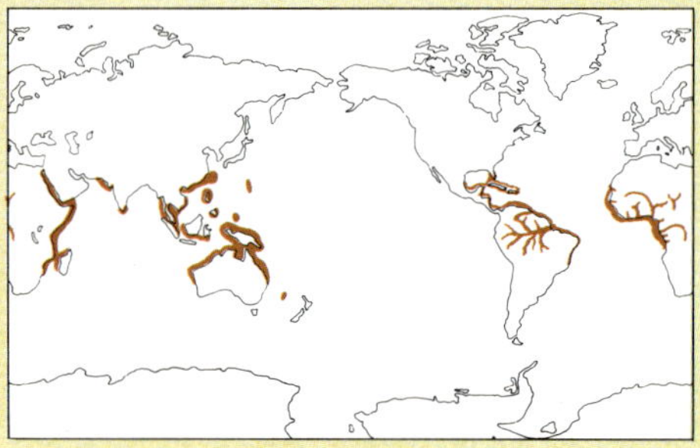

ORDNUNG: *SIRENIA*

2 Familien; 2 Gattungen; 4 Arten.

Verbreitung: tropische Küsten Ostafrikas, Asiens, Australiens und Neuguineas; südöstliches Nordamerika, Karibik und nördliches Südamerika; Amazonas; westafrikanische Küste (Senegal bis Angola).

Lebensraum: flache Küstengebiete und Flußmündungen.

Größe: Kopf-Schwanz-Länge von 1—4 m beim Dugong bis 2,5—4,6 m bei Rundschwanz-Seekühen.

Gewicht: 230—900 kg beim Dugong, 350—1 600 kg bei Rundschwanz-Seekühen.

Gabelschwanz-Seekühe

Dugongs, Gattung *Dugong*
Eine Art: Dugong *(Dugong dugong)*

Rundschwanz-Seekühe

Manatis, Gattung *Trichechus*
3 Arten: Nagel-Manati *(Trichechus manatus)*, Afrikanischer Manati *(Trichechus senegalensis)*, Fluß-Manati *(Trichechus inunguis)*.

Die Seekühe haben einen ebenso stromlinienförmigen Körper wie andere Meeressäugetiere, die das Wasser nie verlassen.

Sie sind jedoch die einzigen, die sich in erster Linie von Pflanzen ernähren. Diese einzigartige Ernährungsweise der Seekühe ist der Schlüssel zum Verständnis ihrer speziellen körperlichen Anpassungen und Lebensweise; sie liefert möglicherweise auch eine Erklärung dafür, daß diese Ordnung nur so wenige Arten umfaßt. Nach neueren Anschauungen lebte im warmen Eozän (vor 54—38 Millionen Jahren) eine Seekuh *(Protosiren)*, die nah mit den Huftieren verwandt war und gemeinsame Vorfahren mit den Elefanten hatte. Sie ernährte sich von den riesigen Seegraswiesen in den flachen tropischen Gewässern des Westatlantik und der Karibik. Dieses Tier war der Vorfahre der heutigen Seekühe. Als sich das Klima im Oligozän (vor 38—26 Millionen Jahren) weltweit abkühlte, gingen auch die Seegrasrasen zurück. Die Manatis (Familie *Trichechidae)* gibt es seit dem Miozän (vor 26—7 Millionen Jahren), einer geologischen Epoche, die das Wachstum von Süßwasserpflanzen in nährstoffreichen Flüssen entlang der Küste Südamerikas begünstigte. Im Gegensatz zu den Seegräsern enthalten die treibenden Grasmatten in den Flüssen Südamerikas Kieselgur, einen schmirgelartigen Schutz vor Pflanzenfressern, der eine schnelle Abnutzung der Zähne verursacht. Manatis haben eine ungewöhnliche Anpassung entwickelt, damit die Abnutzung keine Folgen hat; verbrauchte Zähne werden an der Vorderseite abgestoßen und dahinter immer wieder erneuert.

Heute gibt es nur noch vier Seekuh-Arten: einen Dugong und drei Manatis. Eine fünfte Art, die Stellersche Seekuh, wurde Mitte des 17. Jahrhunderts vom Menschen ausgerottet. Sie war an die kalten Temperaturen des Nordpazifik angepaßt und auf Seetang, die dichten Meeresalgen kalter Gewässer, spezialisiert.

Seekühe sind nicht-wiederkäuende Pflanzenfresser (genau wie Pferd und Elefant, aber im Gegensatz zu Schaf und Kuh); ihr Magen ist nicht in verschiedene Kammern unterteilt. Die Eingeweide sind extrem lang — über 45 m bei Manatis — und in der Mitte zwischen Dick- und Dünndarm befindet sich ein großer, paariger Blinddarm. Zellulose wird im hinteren Teil des Verdauungstrakts durch Bakterien verdaut, so daß sie aus der großen Menge (täglich 8—15 % ihres Körpergewichts) relativ minderwertiger Nahrung die

► **Die Seekühe.** Der Körper einer Seekuh ähnelt dem anderer Meeressäugetiere, ist aber wegen der großen Speckvorräte viel stämmiger. Sie haben nur Vorderflossen, von den Hinterflossen ist nur ein verkümmerter Beckengürtel übriggeblieben. Der Kopf ist groß, mit kleinen Augen und winzigen Ohröffnungen. Oben auf dem Kopf sitzt ein Paar klappenartig verschließbarer Nasenlöcher. (1) Stellersche Seekuh *(Hydrodamalis gigas)*, seit 1768 ausgerottet, war die größte Art; sie hatte ein kräftiges, behaartes Fell. (2) Fluß-Manati *(Trichechus inunguis)*. Er lebt von treibenden Pflanzen und zeigt hier seinen runden, für Manatis typischen Schwanz. Das Tier hat einen weißen Bauchfleck und keine Nägel. (3) Afrikanischer Manati *(Trichechus senegalensis)* mit seinen festen Borstenhaaren auf sehr beweglichen, für Seekühe typischen Lippen. (4) Nagel-Manati *(Trichechus manatus)* transportiert Pflanzen mit seinen Flossen. Seekühe sind gut an die Ernährung mit Wasserpflanzen angepaßt: Kräftige Knochen dienen als Ballast gegen den Auftrieb; die beweglichen Vorderflossen können Pflanzen unter Wasser aus den harten Bodenschichten graben. Dieser Manati hat zurückgebildete Nägel. (5) Dugong *(Dugong dugong)*. Er hat einen Schwanz mit konkaver Leitlinie, er hat keine Nägel, und die Nasenlöcher liegen weiter hinten als bei Manatis.

Abkürzungen: KSL = Kopf-Schwanz-Länge; G = Gewicht.
[Ex] ausgerottet; [S] stark gefährdet; [•] aufgeführt im Washingtoner Artenschutzübereinkommen (WA).

Nagel-Manati [S]
Florida-, Karibik-, Westindien-Manati, *Trichechus manatus*

Südöstliches Nordamerika (Florida), Karibik und nördliches Südamerika bzw. Atlantikküste bis Mittel-Brasilien. Flache Küstengewässer, Flußmündungen und Flüsse. KSL 3,7—4,6 m; G 1 600 kg. Fell: graubräunlich und haarlos; zurückgebildete Nägel an Vorderflossen. Tragzeit: annähernd 12 Monate. Lebensdauer: 28 Jahre in Menschenhand, vermutlich länger in freier Wildbahn.
Die Unterteilung in 2 Unterarten, *T.m. manatus* und *T.m. latirostris*, für die nördliche bzw. südliche Population ist vermutlich nicht gerechtfertigt. Brauchbare vergleichende Studien liegen nicht vor.

Afrikanischer Manati [S]
Senegal-Manati, *Trichechus senegalensis*

Westafrika (Senegal bis Angola). Andere Details, soweit bekannt, wie bei Nagel-Manati.

Fluß-Manati [S]
Südamerikanischer Manati, *Trichechus inunguis*

Amazonas-Stromgebiet in überschwemmten Seen, Flüssen und Kanälen. KSL 2,5—3 m, G 350—500 kg. Fell: bleigrau, mit variablem rosafarbenen Bauchfleck (bei toten Tieren weiß); keine Nägel an den Vorderflossen. Tragzeit: nicht bekannt, aber vermutlich wie bei Nagel-Manati. Lebensdauer: länger als 30 Jahre.

Dugong [S]
Seeschwein, *Dugong dugong*.

Südwestlicher Pazifik von Neukaledonien, West-Mikronesien und den Philippinen bis Taiwan, Vietnam, Indonesien, Neuguinea und zu den Nordküsten Australiens. Indischer Ozean von Australien und Indonesien bis Sri Lanka und Indien, zum Roten Meer und südlich entlang der afrikanischen Küste bis Moçambique. Küstenflachwasser. KSL 1—4 m; G 230—900 kg. Fell: weich, braun bis grau, mit kurzen sensorischen Bürstenhaaren im Abstand von 2—3 cm. Ernährung: Seegras. Tragzeit: 13 Monate (geschätzt). Lebensdauer: nicht länger als 55 Jahre.

Stellersche Seekuh [Ex]
Riesenseekuh, Borkentier, *Hydrodamalis [Rhytina] gigas*

Bering- und Commander-Inseln. KSL etwa 8 m; G bis 5 900 kg. Ernährung: Algen (Seetang).

1
2
3
4
5

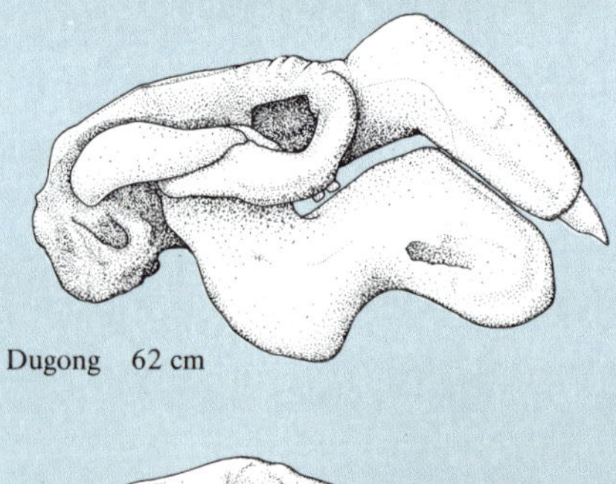

Dugong 62 cm

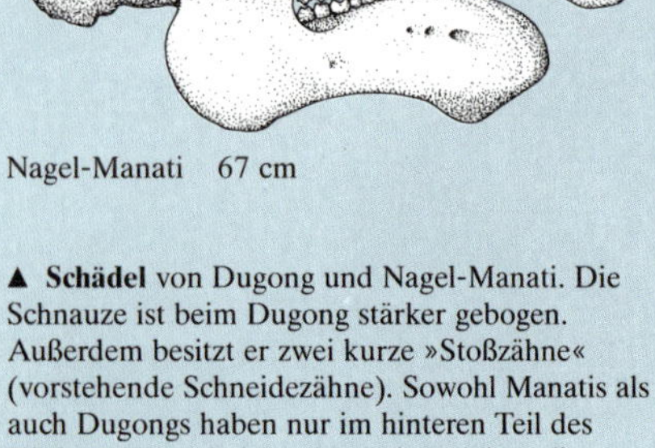

Nagel-Manati 67 cm

▲ **Schädel** von Dugong und Nagel-Manati. Die Schnauze ist beim Dugong stärker gebogen. Außerdem besitzt er zwei kurze »Stoßzähne« (vorstehende Schneidezähne). Sowohl Manatis als auch Dugongs haben nur im hinteren Teil des Kiefers Zähne, bei den Manatis wandern die Zähne nach vorn und fallen dann aus.

nötige Energie und Nährstoffe gewinnen können.

Seekühe verbrauchen wenig Energie. Bei Manatis ist es nur ein Drittel dessen, was andere Säugetiere mit gleichem Gewicht verbrauchen. Ihre langsamen, schleppenden Bewegungen haben schon die Menschen der Antike an Wassernixen — die Sirenen des Meeres — erinnert. Obwohl sie sich auch schneller fortbewegen können, wenn sie verfolgt werden, entwickeln sie in einer Umgebung ohne Menschen keine hohen Geschwindigkeiten, da sie nur wenige natürliche Feinde haben. Seekühe leben in tropischen Gewässern und können sich eine niedrige Stoffwechselrate leisten, da sie für die Regulierung der Körpertemperatur wenig Energie verbrauchen. Meeressäugetiere in tieferen, kälteren Gewässern benötigen dagegen zusätzliche Energie, um eine dicke Speckschicht anzulegen, die als Wärme-Isolator und als Energievorrat in nahrungsknappen Zeiten dienen. Auch der massige Körper der Seekühe gewährleistet einen günstigen Energieverbrauch. Die Stellersche Seekuh der kalten nördlichen Gewässer war noch fünf- bis sechsmal schwerer als die heutigen tropischen Seekuharten.

Zu dem großen Körper, der ihnen von Nahrungsbedarf und Energiehaushalt aufgezwungen wird, kommen Merkmale, die man auch bei anderen großen Pflanzenfressern und großen Meeressäugetieren finden kann. Die Lebensdauer ist lang (ein Manati lebt schon 33 Jahre in Menschenhand), und die Fortpflanzungsrate ist niedrig. Die Weibchen bringen nach etwa einjähriger Tragzeit ein einziges Junges zur Welt, das 1—2 Jahre bei der Mutter bleibt. Die Geschlechtsreife tritt verzögert ein (mit 4—8 Jahren), so daß auch die Wachstumsrate der Population gering ist. Eine höhere Fortpflanzungsrate brächte wohl auch keinen Vorteil, da die Nahrungspflanzen nur langsam nachwachsen und Seekühe nur wenige Feinde haben.

Seekühe haben kaum Nahrungskonkurrenten. Im Gegensatz zu den Verhältnissen an Land, wo sich viele grasende und weidende Pflanzenfresser die Nahrung teilen müssen, sind auf den Seegras-Weiden Seekühe und Meeresschildkröten die einzigen Nahrungskonkurrenten. Die Pflanzenvielfalt im Meer ist geringer als an Land; außerdem gibt es keine Pflanzen mit rascher Samenvermehrung, die an Land die Ausbeutung der Nahrung durch die verschiedenen Pflanzenfresser ermöglicht. Es ist kein Wunder, daß Dugongs und Manatis im Untergrund graben, wenn sie bewurzelte Wasserpflanzen fressen. Mehr als die Hälfte der Seegrasmasse steckt in den Wurzelstöcken (Rhizomen), die den größten Teil der Stärke (Kohlenhydrate) enthalten. Im Gegensatz dazu fressen die kaltblütigen Meeresschildkröten höchstens einmal einige Seegrasblätter; ihre Hauptnahrung sind Fische und wirbellose Tiere. Deshalb konkur-

▲ **Grasen an der Wasseroberfläche.** Ein Fluß-Manati frißt sich durch treibende Wasserpflanzen. Genau diese Freßgewohnheit wird ausgenutzt, um verstopfte künstliche Wasserwege zu reinigen.

◄ **Träges Duo.** Nagel-Manatis sind friedliche, langsame Lebewesen.

►► **Manati-Mutter und Kalb** (nächste Seiten). Nagel-Manatis haben eine lange Generationsfolge, allein schon die Stillzeit beträgt 12—18 Monate. Die Mutter-Kind-Bindung ist die einzige starke soziale Beziehung bei Manatis. Während der Zeit der Abhängigkeit bleiben die Kälber sehr nahe bei den Weibchen.

▼ **Seegras-Weide.** Ein Nagel-Manati weidet Seegräser im Flachwasser.

rieren Meeresschildkröten nicht mit den Seekühen um die Nahrung.

Die vier Seekuharten sind geographisch voneinander getrennt. Dugongs leben in tropischen Küstengebieten Ostafrikas, Asiens, Australiens und Neuguineas. Der Afrikanische Manati und der ähnliche Nagel-Manati leben beiderseits des Atlantik schon so lange getrennt, daß sie eigene Arten ausgebildet haben. Beide können sowohl in Meereswasser als auch in Süßwasser leben. Der Fluß-Manati spaltete sich ab, als im Pliozän (vor 2—5 Millionen Jahren) die Anden aufgefaltet wurden und sich der Flußlauf des Amazonas vom Pazifik zum Atlantik verschob. Fluß-Manatis vertragen kein Meerwasser und leben ausschließlich im Amazonas und seinen Nebenflüssen. JMP/GBR/DRD

Manatis. Trägheit, schmackhaftes Fleisch und geringe Fortpflanzungsfähigkeit sind nicht die günstigsten Eigenschaften für ein Tier in der heutigen Welt. Manatis haben diese Eigenschaften und gehören daher zu den gefährdetsten Meeressäugetieren. Sie sind die einzigen ausschließlich im Wasser lebenden Pflanzenfresser. Diese Rolle, nämlich die einer im Wasser lebenden Kuh, hat ihnen auch entsprechende Namen in anderen Sprachen eingebracht, z. B. »Vaca marinha« (Seekuh) im Spanischen und »peixe-boi« (Fischochse) im Portugiesischen.

Manatis haben die typische Körperform der Seekühe. Sie unterscheiden sich von Dugongs hauptsächlich durch ihren großen, horizontalen, paddelförmigen Schwanz, der sich beim Schwimmen auf und ab bewegt. Sie besitzen im Gegensatz zu fast allen anderen Säugetieren nur sechs statt sieben Halswirbel. Die Lippen der Seekühe sind mit steifen Borstenhaaren besetzt. Zwei muskulöse Fortsätze halten die Gräser und Wasserpflanzen, von denen sie sich ernähren, fest und schieben sie ins Maul.

Die Augen der Manatis sind nicht gut an den Lebensraum Wasser angepaßt, aber ihr Gehör ist trotz der winzigen äußeren Ohröffnung gut und hilft ihnen, Feinde wahrzunehmen. Sie verfügen nicht über eine Echo-Orientierung (wie Wale) und stoßen in trüben Gewässern manchmal gegen Hindernisse. Außerdem besitzen sie keine Stimmbänder, können sich aber durch Lautäußerungen, wie hohes Zirpen oder Quieken, miteinander verständigen. Wie diese Laute erzeugt werden, ist ein Rätsel. Geschmacksknospen auf der Zunge sind sowohl bei der Auswahl der Nahrungspflanzen als auch beim Erkennen anderer Artgenossen behilflich, indem sie deren an bestimmten Stellen abgesetzte Duftmarken wahrnehmen. Im Gegensatz zu den Zahnwalen besitzen Manatis noch die für den Geruchssinn zuständigen Gehirnteile, aber da sie die meiste Zeit mit geschlossenen Nasenlöchern unter Wasser verbringen, nützen sie ihnen recht wenig.

Einzigartig bei den Manatis ist die ständige Erneuerung ihrer Backenzähne. Wenn das Kalb entwöhnt wird und anfängt, pflanzliche Nahrung zu fressen, beginnt sich die ganze Zahnreihe, angeregt durch die mahlende Bewegung beim Kauen, nach vorn zu bewegen: Die nun am Ende des Kieferastes erscheinenden Zähne schieben die ganze Zahnreihe mit einer Geschwindigkeit von etwa 1 mm pro Monat vorwärts. Vorn angekommen, ist der Zahn abgeschliffen, fällt aus und wird durch einen nachfolgenden Zahn ersetzt. Eine ähnliche Art des Zahnersatzes kennt man sonst nur noch von Elefanten.

Als wasserlebende Pflanzenfresser können sich Manatis nur von Pflanzen in oder nahe am Wasser ernähren. Gelegentlich ragen Kopf und Schultern beim Fressen aus dem Wasser; gewöhnlich nehmen sie jedoch treibende oder unter Wasser wachsende Gräser und andere höhere Pflanzen zu sich. Tang spielt bei der Ernährung eine untergeordnete Rolle. Die küstenlebenden Nagel- und Afrikanischen Manatis fressen Seegras, das in flachen, klaren Meeresgewässern wächst, schwimmen aber auch in Binnengewässer, Flüsse und Seen, wo sie sich von Süßwasserpflanzen ernähren. Fluß-Manatis nehmen die an der Oberfläche treibenden Schwimmpflanzen zu sich, da der trübe Amazonas das Wachstum von Wasserpflanzen unter Wasser nicht zuläßt. Die Gewohnheit, über Wasser zu fressen, erklärt auch, warum die Schnauze der Fluß-Manatis nicht so stark nach unten gebogen ist wie bei den am Meeresboden fressenden Nagel- und Afrikanischen Manatis. Nachweislich bilden 44 höhere Pflanzen- und 10 Algenarten die Nahrung der Manatis in der Karibik, während die Fluß-Manatis nur 24 Pflanzenarten fressen.

Viele Nahrungspflanzen haben einen speziellen »Anti-Pflanzenfresser-Schutzmechanismus« entwickelt — Kieselgur bei Gräsern, Gerbstoffe, Gifte wie Nitrate und Oxalate bei anderen Wasserpflanzen —, die ihre Verwertbarkeit für die Manatis verringern. Die ständige Erneuerung der Zähne ist eine Anpassung an die Reibwirkung des Kieselgurs in den Gräsern oder Wurzelstöcken. Mikroben im Verdauungstrakt können wahrscheinlich chemische Abwehrstoffe der Pflanzen entgiften. Manatis können große Mengen Fett als Speck unter der Haut und um die Eingeweide anlegen, was ihnen einigen Wärmeschutz bietet. Trotzdem meiden Manatis im Atlantik gewöhnlich Zonen, in denen die Temperatur unter 20°C fällt. Der Speck hilft ihnen auch, lange Fastenzeiten zu überstehen. Etwa 6 Monate muß der Fluß-Manati in der Trokkenzeit fasten, wenn es keine Wasserpflanzen gibt.

Manatis vermehren sich extrem langsam; sie bringen höchstens alle zwei Jahre ein Junges zur Welt, das mit etwa 12—18 Monaten entwöhnt wird. Während der langen Stillzeit lernt das Kalb vermutlich die üblichen Wanderrouten, die Nahrungspflanzen und die bevorzugten Nahrungsgebiete kennen.

Schon in den ersten Wochen nehmen die Jungen Pflanzen zu sich. In Gegenden mit stark ausgeprägten Jahreszeiten, z. B. im Amazonas-Flußsystem und an den nördlichen und südlichen Grenzen der Verbreitungsgebiete, bestimmt die verfügbare Nahrung, wann die Weibchen paarungsbereit sind, was wiederum eine jahreszeitliche Häufung der Geburten zur Folge hat. Die Fortpflanzungsbiologie männlicher Manatis ist kaum bekannt. Für ein empfängnisbereites Weibchen ist es nichts Ungewöhnliches, von sechs bis acht Männchen umgeben zu sein und sich mit mehreren von ihnen innerhalb kurzer Zeit zu paaren. Es ist nicht bekannt, wann die Manatis geschlechtsreif werden, aber ausgehend von der Größe muß das Alter zwischen 5 und 8 Jahren liegen.

Direkte Beobachtungen und telemetrische Untersuchungen haben gezeigt, daß Manatis grundsätzlich als Einzelgänger leben, gelegentlich aber auch Gruppen von einem Dutzend oder mehr Tieren bilden (siehe. S. 148—149). Alle drei Manati-Arten werden von der IUCN (Internationale Union zur Erhaltung der Natur, eine Einrichtung der UNO) als bedroht eingestuft. Denn die Manatis wurden früher wie heute ihres Fleisches und ihrer Häute wegen übermäßig gejagt. Hinzu kommen Verschmutzungen der Gewässer durch Abwässer, der Bau von Hochwasserschutzdämmen und schädliche Folgen des Wassersports, die den Lebensraum der Manatis bedrohen. Manatis werden durch das Washingtoner Artenschutzübereinkommen (WA) und durch Gesetze fast aller Länder, in denen sie leben, geschützt.

Den unterentwickelten Ländern fehlen ausgebildete Wildhüter, um Schutzmaßnahmen durchzuführen, wie z. B. die Schonung der Weibchen. In Florida setzt man recht erfolgreich Hinweisschilder und Plakate ein, um die Schiffer auf die Manatis in Binnengewässern hinzuweisen; es wurde sogar

ein Manati-gerechter Hochwasserschutz entwickelt.

Schon lange schätzt der Mensch das schmackhafte Fleisch, das Öl und die widerstandsfähige Haut des Manati. Neuerdings hat man für die Tiere eine Aufgabe entdeckt, die dem Menschen wie dem Manati nützt. Sie sollen Bewässerungskanäle und Dämme der Wasserkraftwerke von Unkraut befreien. So könnte ihnen ihre Lebensweise als sanfte Pflanzenfresser doch noch helfen, in einer aggressiven Welt zu überleben. RB

Dugong. Ein friedlicher Meerespflanzenfresser, der Dugong, steht in keiner glücklichen Beziehung zum Menschen. Obwohl die Seefahrergeschichten von Wassernixen immer mit Seekühen zu tun haben und die Mythologie der Küstenvölker im Verbreitungsgebiet des Dugongs oft Menschen und Seekühe verbindet, hat die Jagd nach Fleisch, Öl und Stoßzähnen die meisten Dugong-Populationen reduziert oder ausgerottet.

Der Dugong unterscheidet sich vom Manati durch seinen Schwanz, der eine gerade oder leicht nach innen gebogene Leitkante hat. Eine kurze, breite, baumstumpfähnliche Schnauze endet in einer nach unten gebogenen, beweglichen Scheibe und einem schlitzartigen Mund.

Für die Zoologen ist der Dugong besonders interessant; denn er ist der einzige dauernd im Meer lebende Pflanzenfresser unter den Säugetieren, da sich die Manatis nur gelegentlich ins Meer wagen.

Dugongs ernähren sich von Seegras-Arten, höheren Meerespflanzen, die entfernt mit den Gräsern an Land verwandt sind und sich vom Seetang (das sind Algen) unterscheiden. Seegras wächst am Grund flacher Küstengewässer, in denen die Dugongs gewöhnlich in Tiefen von 1—5 m fressen. Sie bevorzugen die kohlenhydratreichen Wurzelstöcke (Rhizome) des Kleinen Seegrases, die sie aus dem Boden ausgraben, daher auch der Name »Seeschwein«.

Dugongs scheinen die Pflanzen hauptsächlich mit den rauhen Hornplättchen zu »kauen«, die den oberen und unteren Gaumen bedecken. Erwachsene beiderlei Geschlechts haben lediglich ein paar pfropfenartige Backenzähne im hinteren Teil des Kiefers. Jungtiere legen auch Vorbackenzähne an, die sie aber in den ersten Lebensjahren verlieren. Ausgewachsene männliche Dugongs haben ein Paar »Stoßzähne«, das sind Schneidezähne, die ein wenig vor der Oberlippe aus dem Mund ragen, aber hinter der Mundscheibe verborgen bleiben. Der Zweck dieser stumpfartigen Stoßzähne ist unbekannt. Die Männchen halten damit offenbar ihre schlüpfrigen Partnerinnen bei der Paarung fest.

Obwohl Dugongs ihre Nahrung vorzugsweise wühlend wie Schweine aufnehmen, ist auch der Name »Seekuh« berechtigt.

▲ **Ein Dugong** kommt zum Luftholen an die Oberfläche; auf seiner Haut spiegeln sich Sonnenreflexe. Beim Fressen müssen sie alle 40—70 Sekunden zum Atmen auftauchen, während der Ruhe nur alle 2—3 Minuten. Die stark gebogene Schnauze ist hier besonders gut zu erkennen.

◄ **Beim Dugong ist der Schwanz**, der hier gut zu sehen ist, das beste Erkennungsmerkmal. Im Gegensatz zu den Manatis, deren Schwanz eine abgerundete Leitlinie hat, ist sie bei ihm konkav.

Bei der Shark Bay, Westaustralien, vertreiben niedrige Wintertemperaturen die Herden von den Nahrungsplätzen des Sommers und von ihren speziellen Futterpflanzen. Nach einer Wanderung von über 160 km zu den wärmeren Gewässern der westlichen Bucht weiden sie während der Wintermonate die letzten Blätter von *Amphibolis antarctica,* einem dickstämmigen, buschartigen Seegras, ab.

Beim Wühlen wie beim Weiden dient die sehr bewegliche, hufeisenförmige Scheibe am Ende der Schnauze als Freßapparat. Die Borstenhaare auf dieser Scheibe sind teils fein und haarähnlich, teils rauh, steif und gebogen. Wenn die Scheibe in den Meeresboden gedrückt wird oder an dem Blätterdach von *Amphibolis* entlangstreift, erweitern sich ihre Ränder nach außen. Dabei laufen Kontraktionswellen über die Oberfläche der Scheibe, die die Nahrung ergreift und zum Mund mit seinen reibenden Hornwülsten weiterleitet.

Trotz des Interesses, das die Zoologen für Dugons aufbringen, weiß man wenig über ihr Verhalten und ihre Lebensweise. Dugongs zu erforschen ist schwierig. Sie leben grundsätzlich in trüben Gewässern und verbinden Neugierde und Scheu in einer Art, die eine Beobachtung aus der Nähe unmöglich macht. Werden sie gestört, fliehen sie rasch; wenn sie zum Atmen auftauchen, sieht man nur den obersten Teil des Kopfes und die Nasenlöcher. Wenn die Unterwassersicht ausreicht und man sich ihnen vorsichtig nähert, schwimmen sie aus einer Entfernung von über 100 m heran, um einen Taucher oder ein kleines Boot zu untersuchen, das sie vermutlich mit ihrem äußerst scharfen Gehör unter Wasser wahrgenommen haben. Beim Wegschwimmen schlagen sie häufig einen Zickzackkurs ein, so daß sie den Besucher abwechselnd mit dem einen und dem anderen Auge im Blick behalten.

Aus ihrer Neugierde läßt sich schließen, daß sie zumindest als erwachsene Tiere kaum Verfolger zu fürchten haben. Obwohl sie eine offenere »Neugierde« an den Tag legen als z. B. Delphine, kann man sie nicht als hochintelligent einstufen. Dugongs haben ein kleineres und flacher gebautes Gehirn als Wale und Delphine. Sie untersuchen gern Gegenstände aus der Nähe mit den Augen. Eine Echo-Orientierung wie die Wale haben sie nicht. Bekannte Dugong-Rufe beschränken sich auf ein schwaches Quieken.

Großer Körper, widerstandsfähige Haut, dichte Knochenstruktur und sehr schnell gerinnendes Blut sind wohl die bedeutendsten Eigenschaften eines ausgewachsenen Dugongs im Kampf ums Überleben. Kälber bleiben dicht bei der Mutter und benutzen so ihren großen Körper als Schutz. Bei ungestörter Nahrungsaufnahme tauchen Dugongs im Abstand von weniger als einer Minute zum Luftholen auf. Da sie auf ein Leben im Flachwasser spezialisiert sind, ist ihre Fähigkeit zu tauchen genauso begrenzt wie ihre Geschwindigkeit und ihre Ausdauer, wenn sie verfolgt werden. Immer wenn Menschen ihnen nachstellen, sind sie den Gewehren, Außenbordmotoren und weitmaschigen Nylonnetzen nicht gewachsen.

Weibliche Dugongs werden mit 8—18 Jahren fortpflanzungsfähig. Auf die lange Tragzeit des einzelnen Jungen folgt eine fast zweijährige Stillzeit, während der das Kalb in engem und ständigem Kontakt zur Mutter lebt. Obwohl ein Weibchen 50 Jahre alt werden kann, gebärt sie in der Regel nicht mehr als 5 bis 6 Junge. Man weiß wenig über die elterliche Fürsorge, aber die Lage der beiden Zitzen — genau hinter und unter den Brustflossen — erweist die Geschichte von Dugong-Müttern, die ihre säugenden Jungen in den Flossen wiegen, als Lügenmärchen. Ein saugendes Dugong-Junges liegt in Wirklichkeit neben der Mutter, hinter ihrer Flosse, oft mit dem Bauch nach oben.

Dugongs findet man einzeln, als Mutter-Kalb-Paare oder in Herden von einigen hundert Tieren. Man weiß zu wenig über ihr Verhalten und ihre Verständigung untereinander, um daraus Folgerungen über ihre sozialen Beziehungen ziehen zu können.

Der einzige nahe Verwandte des Dugong, der bis in unsere Zeit lebte, war die Steller-sche-Seekuh. Diese Riesenseekuh (dreimal größer als der Dugong) unterschied sich am deutlichsten durch ihre Vorliebe für kaltes Wasser sowie durch ihre Ernährung von Algen. Außerdem hatte sie keine Zähne im Gegensatz zum Dugong, der Wurzeln aus dem Boden zieht, war ihr Mund nach vorn gerichtet und dazu geeignet, hochwachsenden Seetang abzufressen. Die Flossen waren stumpfartig und hatten steife Borstenhaare an den »Sohlen«, mit denen die Tiere sich beim Fressen im felsigen Flachwasser festhalten konnten. Aus fossilen Funden geht hervor, daß sich ihr Verbreitungsgebiet vor etwa 100 000 Jahren entlang der nördlichen Pazifikküste von Japan bis Kalifornien erstreckte.

Als die Stellersche Seekuh im Jahr 1741 durch ein schiffbrüchiges russisches Forschungsteam entdeckt wurde, lebte sie nur noch an der Küste zweier subantarktischer, jeweils 50—100 km langer Pazifikinseln. Wie der Dugong suchte sie ihre Nahrung in flachen Binnengewässern, wo sie schon durch die Jäger mit ihren kleinen Booten gefährdet war. Überlebende Schiffbrüchige entdeckten in ihrer Not, daß Seekuhfleisch genießbar war. In den darauffolgenden Jahren überwinterten dann Pelztierjäger auf den beiden Inseln und lebten von der leicht zu erbeutenden Nahrung. Um 1768 gab es keinen dieser Riesen mehr. Einige isolierte Dugong-Populationen scheinen dasselbe Schicksal zu erleiden. Obwohl es noch einige größere Bestände des Dugongs gibt, sollte die Erfahrung mit der Ausrottung der Stellerschen Seekuh eine Mahnung zu Schutzmaßnahmen sein. PKA

Das einfache Gesellschaftsleben der Manatis

Duftmarkierung bei einem Meeressäugetier

Jedes Jahr im Oktober ziehen sich über 100 Nagel-Manatis vor den fallenden Temperaturen am Golf von Mexiko zurück und wandern zum Crystal-Fluß an der mittleren Westküste Floridas. Am Crystal angekommen, beginnen einige Tiere, sich an vorspringenden Baumstümpfen und Steinen unter Wasser zu reiben. Die Manatis benutzen Jahr für Jahr dieselben ein bis drei traditionellen Scheuerplätze. Wenn einer der Gegenstände zum Scheuern verschwindet, nehmen sie einen anderen in der Nähe des alten. Warum machen sie das?

Vorläufige Beobachtungen zeigen, daß sich Weibchen häufiger scheuern als Männchen; an den Körperregionen, die oft gescheuert werden, scheiden Drüsen Sekrete aus. In absteigender Häufigkeit reiben Manatis mit den Genitalien, der Augengegend, der Armbeuge und dem Kinn. Sie benutzen Scheuerstellen, vielleicht um sich zu kratzen und Schmarotzer zu entfernen, aber noch weitere Bedeutungen sind denkbar. Vielleicht hinterlassen die Weibchen eine Botschaft am Scheuerplatz, die den Männchen ihren Aufenthaltsort und ihren sexuellen Zustand mitteilt. Wenn dem so wäre, könnten die weit umherstreifenden Männchen, die am Revier eines Weibchens vorbeikommen, direkt den traditionellen Scheuerplatz ansteuern und (durch Geschmack oder Geruch) die Botschaft des Weibchens wahrnehmen und die Weibchen könnten vielen Männchen ihren sexuellen Zustand anzeigen. Das Ergebnis wäre eine große Fortpflanzungsgemeinschaft und Auswahl an Partnern.

Nagel-Manatis bilden keine festen sozialen Verbände, sondern nur unorganisierte Gemeinschaften, die sich im Winter an Warmwasserquellen oder während der Paarungszeit treffen. Sie leben in warmen Küstengewässern von Brasilien bis zu den südöstlichen USA, wo man die einzigen bedeutenden Populationen in Florida findet. Im Winter weichen die Manatis vor den niedrigen Temperaturen (unter 20°C) entweder nach Süden aus oder sie suchen in den warmen Kühlwasserausflüssen von Kraftwerken Zuflucht.

Einzelne Tiere können sich in den Sommerrevieren zu lockeren Übergangsgruppen zusammenfinden, um neue Wanderwege auszuprobieren, die später dann regelmäßig genommen werden. Zusätzlich zu den ausgedehnten jahreszeitlichen Wanderungen legen Manatis auch zwischendurch weite Strecken zurück. Das gilt besonders für die Männchen, die eher auf empfängnisbereite Weibchen treffen, wenn sie ihre Reviere ausgiebig durchwandern. Während der Empfängnisbereitschaft, die bis zu zwei Wochen dauern kann, sammelt ein Weibchen eine Herde von 5 bis 17 Männchen um sich. Die Tiere in solchen Paarungsherden schieben und stoßen sich ständig, manchmal sogar heftig. Dadurch stellen die Männchen Stärke und Potenz zur

▲ **Übermütige Manatis** im Crystal-Fluß, Florida. Empfängnisbereite Weibchen ziehen Gruppen von Männchen an, die sich gegenseitig schubsen und stoßen, um vermutlich eine Paarungsfolge aufzustellen. Manchmal rotten sich 3—10 unruhige Männchen zu einer Gruppe zusammen.

◄ **Der zerfetzte,** von einer Bootsschraube verwundete Schwanz eines Manati. Der rege Bootsverkehr fügt den Manatis ernsthafte Schäden zu. Die meisten Tiere haben deutliche Narbenmuster, an denen man sie wiedererkennen kann.

Schau und bestimmen vielleicht untereinander eine Rangordnung. Bei der Begattung sind es jedoch meist die Weibchen, die sich ihren Geschlechtspartner aussuchen. Die Weibchen bleiben vermutlich deshalb längere Zeit empfängnisbereit, um möglichst viele Männchen um sich sammeln und die Auswahl an Partnern vergrößern zu können.

Weitere Untersuchungen über die Kommunikation der Tiere werden bei Blue Springs Run am St. Johns, einem Warmwasser-Revier für etwa 30 Manatis, durchgeführt. Hier konzentriert sich die Arbeit auf die Beobachtung einzelner, gekennzeichneter Tiere, die mit einem Unterwassermikrophon, das mit einem Tonbandgerät gekoppelt ist, belauscht werden. Auch Telemetrie wird eingesetzt, um ihre Bewegungen im dunklen, mit Gerbsäure verschmutzten Wasser verfolgen zu können. Zu dem relativ einfachen Sozialleben der Manatis gehören keine ausgedehnten Paarungsspiele, weit hörbaren Rufe, liedähnlichen Signale oder anderen sozialen Verhaltensweisen, die für landlebende Säugetiere kennzeichnend sind. Die Rufe der Manatis sind gewöhnlich kurz, nicht besonders laut und bestehen aus einzelnen Tönen, die sich für das menschliche Ohr wie ein Quieken, Weinen oder Grunzen anhören. Diese Laute dienen der Verständigung im Nahbereich; sie sollen über die Stimmung oder die Absichten des rufenden Tieres informieren. Dazu verändert es Tonhöhe, Lautstärke, Dauer und Intensität der Rufe.

Bei grundlegenden, lebenserhaltenden Tätigkeiten wie Schlafen, Essen oder Wandern rufen Manatis meist seltener als alle 10 Minuten. Es ist nicht erwiesen, daß die Häufigkeit der Rufe in dunklem Wasser höher ist als im klaren Wasser. Rufe zwischen Kühen und Kälbern sind am deutlichsten zu hören. Die beiden erzeugen oft auch duettartige Tonfolgen, wobei sie jeweils mehrere Minuten lang alle 2—3 Sekunden einen Laut abgeben. Diese Sequenzen sind gewöhnlich zu hören, wenn Mutter und Kind nach einer kurzen Trennung wieder zusammenfinden, bei äußeren Störungen oder wenn das Kalb gesäugt werden will.

Die Möglichkeit, etwas über soziale Organisation und Verständigung bei Manatis zu erfahren, hängt von der Fähigkeit des Beobachters ab, einzelne Tiere zu erkennen. Das ist meist nur dann möglich, wenn die Manatis unverwechselbare Narbenmuster von Schiffsschrauben aufweisen. Zusammenstöße mit Schiffen sind denn auch die häufigste bekannte Todesursache, die bei 24 % der untersuchten toten Tiere festgestellt wurde. Floridas lebhafter Bootsverkehr hat auch noch andere verheerende Auswirkungen für die Manatis: Die ständigen, lauten Motorgeräusche stören die Paarung und beeinträchtigen die Verständigung. Gerade beginnen wir, Einzelheiten über das soziale Leben dieser Säugetiere unter Wasser zu verstehen. Doch die Menschen breiten sich in Florida immer weiter aus, die technologische Entwicklung schreitet rasch voran, und die Zukunftsaussichten für die Manatis sind düster. GBR/TJO

▲ **Verhalten von Manatis.** Nagel-Manatis kennen keine sozialen Bindungen, bis auf die Mutter-Kind-Beziehung während der Zeit der Abhängigkeit des Jungen (2). Ansonsten kommen die Tiere nur z. B. an Futterplätzen oder Warmwasserquellen zusammen, oder es entstehen nur zufällige und kurzfristige Gruppierungen, wie z. B. bei Paarungsherden oder verspielt anmutenden Junggesellengruppen. Trotz der mangelnden Solidarität solcher Gruppierungen drücken Manatis doch soziale Beziehungen durch einfache Gesten aus, z. B. »Küssen« (1) und Körperkontakt. Sie liegen manchmal mit dem Rücken auf dem Boden (3). An Scheuerstellen (4) brauchen Manatis keinen Artgenossen, um sich zu kratzen. Sie hinterlassen dort auch Drüsensekrete, die zur innerartlichen Verständigung dienen, ohne daß damit zugleich ein kompliziertes Sozialsystem entwickelt würde.

Hilfe für die Manatis

Schutz der Fluß-Manatis

Mixira, das im eigenen Speck gebratene Fleisch des Fluß-Manatis, ist in tropischen Regionen, wo es monatelang frisch bleibt, ein wertvolles Nahrungsmittel. War Manati-Fleisch einst auf dem Speiseplan der Eingeborenen reichlich vorhanden, so wurde es mit dem Eintreffen der ersten europäischen Siedler in Brasilien zum wirtschaftlich wertvollen Lebensmittel. Die Missionare glaubten, der Manati sei ein Fisch und empfahlen ihn als Mahlzeit für die Fastentage, woraufhin die Tiere stark bejagt wurden. Im 17. Jahrhundert schickten holländische Kaufleute jährlich bis zu 20 Schiffe voll mit Manati-Fleisch nach Europa. Schon um 1755 wurde es schwierig, ein einziges Schiff zu füllen. Zwischen 1935 und 1954 wurden etwa 200 000 Tiere hauptsächlich wegen ihrer Häute getötet, was zur fast vollständigen Ausrottung vieler seßhafter Bestände führte. Heute ist es schwierig geworden, irgendwo noch eine größere Anzahl Fluß-Manatis anzutreffen.

Ein großes Projekt zur Untersuchung der Biologie von Fluß-Manatis und zur Durchführung von Plänen für den Schutz der Tiere wurde 1976 beim »Institut zur Erforschung des Amazonas« (INPA) begonnen. Die erste schwierige Aufgabe bestand darin, neugeborene, verwaiste Manati-Kälber aufzuziehen. Seitdem wächst das Arbeitsgebiet ständig und umfaßt Studien der Lebensweise gefangener Tiere, Studien zur Verbreitung freilebender Tiere sowie den Einsatz von Manatis als Unkrautvernichter an Wasserbauten (Staubecken etc.).

Anhand der elf von Menschen aufgezogenen Manatis lassen sich ausgezeichnete Erkenntnisse über Physiologie, Ernährung und Verhalten der Tiere gewinnen. Man fand heraus, daß Manatis — im Gegensatz zu den meisten Meeressäugetieren — beim Tauchen nicht die Pulsfrequenz verringern, sondern vor jedem Atemzug leicht erhöhen. Dieser Anstieg von etwa 8—10 Schlägen pro Minute dient der Ausscheidung der Gasstoffwechsel-Endprodukte aus dem Gewebe in die Lungen. Verängstigte Manatis können jedoch die Pulsfrequenz von gewöhnlich 40—50 Schlägen pro Minute senken, solange sie unter Wasser sind. Hierbei ist der Blutkreislauf in die äußeren Organe geschlossen; er läßt nur noch Blut in die lebenswichtigen Organe wie Gehirn, Herz und Lunge fließen. Der Rest des Körpers bleibt aktiv, verbraucht aber keinen Sauerstoff (anaerobe Atmung).

Die Stoffwechselrate der Manatis gehört zu den niedrigsten, die man bei Säugetieren kennt. Sie erreicht etwa ein Viertel der Rate des Menschen, wodurch sich ihre ausgezeichneten Tauchleistungen besser erklären lassen; sie verbrauchen pro Minute viel weniger Sauerstoff als andere Tiere. Eine niedrige Stoff-

► **Gefangener Manati im Boot.** Unmittelbar nach dem Fang wird jeder Manati einzeln mit dem Kanu in einen kleinen See gebracht, wo er mitunter mehrere Monate bleibt. Dann wird er zu einem Stausee transportiert, wo er als natürlicher Unkrautvernichter eingesetzt wird.

► **Transport von Manatis** (unten). Die 1 000 km weite Reise vom Fluß Japurá bis zur Stadt Santarém wird mit einem leeren Schiffsrumpf gemacht, der mit Segeltuch bespannt und an einem Forschungsschiff befestigt ist. So hat man schon 20 Manatis gleichzeitig transportiert.

▼ **Die stumpfe Schnauze** des Fluß-Manatis ist nicht so stark gebogen wie beim Nagel-Manati. Darin spiegelt sich auch ihre unterschiedliche Ernährungsweise wider: Fluß-Manatis weiden über Wasser, Nagel-Manatis am Boden.

wechselrate bleibt nicht ohne Folgen, denn sie ist mit einer schlechten Temperaturregulierung verbunden. Bei Wassertemperaturen unter 22°C sinkt ihre Körpertemperatur, die gewöhnlich zwischen 35,6 und 36,1° C liegt, auf ein alarmierendes Niveau, was zum Tode führen kann. Die durchschnittliche Wassertemperatur des Amazonas von 20°C variiert jährlich um nur 3—4°C. In Zoologischen Gärten verzehren Manatis täglich etwa 8 % ihres Körpergewichts an Wasserpflanzen, verbringen 33 % des Tages mit Fressen, 7 % mit Schlafen und 50 % mit langsamem Schwimmen.

Mit telemetrischen Methoden beobachtete Manatis legten in 24 Stunden etwa 2,7 km zurück und sind Tag und Nacht aktiv. Wenn das Wasser steigt, bleiben sie am liebsten in den frisch überschwemmten Gebieten, wo die Wasserpflanzen, von denen sie leben, am saftigsten sind. Heranwachsende Tiere bilden gerne Zweier- oder Dreiergruppen, während die Erwachsenen wohl lieber als Einzelgänger leben. Manchmal jedoch wandert ein Alttier mehr als 10 km weit, um einen oder zwei Tage mit einem anderen Tier zu verbringen, bevor es ohne Umwege wieder nach Hause zurückkehrt. Wie sich diese Tiere unter den weiten, treibenden Schwimmpflanzendecken des Amazonas orientieren, ist nicht bekannt.

Feldstudien von freilebenden Fluß-Manatis haben gezeigt, daß sie 6 Monate lang in den überfluteten Gebieten des Amzonasbeckens leben und sich von den üppigen Amazonasgräsern ernähren; die anderen 6 Monate wandern sie zu den tiefen Seen. Hier machen sie eine 4—6 Monate dauernde Fastenzeit — je nach dem Zeitpunkt der Überschwemmungen — durch, sind aber zumindest sicher vor Strandungen und menschlichen Jägern. Während einer überaus langen Trockenzeit sank selbst das Wasser in den tiefen Seen, und mehrere Tausend Tiere wurden von Jägern getötet. Die Tiere paaren sich in der Zeit des Hochwassers. Die Weibchen brauchen beachtliche Nahrungsmengen für den Fastenabschnitt in der einjährigen Tragzeit. Jungtiere werden in der darauffolgenden Hochwasserperiode geboren, wenn genügend Nahrung für die Milchproduktion verfügbar ist.

Der menschliche Druck auf die Manati-Bestände hat abgenommen, seitdem der gewerbliche Verkauf von Manati-Fleisch eingestellt wurde, viele am Flußufer wohnende Menschen in die städtischen Ballungszentren gezogen sind und Nylon-Wandnetzte eingeführt wurden, aus denen große Manatis leicht entkommen können. Jungtiere verfangen sich jedoch noch häufig in diesen Netzen, und man versucht jetzt, die Fischer anzuhalten, sie sofort zu befreien. Seit 1977 sind am brasilianischen Amazonas fünf Naturschutzgebiete eingerichtet worden, in denen überall Manatis leben.

Die bedeutendste Entwicklung zum Schutz der Manatis ist ihr Einsatz als »Umweltschützer« in künstlichen tropischen Wasserrevieren. Solche Seen werden innerhalb kürzester Zeit von treibendem Unkraut überwuchert, das die Verdunstung um das Sechsfache erhöht, Fische tötet und die Metallteile von Turbinen durch die Produktion von gasförmigem Schwefelwasserstoff zerstört. Das Unkraut vermindert auch den Lichteinfall, der für das Wachstum von pflanzlichem Plankton wichtig ist, von dem die Fische leben; es erschwert die Schiffahrt und blockiert die Turbinenabflüsse. Manatis halten das Unkaut kurz und ermöglichen so ein gewisses biologisches Gleichgewicht in den künstlichen Gewässern, was wiederum die Anzahl der Fische erhöht. Dieser praxisnahe Einsatz von Manatis ist für die Erforschung dieser Tierart in Zukunft von unschätzbarem Wert und möglicherweise wird man auch Fleisch und Haut dieser Tiere bis zu einem gewissen Grad wieder verwerten können. Außerdem hat ihr erkennbarer wirtschaftlicher Nutzen in den Reservaten zu einem viel größeren Interesse an ihrem Schutz geführt.

RB

LITERATUR

Allgemein

A. E. Brehm, Brehms Tierleben, 10 Bde. Bibliographisches Institut, Leipzig und Wien. 1890 ff.

Brehms Neue Tierenzyklopädie, 12 Bde. Herder, Freiburg. 1974.

F. H. van den Brink, Die Säugetiere Europas. Parey, Hamburg. 1972.

Bürger, Petzold, Seifert Witstruk, Zwirner, Wildtiere in Menschenhand, Bd. 2: Säugetiere. Berlin (Ost). 1980.

Bürger, Sedlag, Zieger, Wilde Tiere — nah gesehen. Franckh, Stuttgart. 1982.

G. B. Corbet, J. E. Hill, A World List of Mammalian Species. British Museum and Cornell University Press, London and Ithaca, N. Y. 1980.

G. B. Corbet, D. Ovenden, Pareys Buch der Säugetiere. Alle wildlebenden Säugetiere Europas. Parey, Hamburg. 1982.

J. Dorst, P. Dandelot, Säugetiere Afrikas. Parey, Hamburg. 1973.

R. F. Ewer, Ethologie der Säugetiere. Parey, Berlin. 1976.

B. Grzimek, Grzimeks Tierleben, 13 Bde. Bde. XI und XII, Säugetiere. Kindler, München. 1985.

Th. Haltenorth, A. Diller, Säugetiere Afrikas und Madagaskars. BLV, München. 1977.

A. Heymer, Ethologisches Wörterbuch. Parey. Hamburg. 1977.

G. Du Ry van Beest Holle (Hrsg.), Holles Tier-Enzyklopädie, 6 Bde. Holle, Baden-Baden. 1972.

J. Mosterin, Fauna. Das Große Buch über das Leben der Tiere, 11 Bde. Novaria, München.

H. Petzsch, Urania Tierreich, 6 Bde., Säugetiere. Harri Deutsch, Frankfurt. 1969.

R. L. Schreiber (Hrsg.), Rettet die Wildtiere. Heyne, München. 1980.

Meeressäugetiere

F. Bruemmer, Sattelrobben. Landbuch, Hannover. 1978.

J.-Y. Cousteau, Robben, Seehunde, Walrosse. Knaur, München. 1974.

P. Deimer, Das Buch der Wale. Heyne, München. 1985.

K. Ehlers, Freund der Seehunde und anderer Robben. Ditzen, Bremerhaven. 1973.

G. Gronefeld, Seehunde. Stalling, Oldenburg. 1974.

W. Harcken, Der Seehund. Parey, Hamburg. 1961.

K.-E. Heers, G. Behrends, Der Seehund im Wattenmeer. Umweltstiftung WWF, Frankfurt. 1985.

J. C. Lilly, Delphin — ein Geschöpf des 5. Tages. Winkler, München. 1969.

S. W. Marakow, Der Nördliche Seebär. Neue Brehm Bücherei, Wittenberg. 1969.

J. McIntyre, Der Geist in den Wassern. Zweitausendeins, Frankfurt. 1983.

E.Mohr, Die Robben der europäischen Gewässer. Schöps, Frankfurt. 1952.

W. Schumann, Seehunde — geliebt und unbekannt. Landbuch, Hannover. 1976.

H. Sielmann (Hrsg.), Knaurs Tierleben im Meer. Knaur, München. 1979.

R. Stenuit, Delphine — meine Freunde. BLV, München. 1970.

B. Stonehouse, Tiere der Arktis. BLV, München. 1974.

Ders., Tiere der Antarktis. BLV, München. 1974.

WISSENSCHAFTLICHE MITARBEITER

PKA Paul K. Anderson
University of Calgary
Alberta
Kanada

SSA Sheila S. Anderson
British Antarctic Survey
Cambridge
Großbritannien

KB Ken Balcomb
Friday Harbor
Washington
USA

RB Robin Best
Instituto Nacional de
Pesquisas da Amazonia
Manaus
Brasilien

WNB W. Nigel Bonner
British Antarctic Survey
Cambridge
Großbritannien

PB Paul Brodie
Bedford Institute of Oceanography
Darthmouth, Nova Scotia
Kanada

IC Ivar Christensen
Institute of Marine Research
Bergen-Nordnes
Norwegen

DPD Daryl Domning
Howard University
Washington
USA

TD Tane Dougan
University Guelph
Guelph, Ontario
Kanada

AWE Albert W. Erickson
University of Seattle
Washington
USA

PGHE Peter G. H. Evans
University of Oxford
Großbritannien

FHF Francis H. Fay
University of Alaska
Fairbanks, Alaska
USA

RG Ray Gambell
International Whaling Commission
Cambridge
Großbritannien

DEG David E. Gaskin
University of Guelph
Guelph, Ontario
Kanada

TK Toshio Kasuya
University of Tokyo
Japan

RML Richard M. Laws
British Antarctic Survey
Cambridge
Großbritannien

BleB Burney le Boeuf
University of California
USA

CL Christina Lockyer
British Antarctic Survey
Cambridge
Großbritannien

IAM Ian A. McLaren
Dalhousie University
Halifax, Nova Scotia
Kanada

DKO Daniel K. Odell
University of Miami
Miami, Florida
USA

TJO Thomas J. O'Shea
US Fish and Wildlife Service
Gainesville, Florida
USA

JMP Jane M. Packard
University of Florida
Gainesville, Florida
USA

GBR Galen B. Rathbun
US Fish and Wildlife Service
Gainesville, Florida
USA

KR Keith Ronald
University of Guelph
Guelph, Ontario
Kanada

DES David E. Sergeant
Arctic Biological Station
St. Anne de Bellevue, Quebec
Kanada

ABT Andrew B. Taber
University of Oxford
Großbritannien

POT Peter O. Thomas
University of California
USA

BW Bernd Würsig
Moss Landing Marine Laboratories
California
USA

RSW Randall S. Wells
Moss Landing Marine Laboratories
California
USA

WISSENSCHAFTLICHE STICHWÖRTER

Ablösung, das Wegbewegen von Tieren, oft wenn sie geschlechtsreif werden, von ihrem früheren Heimrevier (siehe auch *Emigration).* Abzugrenzen von Streuung, d. h. dem Muster, nach dem Dinge (evtl. Tiere, Nahrung, Brutstätten) verteilt oder verstreut sind.

adaptive Radiation, die Art und Weise, wie sich unterschiedliche Arten von ihren *gemeinsamen* Vorfahren her entwickeln, indem sie sich verschiedenen Umweltbedingungen anpassen (klar abzugrenzen von *konvergenter Evolution,* einem Prozeß, bei dem Arten mit *unterschiedlichen* Ursprüngen als Antwort auf denselben *Selektionsdruck,* d. h. durch ein Leben unter gleichen Umweltbedingungen, einander ähnlich wurden).

Allesfresser, *Omnivoren,* Tiere mit abwechslungsreicher Ernährung tierischer und pflanzlicher Herkunft.

anaërob, Energie wird aus Prozessen gewonnen, die keinen freien Sauerstoff benötigen, im Gegensatz zu *aërobischen* Prozessen.

Art, eine systematische Unterteilung, unter der Gattung und über der Rasse oder Unterart. Im allgemeinen besteht eine Art aus einer Gruppe von Lebewesen, die fähig ist, unbegrenzt miteinander fortpflanzungsfähigen Nachwuchs hervorzubringen.

Arteriole, eine kleine Arterie (d. h. ein muskulöses Blutgefäß, das Blut vom Herzen wegpumpt); verzweigt sich in kleinste Kapillaren. Die *arteriovenöse Anastomose* (AVA) ist die Verbindung zwischen den Arterien, die das Blut vom Herzen wegleiten, und den Venen, die es zum Herzen zurückbefördern.

Auftrieb, der Schwerkraft entgegengerichtete Aufwärtsbewegungen von kaltem, nährstoffreichem Tiefenwasser, das an der Oberfläche eine hohe Planktonproduktion erzeugt. Diese Algen, Kleinkrebse etc. sind wieder Nahrung für größere Meerestiere. Auftrieb entsteht z. B. beim Aufgleiten kalter Tiefenströmungen auf Festlandssockel oder durch Erwärmung des Oberflächenwassers.

Axilla, Winkel (»Gabel«) zwischen den vorderen Gliedmaßen und dem Körper (bei Menschen die Achselhöhle).

Barten, aus Querfalten des Gaumendachs hervorgehende, gefranste Hornplatten der Bartenwale, die in zwei Reihen seitlich des Oberkiefers hängen. Die Barten dienen als Filter für das beim Schließen des Rachens ausfließende Wasser und halten kleine Nahrungsteilchen, z. B. Plankton, Krebschen, auch kleine Fische, zurück. Aus Barten wird Fischbein gewonnen.

Bartenwale, Wale aus der Unterordnung Mysticeti, mit Bartenplatten statt Zähnen als Nahrungsapparat.

Benthos, die unterste Schicht des Meeresbodens.

Beutelnetz, Drehwade, ein Fischernetz, dessen Boden mit Schnüren zugezogen ist; es wird normalerweise von Schiffen aus eingesetzt, siehe auch *Wadennetz.*

Bezahnung, die für bestimmte Arten kennzeichnende Anordnung der Zähne.

binoculares Sehen, typische Form des Sehens bei manchen Säugetieren (Robben, Affen, auch Mensch), wobei derselbe Gegenstand gleichzeitig mit beiden Augen gesehen wird. Die Koordination der beiden Bilder im Gehirn ergibt ein räumliches Bild und erlaubt ein genaues Abschätzen der Entfernung.

Biomasse, ein Maßstab für die Menge lebender Organismen, bezogen auf ihre Masse, entweder absolut oder pro Flächen- bzw. Raumeinheit. Die Populationsdichte zweier Arten kann z. B. zahlenmäßig identisch sein, aber aufgrund ihrer unterschiedlichen Größe können die Biomassen voneinander abweichen.

biotische Gemeinschaft, eine natürlich vorkommende Gruppe von Pflanzen und Tieren in derselben Umgebung.

Blastozyste siehe *Einpflanzung.*

Brustflosse, ein ans Schwimmen angepaßtes Körperglied (bei Fischen, Robben).

Caisson-Krankheit siehe *Druckluftkrankheit.*

Cetaceae, Säugetierordnung der Wale; wird unterteilt in die Unterordnungen der Zahn- und der Bartenwale.

Chromatin, Bestandteil der Chromosomen (das Erbgut, die *Gene* tragenden Kernschleifen) lebender Zellen; es enthält Gene und Proteine.

Cyamidae, Familien der Flohkrebse, die sich als Parasiten auf der Haut von Walen festsetzen; daher der Name »Walläuse«.

Dentalformel siehe *Zahnformel.*

Digitus, Finger oder Zehe.

Dimorphismus, Zweigestaltigkeit, das Bestehen zweier unterschiedlicher Formen *(Polymorphismus,* Mehrgestaltigkeit = mehrere unterschiedliche Formen); der Begriff *Sexual-* oder *Geschlechts-Dimorphismus* (geschlechtliche Zweigestaltigkeit) gilt für alle Fälle, bei denen sich Männchen und Weibchen einer Art, z. B. durch Gestalt, Größe und Fähigkeiten, erheblich unterscheiden.

dominant siehe *Hierarchie.*

dorsal, auf der Seite des Rückens bzw. Rückgrates; der Bauchseite gegenüber; meist dem Boden abgewandt (z. B. Rückenstreifen). Gegensatz siehe *ventral.*

Drehwade siehe *Beutelnetz.*

Druckluftkrankheit, umgangssprachlich für die Caisson-Krankheit, die durch Druckveränderungen im Blut entsteht, wenn ein tauchendes Säugetier an die Oberfläche zurückkehrt. Zu schnelles Auftauchen führt dazu, daß im Blut aufgelöster Stickstoff Blasen bildet, was äußerst schmerzhaft sein kann und zur Bildung von Gasembolien und lokalen Gewebsschädigungen führt.

Duftdrüse, Organ, das duftende Stoffe mit kommunikativen (der Verständigung dienenden) Eigenschaften ausscheidet; siehe *Duftmarke.*

Duftmarke, Stelle, an der die Ausscheidungen der Duftdrüsen, Urin oder Fäkalien, abgelassen werden und die für die Kommunikation, besonders die innerartliche Verständigung, von Bedeutung ist. Oft sind es regelmäßig benutzte Stellen, die auch gut zu sehen sind. Die »chemische Botschaft«, die durch dieses Mittel hinterlassen wird, kann z. B. die Revierabgrenzung oder die Paarungsbereitschaft anzeigen.

Echo-Orientierung, Echo-Peilung, Wahrnehmung, oft auch Richtungsorientierung, anhand der Reflexionen (Echos) vom Tier selbst ausgestoßener Schallwellen; häufig bei Walen.

Eignung. Maßstab für die Fähigkeit eines Tieres (mit einer genotypischen, d. h. erblich bedingten körperlichen Eigenschaft), lebensfähigen Nachwuchs zu hinterlassen, im Vergleich zu anderen Individuen mit unterschiedlichen Erbeigenschaften (Genotypen). Der Prozeß der natürlichen Selektion (Zuchtwahl), die oft als »Überleben des am besten Angepaßten« bezeichnet wird, bestimmt, welche Eigenschaften ihre Inhaber am ehesten befähigen, zu überleben und Junge aufzuziehen, die wiederum diese Eigenschaften übernehmen werden.

eingeleiteter (induzierter) Eisprung, äußerlich durch die Kopulation hervorgerufener Eisprung, siehe *Östrus.*

Einpflanzung. Implantation, der Vorgang, bei dem sich die freibewegliche, befruchtete Keimzelle (der frühe *Embryo*) bei Säugetieren an die Gebärmutterwand heftet. Zum Zeitpunkt der Einpflanzung entwickelt sich ein verzweigtes Netz von Blutgefäßen, um Mutter und Embryo zu verbinden (Mutterkuchen, *Placenta*). Bei der *verzögerten Einpflanzung* oder *Keimruhe* ruht, je nach Art, die Keimzelle im Stadium der *Blastocyste* unterschiedlich lange und zwar zwischen 12 Tagen und 11 Monaten, in der Gebärmutter. Verzögerte Einpflanzung kann obligatorisch oder fakultativ sein und ist bei einigen Angehörigen der Familien der Raubtiere, Robben und anderen bekannt.

einzelgängerisch, allein lebend, im Gegensatz zu einer Lebensweise in sozialen Verbänden, Gruppen, Familien oder Paaren.

Eisprung, Ovulation, das Abstoßen reifer Eier von den Eierstöcken, wo sie produziert werden (siehe *Östrus).*

Eisscholle, ein Stück Treibeis.

Emigration, Auswanderung, Auszug eines oder mehrerer Tiere, gewöhnlich etwa beim Erwachsenwerden, aus einer Gruppe oder einem Geburtsort.

Empfängnisbereitschaft, Zustand eines weiblichen Säugetieres, das zur Paarung bereit oder brünstig ist; siehe *Östrus.*

Familie, eine systematische Unterteilung, untergeordnet der Ordnung, übergeordnet der Gattung; siehe *Systematik.*

Festeis, Meereseis, das sich in Polarregionen entlang den Küsten bildet und fest bleibt; es ist am Ufer, an einer Eiswand, einer Eisfront oder über Eisschollen befestigt und bleibt normalerweise genau da, wo es gebildet wurde.

Finne, Rückenfinne, ein Organ, das vom Körper meerlebender Tiere absteht; dient zur Steuerung und Stabilisierung beim Schwimmen.

flensen, Speck von einem Wal oder einer Robbe abziehen.

Fluke, Schwanzfluke, die waagrechte, verbreiterte »Schwanzflosse« der Wale; dient dem Vortrieb im Wasser.

Follikel, eigentlich ein kleiner Beutel, d. h. 1. eine Anzahl von Eizellen, die ein befruchtungsfähiges Ei produzieren; 2. eine Vertiefung der Haut, aus der Haare wachsen.

Gamet, männliche oder weibliche Fortpflanzungszelle (Ei oder Spermium).

Gattung (Genus, pl. Genera), eine systematische Einteilung über der Art und unter der Familie; siehe *Systematik.*

Geburtsrevier, das *Heimrevier,* in das ein Tier hineingeboren wurde.

Gen, die Grundeinheit der Vererbung: eine Folge von DNS-Molekülen, die ein bestimmtes Merkmal tragen und durch Reproduktion bei der Fortpflanzung von Generation zu Generation weitergegeben werden. Gene sind die grundlegenden Erbeinheiten der einzelnen Lebewesen, mit deren Hilfe die *natürliche Auslese* erfolgt.

Generalist, ein Tier, dessen Lebensweise vielseitig an die Umwelt angepaßt ist, z. B. die Ernährung von einer Vielzahl an Nahrungsmitteln, die unterschiedliche Jagdtechniken erfordern können. Gegensatz: *Spezialist.*

Hämoglobin, der rote Blutfarbstoff vor allem der Wirbeltiere; besorgt den Sauerstofftransport von den Atemorganen zu den sauerstoffverbrauchenden Zellen und Geweben.

»Haul-out«, Verhalten von Meeressäugetieren, die sich selbst an Land schleppen.

Heimrevier, Revier, das Gebiet, in dem ein Tier normalerweise lebt; siehe Territorium.

Hierarchie, die auf Über- und Unterordnung aufgebaute Organisation sozialer Verbände, so daß einige Tiere ständig über andere dominieren *(Dominanz).* Höhergestellte einzelne Tiere kontrollieren so bestimmte Aspekte (z. B. Zugang zu Nahrung oder Partnern) des Lebens und Verhaltens untergeordneter Tiere. Hierarchien können sehr differenziert sein; einfachere werden oft als »Hackordnung« bezeichnet (nach dem Verhalten von Haushühnern).

Holarktis, die nördliche Region der Welt einschließlich der polaren und gemäßigten Gebiete Nordamerikas, Europas und Asiens (einschließlich Zentralasiens, ohne den Mittelmeerraum).

Hydrophon siehe *Unterwassermikrophon.*

Implantation siehe *Einpflanzung.*

Jungtier, nicht mehr mit den Merkmalen eines Kindes ausgestattetes, aber noch nicht erwachsenes Tier.

Karnivoren, alle fleischfressenden Organismen oder ein Mitglied der Ordnung *Carnivora,* die man als Raubtiere bzw. Fleischfresser bezeichnet.

Klasse, systematische Kategorie, einer Unterklasse oder Ordnung übergeordnet, einem Stamm (oder Unterstamm) untergeordnet; siehe *Systematik.*

Kopffüßer, Tintenfische, *Cephalopoda,* Mitglieder einer Weichtierordnung mit Fangtentakeln und Tintenbeutel; wirbellose Tiere wie Kalmare und Kraken.

körperfern, fern von dem Punkt der Anbringung oder des Ursprungs (z. B. Schwanzspitzen).

Krebse, Crustacea, Unterstamm der Gliederfüßer *(Arthropoda),* mit 2 Paar Antennen, 3 Paar Kieferfüßen mit Kiemenatmung; jeder Körperabschnitt kann Beine tragen. Der Körper ist in den Kopf-Brust-Abschnitt und den Hinterleib unterteilt und mit einem Chitinpanzer, oft mit Kalkeinlagerungen, bedeckt. Krebse sind z. B. Panzerkrebse, Ruderfußkrebse, Krabben, Garnelen (Krill).

Krill, 4—7 cm lange, planktische Krebse vor allem der Gattung *Euphausia,* die in großen Mengen in den Polarmeeren vorkommen, speziell in der Antarktis, wo sie die Hauptnahrung der Bartenwale bilden.

Laktation, Absonderung von Milch aus Milchdrüsen.

landlebend, an Land lebend.

Landraubtiere (Unterordnung *Fissipedia),* Name einiger Systematiker für heutige landlebende Raubtiere, um sie von der Unterordnung Robben *(Pinnipedia)* abzugrenzen, die die wasserlebenden Raubtiere beschreibt. Dieses Werk behandelt beide als gleichwertige Ordnungen: die Raubtiere *(Carnivora)* und die Robben *(Pinnepadia).*

Lanugo, Wollhaar, Haar von Säugetieren bei der Geburt, das abgeworfen und durch ein Erwachsenen-Fell ersetzt wird; siehe auch *Unterhaar.*

»Lob-tailing«, flaches Aufschlagen der Schwanz-Fluken eines Wals, vielleicht um sich mit anderen Walen zu verständigen.

lumbal, ein Begriff zur Lokalisierung anatomischer Merkmale in der Lendengegend, z. B. liegen die Lendenwirbel lumbal, d. h. an der Basis der Wirbelsäule.

Mamille, Brustwarze oder Zitze an der *Mamma* (Brustdrüse) weiblicher Säugetiere, aus der die Milch von der Mutter zum Jungen geleitet wird.

Mamma, Brustdrüse, milchausscheidendes Organ bei weiblichen Säugetieren, hat sich vermutlich aus Schweißdrüsen entwickelt.

meerlebend, im Meer lebend.

Metabolismus, Stoffwechsel, chemische Prozesse in einem Organismus; umfaßt die Produktion von Eiweißen (Proteinen) aus Aminosäuren, den Gesamtaustausch bei der Atmung, die Energiegewinnung aus Nahrungsmitteln und unzählige andere chemische Reaktionen.

Migration siehe *Wanderung.*

Monogamie, Einehe, ein Paarungssystem, bei dem einzelne Lebewesen nur einen Partner je Paarungszeit haben.

Mutation, eine vererbbare Strukturänderung in einem Gen, das so ein neues Erbmerkmal hervorruft.

Myoglobin, mit dem *Hämoglobin* verwandtes Protein in den Muskeln von Wirbeltieren; ist wie Hämoglobin an Sauerstoff-Austauschprozessen bei der Atmung beteiligt.

natürliche Selektion, Auslese, Zuchtwahl, der Vorgang, bei dem Individuen mit den geeignetsten Anpassungen erfolgreicher sind als andere und daher besser überleben und mehr Nachwuchs erzeugen können. In dem Maße, wie die erfolgreichen Merkmale vererbbar (genetisch fixiert) sind, können sie sich in der Population durchsetzen.

Nische siehe *ökologische Nische.*

Ohrmuschel, der beschützende, knorpelige Teil des äußeren Ohrs.

ökologische Nische, Gesamtheit aller Umweltfaktoren (Klima, Nahrung, Rivalen), die Tieren die Existenz in ganz bestimmten Lebensräumen ermöglicht.

Ökosystem, Lebensraum, in dem sich lebende und nichtlebende Elemente gegenseitig beeinflussen.

Omnivoren siehe *Allesfresser.*

Ordnung, eine systematische Unterteilung, untergeordnet der Klasse und übergeordnet der Familie; siehe *Systematik.*

Östrus, Brunst, Brunft, der Zeitraum des Geschlechtszyklus bei weiblichen Säugetieren, in dem sie anziehend für Männchen und bereit zur Paarung sind. Der Zeitraum trifft mit dem Reifen der Eier und dem Eisprung (Abstoßen der reifen Eier aus den Eierstökken) zusammen. Brünstige Tiere sind, wie man oft sagt, »heiß« oder »in Hitze«. Wird bei Primaten das Ei nicht befruchtet, führt die Rückbildung der Gebärmutterschleimhaut *(Endometrium)* zur Menstruationsblutung. Bei manchen Arten wird der Eisprung erst äußerlich durch die Kopulation ausgelöst, was man als eingeleiteten *(induzierten)* Eisprung bezeichnet, der abzugrenzen ist vom *spontanen* Eisprung.

Ovulation siehe *Eisprung.*

Packeis, große Eisblöcke, die sich auf der Meeresoberfläche bilden, wenn ein Eisfeld von Wind und Wellen aufgebrochen und von seiner ursprünglichen Lage weggetrieben wurde.

Partus, der Vorgang des Gebärens, die Geburt.

Pelvis, Becken, knöcherner Rahmen zur Stützung der hinteren Gliedmaßen bei Wirbeltieren.

Pflanzenfresser, ein Tier, das hauptsächlich Pflanzen oder Teile von Pflanzen frißt.

Phytoplankton, im Wasser treibende Bakterien und einzellige Algen, vor allem Kieselalgen *(Diatomeen);* dient als Nahrungsgrundlage für *Zooplankton* (Krebschen), dieses wieder für die Fische etc.

Polygamie, ein Paarungssystem, bei dem ein Tier mehr als einen Geschlechtspartner pro Paarungszeit hat.

Polygynie, »Vielweiberei«, Paarungssystem, bei dem sich ein Männchen während einer Paarungszeit mit mehreren Weibchen paart (im Gegensatz zur *Polyandrie,* »Vielmännerei«, wo sich ein Weibchen mit mehreren Männchen paart).

Polymorphismus siehe *Dimorphismus.*

Population, Bevölkerung, eine mehr oder weniger abgetrennte, sich untereinander fortpflanzende Gruppe von Tieren der selben Art an einer bestimmten Örtlichkeit.

Processus, ein Vorsprung oder Fortsatz, besonders bei Knochen.

Promiskuität, ein Paarungssystem, bei dem sich die Geschlechter mehr oder weniger wahllos paaren.

Protein, Eiweiß, ein komplexer organischer Bestandteil aus Aminosäuren. Viele verschiedene Arten von Proteinen sind in den Muskeln und Geweben aller Säugetiere.

proximal, körperlich, nahe dem Punkt der Befestigung am Körper (z. B. Schwanzwurzel).

Rasse, Unterart, systematische Unterteilung innerhalb einer Art. Die Mitglieder der Unterarten können sich unbeschränkt miteinander fortpflanzen.

Räuber, Beutegreifer, ein Tier, das lebende Beute zur Nahrung will; daher beschreibt »Anti-Räuber-Verhalten« die ausweichende Haltung der Beute.

reduziert, relativ klein ausgebildet (z. B. bestimmte Knochen, im Vergleich mit denen von Vorfahren oder verwandten Tieren).

Revier siehe *Heimrevier, Territorium.*

Robben, Ruderfüßer, Ordnung *Pinnipedia,* meerlebende, fleischfressende Säugetiere, bei denen alle vier Gliedmaßen zu Schwimmflossen umgewandelt sind: die echten Robben, Ohrenrobben und Walrosse. Manchmal als Unterordnung der Raubtiere *(Carnivora)* klassifiziert.

Rostrum, nach vorne gerichteter Fortsatz am Schädel einiger Zahnwale; hat oft die Form eines Schnabels.

Ruderfußkrebse, Hüpferlinge, *Copepoda,* Ordnung kleiner planktischer Krebse, z. B. *Cyclops.*

Rudiment, im Lauf der Stammesentwicklung funktionslos gewordenes und daher verkümmertes Organ oder dessen Reste, z. B. der Wurmfortsatz am menschlichen Blinddarm.

Säugetiere *Mammalia,* Klasse der Wirbeltiere, die Haare tragen und deren Weibchen Milch produzieren, mit der die Jungen ernährt werden.

Schwarm, Gruppe von Fischen mit einem manchmal zeitlich begrenzten, sozialen Zusammenhalt; bei Walen *Schule* genannt.

Seekühe, *Sirenia,* Ordnung pflanzenfressender Meeressäugetiere, umfaßt Manatis und den Dugong.

Selektionsdruck, ein Faktor, der den Fortpflanzungserfolg von Tieren davon abhängig macht, inwieweit sie sich bestimmten Gegebenheiten der Umwelt anpassen können.

Sinneshaare, steife, borstenartige Haare, die reichlich mit Nerven ausgestattet sind, meist an Maul oder Nase vorkommen und eine Sinnes- (Tast-) Funktion ausüben.

Sinus, Krümmung von Knochen oder Geweben.

Sonar, Echolot, Unterwasserortungsgerät; wird bei der Schiffahrt zur Orientierung verwendet; siehe *Echo-Orientierung.*

Speck, bei Walen und Robben gut entwickelte Fettschicht unter der Haut.

Speiseröhre, *Ösophagus,* muskulöser Schlauch, der die Nahrung vom Mund in den Magen befördert.

Spezialist, Tier, zu dessen Lebensweise hochspezialisierte Verhaltensweisen gehören; z. B. Ernährung mit einer einzigen Fangtechnik, von einem bestimmten Nahrungsmittel.

Spritzloch, die Öffnung von ein oder zwei Nasenlöchern auf dem Kopf des Wals, aus dem die »Fontäne« oder der »Blas« gespritzt wird.

Stoffwechsel siehe *Metabolismus.*

Stoffwechselrate, relative Stärke, mit der Stoffwechselprozesse im Körper ablaufen.

subadult, nicht mehr Kind oder Jugendlicher, aber körperlich und/oder gesellschaftlich noch nicht ganz erwachsen.

Systematik, Taxonomie, die Wissenschaft, Organismen zu klassifizieren. Sie setzt an bei Tiergruppen, die gemeinsame Eigenschaften und wahrscheinlich gemeinsame Vorfahren haben. Jedes einzelne Lebewesen ist somit ein Mitglied einer Serie sich immer weiter verzweigender Kategorien (Individuum — Art — Gattung — Familie — Ordnung — Klasse — Stamm). Jede von ihnen kann weiter unterteilt werden, soweit das angebracht ist (z. B. Unterart, Überfamilie oder Unterordnung). Die Art ist insoweit eine angemessene Einheit, als sie Tiere aufgrund offensichtlich gleicher Kriterien zusammenfügt, hauptsächlich, wenn sie sich erfolgreich kreuzen.

Talgdrüse, sekretorisches Gewebe, das ölige Substanzen,

z. B. gleitfähiges und wasserfestes Haar, oder speziell duftende Sekrete produziert.

Tapetum lucidum, eine reflektierende Schicht hinter der Netzhaut des Auges, stark ausgebildet bei nachtaktiven Säugetieren.

Telemetrie, engl. »radio-tracking«, eine Technik, um die Bewegungen eines Einzeltieres auch in großer Entfernung zu verfolgen. Man befestigt einen Sender an dem Tier und empfängt mit Richtantennen ein Signal, durch das man den Standort des Tieres bestimmen kann. Der Sender ist oft an einem Kragen befestigt, daher »Radio-Kragen«.

Territorium, Revier, ein Gebiet, das einzelne oder eine Gruppe gegen Eindringlinge verteidigen. Ursprünglich wurde der Ausdruck für diejenigen Reviere verwendet, die durch ihre Grenzen eindeutig bestimmt und offensichtlich verteidigt wurden. Eine allgemeinere Definition von Territorialität erlaubt aber auch Überschneidungen mit Nachbarrevieren und definiert Territorialität als ein Raumverteilungssystem, bei dem sich die Reviere eines Individuums oder einer Gruppe gegenseitig beeinflussen.

Tragzeit, die Zeit von der Befruchtung bis zur Geburt; der Vorgang der *verzögerten Einpflanzung* kann dazu führen, daß die Zeit, in der sich der Embryo tatsächlich entwickelt, wesentlich kürzer ist als die Tragzeit; siehe *Einpflanzung.*

Tränennasenfurche, eine Rinne oder ein Kanal zwischen Nasenlöchern und Augen.

Tuberculum, ein kleiner Höcker oder ein Knötchen (z. B. auf der Haut, am Knochen).

untergeordnet siehe *Hierarchie.*

Unterhaar, Wollhaar, das dicke, weiche Wollhaarkleid unter den längeren und rauheren Grannen- oder Leithaaren; siehe auch *Lanugo.*

Unterwassermikrophon, Hydrophon, Unterwasserschallempfänger, wasserfestes Mikrophon, das unter die Meeresoberfläche gehalten wird und Geräusche empfängt, die von Meeressäugetieren ausgehen.

ventral, auf der Unter- oder Bauchseite gelegen; so befinden sich z. B. die ventralen oder abdominalen (bauchständigen) Drüsen an der Unterseite des Körpers. Gegensatz siehe *dorsal.*

verlängert, relativ lang (z. B. Eckzahn, der länger ist als der eines Vorfahren, eines verwandten Tieres, oder ein benachbarter Zahn).

verzögerte Einpflanzung siehe *Einpflanzung.*

Wadennetz, Fischernetz, das oben Netzkorken und unten Gewichte trägt; dient zum Einkreisen von Fischen.

wasserlebend, hauptsächlich im Wasser lebend.

Wasserrinne, offener Wasserkanal zwischen Eisschollen.

Wiederkäuer, *Ruminantia,* Unterordnung der Huftiere, mit einem speziellen Verdauungssystem. Der Magen ist modifiziert; die pflanzliche Nahrung wird aufbewahrt, zum Wiederkäuen hervorgewürgt, dann von symbiontischen Bakterien zersetzt. Der Vorgang des Wiederkäuens ist eine Anpassung an die Verdauung von Zellulosewänden der Pflanzenzellen.

Wirbeltiere, *Vertebrata,* Tiere mit einer Wirbelsäule; ein Teil des Tierstammes der *Chordaten,* wozu alle Tiere mit ursprünglicher Rückensaite *(Chorda dorsalis)* gehören (abzugrenzen von den wirbellosen Tieren).

Zahnformel, Dentalformel, eine Übersicht über die Anordnung der Zähne bei Säugetieren, wobei jeweils die Anzahl jedes Zahntyps in jeder Hälfte des Ober- und Unterkiefers angegeben wird; die Zähne haben immer folgende Reihenfolge: Incisivi = Schneidezähne (I), Canini = Eckzähne (C), Prämolare = Vorbackenzähne (P), Molare = Backenzähne (M). Die Verdoppelung der Zahlen ergibt die Gesamtzahl der Zähne im Schädel. Ein typisches Beispiel für Raubtiere wäre: I 3; 3; C 1, 1; P 4, 4 M 3, 3 (x 2 für die Gesamtzahl der Zähne).

Zooplankton, kleine Tiere wie Ruderfußkrebse, Krill, mehr oder weniger schwebend nahe der Meeresoberfläche lebend; siehe auch *Phytoplankton.*

Zungenbein, Skeletteil in der Rachengegend, der Luftröhre, Kehlkopf und Zungenwurzel unterstützt (abgeleitet von den Kiemenbögen bei früheren Fischen).

REGISTER

Schräge Schrift verweist auf wissenschaftliche Namen und Begriffe,
schräge Schrift bei Seitenzahlen auf Abbildungen (Fotos, Grafiken, Karten).

BILDNACHWEIS

Schlüssel: o = oben, u = unten, m = Mitte, l = links, r = rechts. Abkürzungen: A = Ardea, AN = Agence Nature, ANT = Australasian Nature Transparencies, BCL = Bruce Coleman Ltd., FL = Frank Lane Agency, J = Jacana, NHPA = Natural History Photographic Agency, NSP = Natural Science Photos, OSF = Oxford Scientific Films, PEP =Planet Earth Pictures/Seaphot, SAL = Survival Anglia Ltd.

2—3 BCL; 4—5 Anthro-Photo; 7 N. Bonner; 8—9 NSP. 10 J; 11 o A.R. Martin. 11 u T. Kasuya; 13 D. Hosking; 14 A; 16, 17 o BCL; 17 u Wm. Ervin, Natural Imagery. 18—19 PEP; 19 o Anthro-Photo/J. Moore. 20—21 Ekdotike Athenon; 20 m Scala, Firenze; 20 u University Museum of National Antiquities, Oslo; 21 o New Bedford Free Public Library; 21 u Bodleian Library; 22 l Kingston upon Hull City Museum and Art Galleries; 22—23 National Maritime Museum, San Francisco; 23 o Faroe Photo, Asmundur Poulsen; 23 u P. Morris; 25 A.R. Martin; 28 B. Würsig; 29 o K. Balcomb; 29 u M. Bryden; 32 o Biofotos/H. Angel; 32 u S. Anderson; 32—33 A; 33 u AN; 34—35 M. Würsig; 38 o A; 38—39 AN; 40, 42, 43 M & B Würsig; 44 o D. Gaskin; 44 u P. Morris. 45 D. Gaskin; 50 F. Bruemmer; 51 BCL; 52—53, 56—57 Sea Mammal Research Unit, Cambridge; 56 u Mansell Collection; 57 u WWF/K. Balcomb; 58 l I. Christensen; 63 BCL; 65 o AN; 65 inset BCL; 65 u A; 67 o M & B Würsig; 67 u D. Sutton; 68—69 A; 69 r Wm. Ervin, Natural Imagery; 70 Anthro-Photo/J Moore; 71 BCL; 74 u Institute of Oceanographic Studies, Godalming; 74—75 K. Balcomb; 75 u N. Bonner; 76 BCL; 77 PEP; 78 SAL; 79, 80 u BCL; 80 o D. Gaskin; 82 u N. Bonner; 82 o, 83 B. Lipton; 84—85 M & B Würsig; 85 u SAL; 86 A; 90 o Leonard Lee Rue; 90 u Wm. Ervin, Natural Imagery; 91 R.A. Luxmoore; 92 P. Wirtz; 93 U. Schürer; 94 A. Henley; 95 o B.J. Le Boeuf; 95 u S. Anderson; 96—97 S. Stammers; 97 r R.M. Laws; 98 o Museum of the American Indian, New York; 98 u, 99 N. Bonner; 100 R.A. Luxmoore; 101 F. Bruemmer; 102 J; 104, 104—105 A. Henley; 105 m NSP; 105 u Eric & David Hosking; 108, 108—109 N. Bonner; 109 Prince & Pearson; 110 A; 111 J; 112 L. Shults; 113 K.R. Gordon; 114—115 FL; 116, 117 o F. Bruemmer; 117 u. B. Lipton; 118 o Robert Harding Picture Library; 118 u J; 119 N. Lightfoot; 122 u S. Anderson; 122—123, 123 u A.R. Martin; 126—127 A; 128 o N. Bonner; 128—129, 129 o R.M. Laws; 130—131 L. Lowry; 131 u Luonnonkuva Arkisto; 132 u P. Veit; 132—133 PEP; 134 o BCL; 134 u N. Lightfoot; 135 J; 137 B.L. Sage; 138 o A.W. Erikson; 138—139 Prince & Pearson; 139 o BCL; 142, 143 u J.L. Bengtson; 143 u AN; 144—145 A; 146 u, 146—147 P.K. Anderson; 148 o Sirenia Project, DWRC Florida; 148 u A; 150 PEP; 151 R. Best.